工业和信息化部"十四五"规划教材

科学出版社"十四五"普通高等教育本科规划教材

制导与控制系统

陈 谋 王 彪 邵书义 编

科 学 出 版 社
北 京

内 容 简 介

本书主要以导弹为对象,参考已出版的相关经典教材详细介绍了制导与控制系统基本知识,同时将有关制导与控制系统的一些新成果、新理论、新发展引入到教材,使教材内容能紧跟时代发展的步伐。全书共8章,包括制导与控制系统概述、制导与控制系统基本概念、导弹运动建模与分析、制导规律、测量装置、控制系统、执行机构和典型的制导系统。

本书可作为探测制导与控制技术、自动化等专业高年级本科生课程教材,也可作为导航、制导与控制专业研究生、广大航空航天领域科技工作者、工程技术人员的参考用书。

图书在版编目(CIP)数据

制导与控制系统/ 陈谋,王彪,邵书义编. —北京:科学出版社,2023.12
工业和信息化部"十四五"规划教材　科学出版社"十四五"普通高等教育本科规划教材
ISBN 978-7-03-075973-3

Ⅰ.①制⋯　Ⅱ.①陈⋯②王⋯③邵⋯　Ⅲ.①导弹制导-高等学校-教材②导弹控制-高等学校-教材　Ⅳ.①TJ765

中国国家版本馆 CIP 数据核字(2023)第 125545 号

责任编辑:胡文治 / 责任校对:谭宏宇
责任印制:黄晓鸣 / 封面设计:殷　靓

科 学 出 版 社 出版
北京东黄城根北街 16 号
邮政编码:100717
http://www.sciencep.com

南京展望文化发展有限公司排版
苏州市越洋印刷有限公司印刷
科学出版社发行　各地新华书店经销

*

2023 年 12 月第 一 版　开本:787×1092 1/16
2023 年 12 月第一次印刷　印张:16 3/4
字数:356 000

定价:80.00 元
(如有印装质量问题,我社负责调换)

前　言

随着现代战争武器的日新月异,导弹在现代信息化战争中扮演着重要角色,其作为精确制导武器朝着高空、快速、精确方向发展。一方面,由于导弹的飞行包络范围大,其飞行运动具有强非线性、强耦合、快时变和强不确定等对象特征,导致高精度飞行控制具有较大难度。另一方面,目标的机动能力也在不断提升,伴随反导系统的快速发展也要求导弹的飞行能力,特别是机动能力,需要进一步提高。因此,对导弹的精确制导与飞行控制系统设计提出了更高的要求,必须具备在大包络飞行条件下,对非线性与时变不确定性具有强鲁棒性和自适应性的制导与控制能力。

编者紧密结合导弹制导与控制系统的研究现状和发展趋势,参考孟秀云教授主编的《导弹制导与控制系统原理》经典教材进行编写。同时按照基本概念、对象模型、制导规律、测量装置、控制系统、执行机构和典型的制导系统的编写逻辑与编写思路编写本教材。在教材编写中博采众长,萃取精华,精选典型,注重突出主线,进行整体设计。教材的结构主要包括主题、章、节、单元等基本元素。

全书共分 8 章,由作者团队集体编写完成。第 1 章为制导与控制系统概述,由陈谋教授、邵书义副教授合编;第 2 章为制导与控制系统基本概念,由陈谋教授、邵书义副教授合编;第 3 章为导弹运动建模与分析,由邵书义副教授编写;第 4 章为制导规律,由陈谋教授编写;第 5 章为测量装置,由邵书义副教授编写;第 6 章为控制系统,由王彪副教授编写;第 7 章为执行机构,由陈谋教授、邵书义副教授合编;第 8 章为典型的制导系统,由王彪副教授、邵书义副教授合编。全书由陈谋教授规划和统稿。

本书参阅了国内外专家学者针对制导与控制系统的新研究成果、学术专著、课程教材和科技论文,除了感谢书中所列参考文献的作者,还要感谢未被列出但与本书内容密切相关的作者,编者对他们在制导与控制系统方面所做出的杰出贡献表示深深的敬意和真诚的感谢。

本书获批工业和信息化部"十四五"规划教材和科学出版社"十四五"普通高等教育本科规划教材,得到了众多专家学者的指点和支持,特向他们表示崇高敬意。

由于编者水平有限,书中可能会存在不足或缺陷,望广大读者批评指正。

陈　谋

2023 年 3 月

目　录

第1章
制导与控制系统概述

1.1　制导与控制系统的发展概况

　　制导与控制系统在航空航天以及民用领域都有着广泛应用,其中最为典型的应用是导弹的制导与控制系统,是导弹的核心组成部分[1],正是由于导弹配有制导与控制系统才能保证其精确命中目标。鉴于导弹制导与控制系统的重要性和典型性,这里以其为例阐述制导与控制系统的发展概况。自第二次世界大战导弹诞生以来,已有八十年左右的历史,先后经历以下四个发展阶段。

　　第一阶段:从第二次世界大战后期到20世纪50年代初期,此时导弹刚刚诞生便立即投入战场,典型代表就是德国的V-1飞航导弹和V-2弹道导弹[2]。这一阶段的导弹没有导引头,只能攻击地面固定目标,制导系统采用的是简单的惯性制导和程序制导,控制系统也较为简单。尽管如此,V-2导弹的实战化标志着人类战争史进入了导弹时代。

　　第二阶段:从20世纪50年代中期到60年代初期,这一时期世界各主要军事强国都开始研制和装备导弹。这一阶段以美国的AIM-9B"响尾蛇"空空导弹和苏联"萨姆"-2地空导弹为代表。这类导弹多采用红外制导、雷达指令制导或雷达半主动制导,具备一定的自主跟踪能力,但抗干扰能力差,且命中精度较低。

　　第三阶段:从20世纪60年代中期到70年代末期,随着探测器技术的发展,导弹制导系统从红外和雷达两种制导方式逐渐向多种方式发展。此阶段导弹的种类得到了极大的丰富,几乎涵盖了目前所有的导弹种类,并且精度和可靠性大大提高。这一阶段的典型代表是美国AGM-65A/B"幼畜"电视制导导弹和AGM-114A"海尔法"激光半主动制导反坦克导弹。

　　第四阶段:从20世纪80年代至今,信息化战场具有宽正面、大纵深、多梯次及全空域、全时域和全频域的整体作战特点,军事对抗已发展为武器装备体系之间的激烈对抗。作为典型信息化武器代表的导弹已成为现代高科技战场的主战武器,并将成为未来信息化战争的重要支柱。随着计算机技术和大规模集成电路技术的发展,导弹制导系统开始朝着成像化、智能化、小型化、多任务化和低成本化发展。大量具备"发射后不管"能力的智能型导弹开始研制和装备。此外,未来导弹逐步向着高精度、高智能化和强抗干扰方向发展,导弹的制导系统也向着多模复合[3]、光纤制导[4]和智能化制导[5]等方向发展。

1. 多模复合制导技术

随着光电干扰技术、隐身技术和反辐射导弹技术的发展,单一频段或模式的制导体制受自身性能的限制,已无法满足当代战争的需要。如雷达制导系统易受箔条和角反射器等假目标的干扰;红外制导系统易受红外诱饵、背景热辐射和气候的影响,并不能直接测距,全向攻击性能较差;激光制导系统易受云雾烟的影响,不能全天候使用。因此多模复合制导技术可以利用目标的多种频谱信息,取长补短,相互补充,使得制导系统具有更强的适应能力和抗干扰能力。

多模复合制导技术的研究始于20世纪70年代中期,其可以使不同传感器的检测、跟踪及抗干扰等性能得以互补,从而提升导引头的整体性能[6]。目前主要发展的多模复合制导方式有紫外与红外、可见光与红外、激光与红外、毫米波与红外成像、红外成像与宽带微波被动雷达、主被动雷达多模复合制导等。例如美国"毒刺"-POST防空导弹采用红外与紫外双模制导、美国和瑞士联合开发的防空、反坦克两用导弹ADATS采用激光驾束制导、俄罗斯的"白蛉"反舰导弹采用主被动微波复合制导、美国RIM-116舰空导弹采用被动雷达与红外复合制导等,其利用多种探测手段获取目标信息,经过数据融合处理后可以获取目标的综合信息,从而进行精确的目标探测、识别和跟踪。多模复合制导可以弥补单一探测制导方式的不足,使导弹在目标识别能力、环境适应能力、抗干扰能力和制导精度方面都得到增强。

2. 光纤制导技术

光纤制导是指导弹飞至目标上空时,导引头将目标及其周围背景图像拍摄下来,经光纤双向传输系统的下行线传到地面的图像监视器上,射手通过图像对目标进行搜索、识别和捕获,同时形成的控制指令经上行线传到导弹,控制导弹飞向目标。与传统的有线信息传输介质相比,如双绞线、同轴电缆等,光纤具有信息传输容量大、传输损耗低、直径小、重量轻、无电磁感应、易弯曲、耐水耐火、抗干扰能力强、信息传输精度高、隐藏性好、抗疲劳性能好与贮存寿命长等一系列优点,因此其赋予了制导武器许多全新的作战能力。

由于光纤制导具有强抗干扰能力、高制导精度以及超视距精确打击能力等优点[7],世界上许多国家都在研制和发展光纤图像制导武器系统。美国在1972年首次提出光纤制导导弹的概念。美国陆军在1979年进行光纤制导导弹的可行性研究,并在1984年4月首次进行了光纤制导导弹的飞行试验,1987年初步完成光纤制导的研制工作;20世纪80年代后,日本研制了采用光纤/红外图像引导方式的96式"重马特"多用途导弹;20世纪90年代后,德国DASA等公司研制了"独眼巨人"光纤制导导弹;20世纪末期,以色列自行研制"长钉"系列第四代反坦克制导导弹;根据公开信息,我国研制的"红箭-10"多用途导弹系统采用光纤传输图像的制导方式,在2011年定型,2012年正式装备部队,在2014年举行的"和平使命"上合组织联合军演上首次亮相。随着光纤图像精确制导技术在制导领域的兴起,目前我国在该领域的研究水平接近国际先进水平。

3. 智能化制导技术

随着人工智能、成像制导、高性能处理器和自适应控制技术的发展和突破,导弹正向着完全自动化和智能化的制导方向发展[8]。智能化自动寻的制导采用图像处理、人工智能和高速处理技术,使得导弹无须人工参与即可以自主确定搜索路线和搜索区域,同时实现对目标的自动探测、自动识别、自动捕获和自动跟踪,并进行战术态势的评估、最佳命中点的选择、最佳引爆时机的确定以及杀伤效果的评估,因而能获得最佳的作战效果。

导弹制导系统的智能化技术水平主要体现在威胁规避、自主目标识别、协同作战等,将由在线重新瞄准目标转化为以自主规避飞行过程中的威胁,由人工辅助识别转化为自主目标识别,由单弹智能化转化为多弹协同化。到目前为止,多国已经进行了基于智能化制导技术的导弹研制,例如美国麦克唐纳-道格拉斯公司研发的“捕鲸叉”反舰导弹,并于 1979 年装备部队;挪威康斯伯格公司 1979 年研制出空对舰的企鹅-Ⅲ型导弹;欧洲著名的法国航空航天公司 1967 年开始研发“飞鱼”反舰导弹;俄罗斯海军拥有的 P－700“花岗岩”反舰巡航导弹等。上述型号导弹初步具备智能化制导能力,其智能化水平主要体现为“发射后不管”和重新瞄准目标,从而提高了载机的生存能力。

总之,随着高新技术的不断涌现及其在导弹上的广泛应用,各种新型制导方式的导弹不断出现,这也使得未来高科技战争攻防双方的对抗将更加激烈和复杂。

1.2 　 制导与控制系统典型应用实例

制导与控制系统是导弹精确命中目标以及其他飞行器可靠飞行的关键,随着信息技术的快速发展以及战场环境对精确制导武器和飞行器的广泛需求,制导与控制系统技术有了长足的发展,并且在导弹、人造卫星、载人飞船、深空探测器、无人机、舰载机、战斗机等实际系统中得到广泛应用。

1.2.1 　 反坦克导弹制导与控制系统

反坦克导弹具有精度高、威力大、射程远、结构简单、造价低廉、使用方便等优点[6],已成为陆战场不可或缺的主战装备,是用于击毁坦克和其他装甲目标的导弹。未来信息化战争中,面对陆战场大量先进坦克装甲车辆、无人直升机以及高价值目标,反坦克导弹将发挥重要作用[9,10]。美国、俄罗斯等军事强国都在不断地研究先进反坦克导弹技术,发展新型反坦克导弹。反坦克导弹广泛采用遥控制导方式,射手是制导系统中的一个重要环节,参与整个制导过程。制导与控制系统结构如图 1－1 所示,其中图 1－1(a)为红外半自动制导与控制系统框图,图 1－1(b)为电视制导与控制系统框图。在图 1－1(a)中,射手操纵跟踪装置跟踪目标,红外测角装置自动测量导弹对瞄准线的角偏差,由制导电子箱自动形成制导指令,操纵导弹沿瞄准线飞行。与目视手动控制的制导相比,射手负担大大减轻,但在制导过程中,射手必须始终瞄准和跟踪目标,射手的瞄准误差是影响命中精度的主要因素。在图 1-1(b)中,射手通过电视监视器观察弹上摄像机摄取的目标图像,操纵控制手柄发出控制指令,保持目标图像在监视器屏幕中央,通过导弹姿态控制系统控制导弹,使它沿着适当的弹道飞行,直至命中目标。

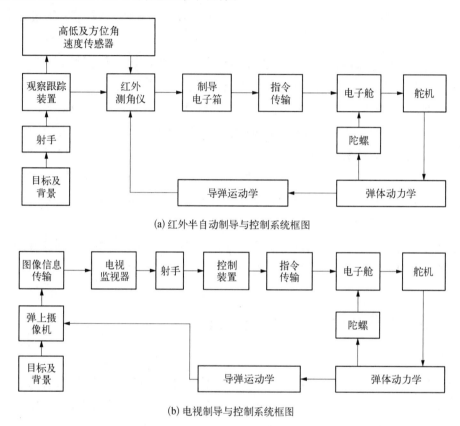

(a) 红外半自动制导与控制系统框图

(b) 电视制导与控制系统框图

图 1-1 反坦克导弹制导与控制系统

1. 反坦克导弹系统组成

反坦克导弹主要由战斗部、动力装置、制导与控制系统、弹体和弹上电源组成,组成部分具体作用如下。

(1)战斗部:战斗部是导弹直接毁伤目标的专用装置,也称为导弹的有效载荷。它主要由壳体、战斗装药、引爆装置(或称引信)、保险和解保装置等组成。通常战斗部采用空心装药聚能破甲型,有些战斗部采用高能炸药和双锥锻压成形药型罩,以提高金属射流的侵彻效率,也有战斗部采用自锻破片战斗部攻击目标顶装甲。

(2)动力装置:动力装置是为导弹提供推进力的装置,主要是指导弹的发动机以及其所必需的燃料供应系统、点火系统等。发动机采用固体/液体推进剂产生推力,以保证导弹获得所需速度和射程。对于不同速度段飞行的导弹,发动机相应推力不同,即起飞段(增速段)推力较大,续航段推力较小。为了提高导弹性能,有些反坦克导弹会安装两台发动机,其中起飞发动机赋予导弹起始速度,续航发动机用于保持导弹飞行速度。

(3)制导与控制系统:制导与控制系统同时具有制导功能和控制功能,是导弹的核心和关键分系统,在很大程度上决定着导弹的作战性能,特别是打击精度。所谓制导功能是指:在导弹飞向目标的整个过程中,不断地测量导弹与目标的相对位置和运动信息,并按照一定规律计算出导弹跟踪目标所需要的指令,即制导指令。所谓控制功能是指:导弹根据制导指令按照特定的控制规律形成姿态或轨迹控制指令,据此驱动执行机构产生需要的操纵力或力矩控制导弹飞向目标。

(4)弹体:弹体结构是连接导弹各部分并承受各种载荷的结构部件,必须具有足够的强度和刚度以及良好的气动外形,能提供弹上仪器正常工作所需的环境,同时也是提供导弹升力的主要部件,因此由弹体外壳、弹翼、舵和尾翼等组成。

(5)弹上电源:弹上电源是给导弹各部分提供工作用电的能源部件,一般包括原始电源(又称一次电源)、配电设备和交流装置。对于飞行时间较短的导弹,原始电源常采用一次性使用的化学电池,对于飞行时间较长的导弹则采用小型发电机。

2. 反坦克导弹控制系统

反坦克导弹控制系统的一项重要任务是保证导弹在每一飞行段稳定地飞行,所以也常称为稳定回路或稳定控制系统。导弹的姿态控制系统把弹体作为被控对象,对导弹在每个飞行段施加控制,使导弹按照期望的要求进行俯仰、偏航或者滚转运动,其原理结构如图 1-2 所示。一般情况下,弹上控制系统应既能保证导弹按照控制指令要求操纵舵机改变导弹的飞行姿态进行稳定飞行,又能保证导弹消除干扰引起的姿态变化进行机动飞行,即对导弹飞行具有控制和稳定的双重作用。

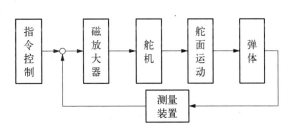

图 1-2　控制系统原理结构

1.2.2　人造卫星制导与控制系统

1. 人造卫星运动过程与系统组成

人造卫星是由人工制造、又由人工发射到太空去的环绕行星运动的人造天体。人造卫星运行的基本原理是万有引力定律以及牛顿第二运动定律,一般主要是考虑地球与人造卫星之间的相互作用,图 1-3 展示了"嫦娥一号"卫星运动过程。由于"嫦娥一号"卫星是带有挠性太阳帆板、大型充液贮箱和中心刚体的复杂运动体,其系统由多个子系统组成,主要包括机械结构子系统、热控子系统、电源子系统、指令和数据处理子系统、通信子系统和制导与控制子系统等,如图 1-4 所示[11]。

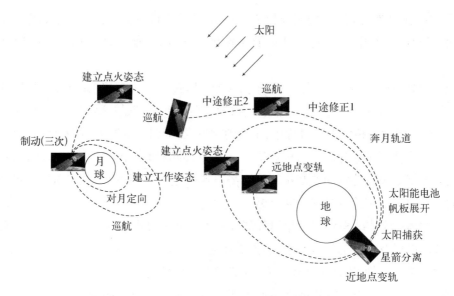

图1-3 "嫦娥一号"卫星运动过程

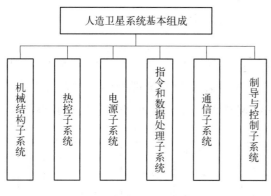

图1-4 人造卫星系统的组成

人造卫星系统中的机械结构子系统提供了框架,用于安装卫星的其他子系统,卫星和运载火箭之间的接口,还可以作为防护屏,对抗太空中的高能辐射、尘埃和微小陨石。热控制子系统是必不可少的。在太空中,热辐射是主要的传热方式,因此在卫星平台上,必须通过辐射进行所有的热移除或添加。

电源子系统的主要功能是收集太阳能,利用太阳能电池阵列将其转化为电能,并分配给其他子系统。此外,卫星也有电池,它在日食期间和其他紧急情况下提供备用电力。

指令和数据处理子系统负责监视和控制卫星从升空阶段到结束其在太空中的使用寿命。指令子系统接收并执行远程控制命令,来完成平台参数的改变(配置、位置和速度);数据子系统部分确定航天器的位置,并使用角度、距离和速度信息,跟踪其行程。

通信子系统的作用是在射频通信链路上传输语音、数据或视频信息,这些信号中的每一个信号被称为基带信号。基带信号需要经过某种处理(称为基带处理),以便将信号转换成适于传输的形式。变换后的基带信号通过调制高频载波,使得其适合于在所选择的传输链路上传播。接收机端的解调器从接收到的已调信号中恢复基带信号,然后用解调和其他相关技术进行处理。

制导与控制子系统执行两个主要功能:一个功能是控制轨道路径用以确保该卫星保

持在正确的空间位置,以提供预期的服务;另一个功能是提供姿态控制,这是必不可少的,以防止卫星在太空中翻滚。

2. 人造卫星制导和控制原理

人造卫星进入太空后,为了完成它所承担的任务,必须按照预定计划沿一定的轨道或轨迹飞行;在不同的飞行阶段,又必须按任务要求使航天器采取不同姿态,使有效载荷或有关部件指向所要求的方向。为了达到和保持这样的运行轨道和姿态指向,就需要进行制导和控制,其基本原理如图 1-5 所示[12]。

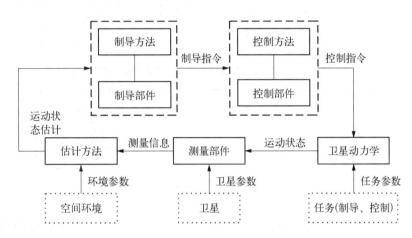

图 1-5　人造卫星制导与控制结构图

卫星姿态控制目标就是使得本体系相对惯性系姿态与目标系相对惯性系姿态一致,是把卫星姿态保持在给定方向或从原方向控制到另一方向的过程。卫星姿态控制中的指向控制除卫星本体的姿态控制外,为了完成空间任务还需要对卫星某些分系统进行局部指向控制。有时为了获得有效载荷的精确指向,还需要采用多级控制,即在实现卫星本体姿态控制的基础上再利用敏感器和执行机构实现更精确的指向控制。卫星的轨道控制是通过施加外力改变航天器质心运动状态的过程。为到达空间预定位置或区域所进行的轨道控制称为制导。

1.2.3 "神舟号"载人飞船制导与控制系统

1. "神舟号"载人飞船工程大系统组成和功能

"神舟号"载人飞船工程大系统由载人飞船系统、运载火箭系统、航天员系统、应用系统、发射场系统、测控与通信系统和着陆场系统共 7 个系统组成;此外,载人飞船系统是 7 个系统之一,由结构与机构、环境控制与生命保障、热控制、制导导航与控制、推进、测控与通信、数据管理、电源、返回着陆、逃逸救生、仪表与照明、有效载荷、乘员共 13 个分系统组成,如图 1-6 所示,各个组成部分的描述如下[13]。

结构与机构是飞船的主体,由本体结构、防热结构和机构 3 部分组成。为了保证更好

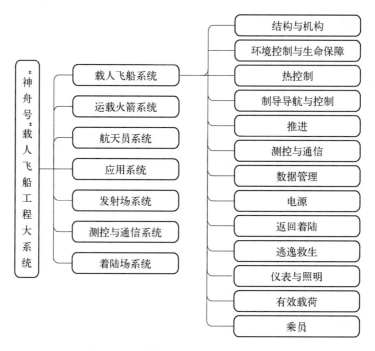

图 1-6 "神舟号"载人飞船工程大系统结构图

地完成飞行任务,飞船的结构采用分舱段设计。"神舟号"飞船由轨道舱、返回舱和推进舱 3 个舱段构成;**环境控制和生命保障分系统**用于为飞船乘员创造合适的舱内环境,保证舱内适宜的温度、湿度和通风条件,清除舱内有害气体,收集处理废物,提供乘员用水和氧气等;**热控制分系统**用于保证飞船各舱仪器设备、结构以及乘员所需要的环境温度条件,合理调配飞船各部分之间热量的传输,并将废热排放到宇宙空间;**推进分系统**用于为姿态稳定、姿态控制、变轨机动、轨道交会对接以及飞船脱轨返回提供所需要的冲量;**测控与通信分系统**负责完成飞船轨道的跟踪测量、飞船数据和图像的传输、语音通信和乘员电视监视等;**数据管理分系统**用于随时采集飞船的工程参数和运行参数,对采集的数据进行处理,建立相应的文件并进行必要的分发,同时接收地面测控中心的命令或乘员的控制命令,指挥各分系统工作,完成飞行使命。**电源分系统**的功能就是为保障船载所有需要用电设备的正常工作提供电能;**返回着陆分系统**利用展开式阻力装置来减速和稳定飞船返回舱,最后通过着陆缓冲等手段保证乘员安全着陆;**逃逸救生分系统**负责飞船在发射台上待发期间和发射阶段运载火箭或飞船出现危险故障而又不能排除情况下的逃生,主要包括逃逸塔救生方式和弹射座椅救生方式两种;**仪表**用于显示飞船各分系统的工作参数、乘员生理数据和有效载荷的工作状态;**照明**设备为乘员提供工作和生活场所的照明条件;**有效载荷分系统**指安装在飞船上进行科学实验、技术试验或进行天体和地球观测的设备;**乘员分系统**为飞船提供合格的乘员、航天服和航天食品,提供乘员的医学监督和医学保障设备以及乘员生活用品和个人救生装备;**制导导航与控制**(guidance、navigation and control,GNC)**分系统**承担着飞船从起飞到返回的全部运动控制任务。该分系统用于稳定和控制飞船在轨道运行段和再入返回段的姿态,控制飞船轨道,进行机动交会飞行以及完成返回再入轨道控制等。此外,"神舟号"载人飞船系统中返回/推进舱 GNC 系统、航天员手动运动控制系统和轨道舱姿态与轨道控制系统的各个组成具体如下。

2. 返回/推进舱 GNC 系统

"神舟号"载人飞船返回/推进舱 GNC 系统的结构如图 1-7 所示[14],其中**惯性测量单元**(inertial measurement unit, IMU)用来测量飞船姿态变化率和飞行加速度并建立飞船的导航基准;**光学姿态敏感器**包括红外地球敏感器和太阳敏感器,用来测量飞船的姿态并校正飞船的惯性基准;**返回/推进舱的控制器**包括制导、导航、控制计算机(guidance、navigation、control computer, GNCC)和备份控制器,即 GNCC 完成飞船的上升段导航和救生、轨道运行段的姿态确定和姿态控制、轨道控制和维持、应急返回控制、返回调姿和飞船离轨制动控制和返回段的导航、制导和控制,备份控制器作为 GNCC 的备份,完成除上升段导航和救生外 GNCC 所承担的其余全部控制任务;**接口装置**包括推进舱接口和返回舱接口设备;**推进舱喷气执行机构**有多台推力不同的发动机,按 GNC 指令要求完成飞船制导、导航和控制;**太阳帆板驱动机构**执行 GNC 系统的控制指令,控制太阳帆板对太阳定向。

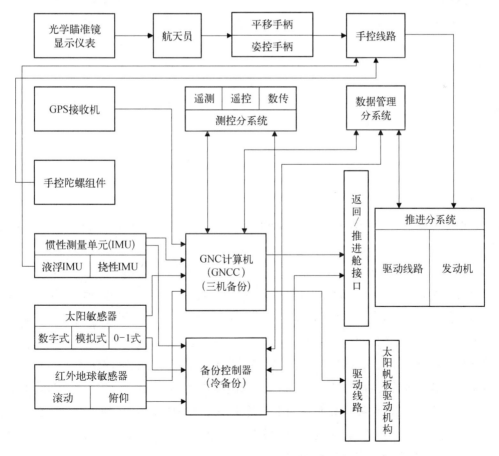

图 1-7 返回/推进舱 GNC 系统的结构图

3. 航天员手动运动控制系统

航天员手动运动控制系统的组成如图 1-8 所示[14]，其中**手动控制线路**是航天员手动运动控制系统的重要部件，主要负责采集来自液浮惯性测量单元的陀螺、手控陀螺组件、红外地球敏感器、模拟式太阳敏感器的输出信息、航天员通过控制手柄的控制输入以及通过仪表板上的控制开关和按钮送来的手控指令，计算手动控制规律，将控制指令送到推进系统和能源系统，控制飞船的姿态、轨道和太阳帆板对太阳定向；**手控专用陀螺组件**提供飞船三轴姿态角速度数据和飞船的轴向加速度数据；**红外地球敏感器**的信息和飞船 GNC 系统的自动控制部分共用，提供飞船的滚动和俯仰姿态信息；**光学瞄准镜**是一个纯光学的飞船姿态观察仪表，航天员通过观察光学瞄准镜可以确定飞船的滚动、俯仰和偏航姿态，操纵控制手柄。

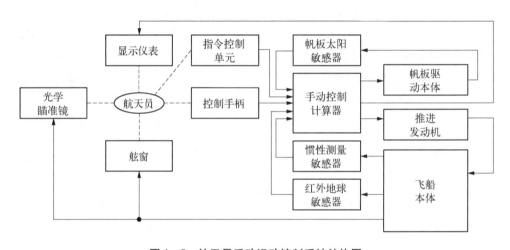

图 1-8　航天员手动运动控制系统结构图

4. 轨道舱姿态与轨道控制系统

轨道舱姿态与轨道控制系统主要完成变轨和入轨任务，其中也包括爬升以及改变轨道倾角，以消除姿态静态误差，使飞船按预定姿态和轨道飞行，保证飞行性能，并完成飞行任务，其结构系统组成如图 1-9 所示，其中**姿态控制**是对飞船绕质心施加力矩，以保持或按需要改变其在空间的定向的技术；**轨道控制**是根据航天器现有位置、速度、飞行的最终目标，对质心施加控制力，以改变其运动轨迹的技术；**姿态确定**是研究飞船相对于某个基准的确定姿态方法；**姿态机动**是指航天器从一个姿态过渡到另一个姿态的再定向过程；**姿态稳定**是克服内外干扰力矩使飞船姿态保持在指定方向；**轨道确定**的任务是研究如何确定飞船的位置和速度，有时也称为空间导航；**轨道保持**指克服摄动影响，使飞船轨道的某些参数保持不变的控制；**姿态敏感器**用以测量某些绝对的或相对的物理量；**执行机构**起控制作用，驱动动力装置产生控制信号所要求的运动；**姿态稳定方式**按姿态运动的形式可分为被动姿态稳定、自旋稳定和三轴稳定。

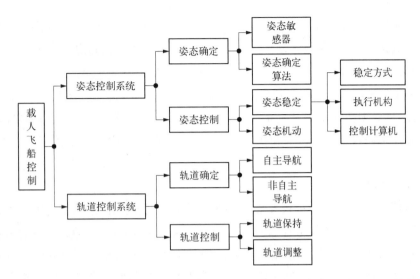

图 1-9　载人飞船姿态与轨道控制系统功能

1.2.4　"好奇号"火星探测器 EDL 制导与控制系统

1. "好奇号"火星探测器 EDL 概述

2011 年 11 月 26 日,美国发射了火星探测器"好奇号",并于美国东部时间 2012 年 8 月 6 日成功着陆于火星表面。考虑到火星复杂环境的特点,"好奇号"火星探测器着陆过程常分为进入段(entry)、下降段(descent)与着陆段(landing)3 个阶段,简称 EDL,图 1-10 为"好奇号"火星探测器着陆各阶段示意图,其中**进入段**又称为高超声速段,从探测

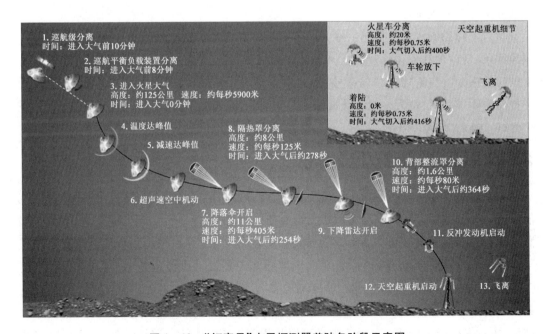

图 1-10　"好奇号"火星探测器着陆各阶段示意图

器进入火星大气层(高度约为125 km)至降落伞完全展开,进入大气后的探测器通过其气动外形进行减速,由于此阶段气动环境恶劣,探测器将经历峰值过载、气动加热等特殊过程;**下降段**又分为伞降段与动力下降段,从开伞至末端制动火箭点火(高度为500～2 000 m),通过降落伞进行减速,随后防护罩抛离,反推发动机点火,探测器进入动力下降段,该阶段的目标为消除水平及垂直速度,稳定下降级,为最终着陆做准备;**着陆段**从制动发动机点火开始到着陆火星表面为止,通过制动发动机减速,并使着陆器规避潜在障碍和到达预定着陆点[15,16]。

2. 探测器制导与控制

"好奇号"火星探测器在进入大气层过程中采用了制导技术,将着陆精度从"海盗"火星探测器的100千米级提高到10千米级。在"好奇号"火星探测器进入大气过程中,通过调节旋成体对称轴方向的倾侧角来修正探测器升力沿纵向和侧向飞行方向的分量,进而调整进入轨迹。进入段制导的目标是在峰值过载约束、峰值驻点热流密度约束条件下,通过调节倾侧角,将着陆器从目标进入点状态导引至目标开伞点,且末端动压和马赫数满足相应的开伞条件。大气进入段制导通常分为标称轨迹法和预测校正法,前者通过跟踪预先设计的标称轨迹将探测器导引至目标末端位置;后者通过探测器的星载计算机预测末端位置偏差,并以此为依据生成制导指令来校正进入轨迹。

下降段首先采用降落伞减速到距离火星表面1.6～2 km高度,随后开始进入动力下降段,反推发动机点火,实现垂直与水平方向减速的同时,驱动探测器向预定着陆点运动。由于伞降段探测器运动不可控,实际过程中可能与着陆点产生较大横向偏差,为此"好奇号"探测器利用多普勒雷达和倾斜雷达高度计通过卡尔曼滤波修正惯性导航,该方案在探测任务中性能表现良好。

动力下降段的制导与控制目标为给定末端位置、速度与姿态,以及下降过程中的推力幅值约束、视线角约束、障碍规避约束等,根据探测器当前时刻状态生成满足着陆任务需求的控制指令。在着陆段,"好奇号"探测器设计了"空中吊车"着陆方式,该着陆方式无须提前关闭发动机,也无须设计缓冲吸能装置,提高了有效载荷的质量,且着陆速度小,安全性好,可以在坡度不超过15度、岩石高度不超过0.55米的复杂地形着陆[17]。

1.2.5 无人直升机制导与控制系统

无人直升机是指不搭载操作人员的一种直升机,利用空气动力为其提供所需的升力,能够携带有效载荷进行全自动飞行或无线遥控飞行,主要经历自动起飞阶段、悬停小速度阶段、前飞巡航阶段、自动着陆阶段等典型飞行阶段[18]。图1-11为无人直升机全过程飞行流程图,其中,自动起飞阶段指发动机地面开车到发动机转速额定,通过增加总距改变旋翼拉力使无人直升机离地并爬升至安全高度的飞行过程。悬停小速度是无人直升机最典型的工作状态,是指无人直升机爬升至目标高度后保持空中悬停状态,自动起飞环节结束,接下来执行飞行任务。前飞巡航阶段是指无人直升机执行巡航任务,并且可以实现

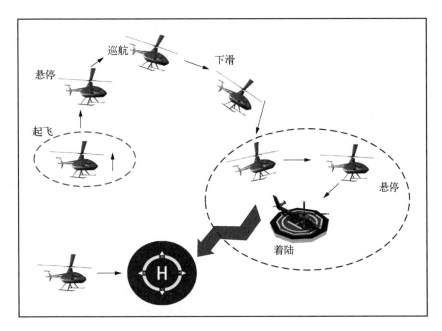

图 1-11　无人直升机全过程飞行流程图

超视距巡航飞行。自动着陆阶段指从无人直升机执行完任务后,进场位置调整保持定高定点悬停、稳定下降、触地着陆直至最后发动机关车的全过程。

制导与控制系统是无人直升机系统中最复杂的分系统,是无人机实现航迹追踪或目标跟踪的关键。无人直升机通过机上传感器系统采集位置、姿态、速度、高度信息,由飞行控制与管理计算机处理,完成自动飞行控制律解算,生成伺服系统控制指令,驱动执行机构,实现无人直升机自动飞行控制。图 1-12 给出了无人直升机制导与控制系统结构图,其作用描述如下。

制导系统的作用是无人直升机发现(或外部输入)目标的位置、速度等信息,并根据自己的位置、速度以及内部性能和外部环境的约束条件,获得抵达目标所需的位置或速度指令,例如,按照规划的航路点飞行时,计算无人直升机沿某个航线飞抵航路点的指令;采用基于计算机视觉目标跟踪的光学制导时,根据目标在视场中的位置(以及摄像头可能存在的离轴角)计算跟踪目标所需的过载或者姿态角速度指令;而当预装地图中存在需要规避的障碍物或禁飞区时,根据无人直升机飞行性能计算可行的规避路线或者速度指令。因此,简要概括制导的主要工作就是要"知道目标在哪,如何抵达目标"。

控制系统的作用是无人直升机根据当前的速度、姿态等信息,通过执行机构作用来改变姿态、速度等参数,进而实现稳定飞行或跟踪制导指令。例如,当无人直升机需要爬升高度时,计算需要的俯仰角和俯仰角速度指令,以及为了让空速不至于大幅降低所需的油门指令;当沿着航线飞行,但是存在侧风时,计算所需的偏航角指令以利用侧滑抵消侧风影响,或者当多旋翼无人机的某个旋翼失效时,计算如何为剩余旋翼分配指令以尽可能实现稳定飞行。因此,简要概括控制的主要工作就是"改变飞行姿态,跟踪制导指令"。

虽然理论上,制导和控制这两者各司其职,只是在指令计算和执行上有顺承关系,但是在实际系统中,两者可能会有很多交叉因素。例如,导航系统中所测量或估计出的角速度,既要用于制导系统的速度和位置估计,又要用于姿态控制;而在一些高机动性的飞行器(如直接碰撞杀伤的动能拦截器等)和空天飞行器(如升力体再入返回的制导控制)上也有制导与控制一体化设计的趋势。

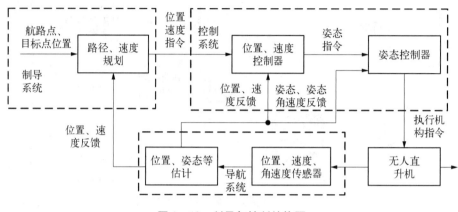

图 1 – 12　制导与控制结构图

1.2.6　舰载机自动着舰制导与控制系统

1. 舰载机自动着舰系统原理

随着航母在国家军事地位的提升,舰载机着舰技术也得到大力发展[19-21]。当舰载机完成了攻击作战、日常训练、区域侦查等任务后,归航着舰就成了考验飞行员的危险工作,舰载机自动着舰系统的应用在一定程度上降低了驾驶员的操作负荷。舰载机在进场着舰过程中引入航母甲板运动补偿计算是因为在舰载机着舰阶段尾钩需要与阻拦索发生挂索,这就要求舰载机在临近着舰阶段运动与航母甲板运动保持一致,可以降低进场着舰复飞率和着舰事故的发生。舰载机自动着舰系统装置组成如图 1 – 13 所示,着舰过程如图1 – 14 所示,其中,跟踪雷达在发现跟踪目标后由跟踪传动系统进行控制完成对目标的跟踪,并且测量以该装置建立坐标系下的距离、俯仰角和方位角。

航母运动测量装置主要在复杂的海面运动影响下完成对航母运动状态信息的测量,并协助跟踪雷达完成数据稳定处理和对甲板运动补偿计算;舰载引导律计算机主要完成舰载机下滑道引导律的计算,计算出舰载机下滑道引导指令,控制舰载机沿理想下滑道安全进场着舰;数据链发射机的任务是将舰载机下滑道制导指令和轨迹误差指令以载波信号的形式传递给机载数据链接收机,同时传递识别码进行校核验证;雷达跟踪增强系统的主要作用是在云雨等恶劣天气情况下通过在机身某处发出的高能量脉冲信号抵消雷达闪烁现象的影响,确保跟踪雷达不受天气原因的影响;数据链接收机作用是接收数据链发射机传递的载波信号并进行解码,获得舰载机下滑道引导指令和轨迹误

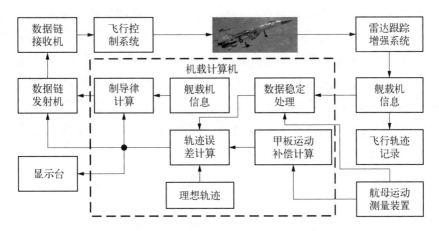

图 1-13　舰载机自动着舰系统结构

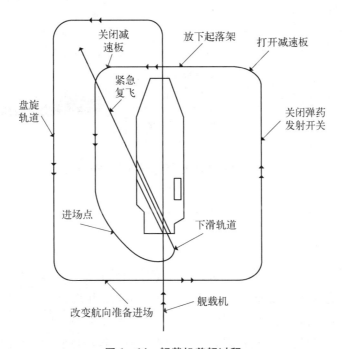

图 1-14　舰载机着舰过程

差指令;飞行控制系统一般是由两台飞行控制计算机组成,可以通过数据链解码后得到的舰载机下滑道引导指令和轨迹误差指令控制舰载机沿理想下滑道进场着舰,实现舰载机安全进场着舰。

2. 制导与控制系统组成

自动着舰系统从飞行轨迹控制策略方面可以分为纵向控制策略和横向控制策略,随着自动着舰系统不断地更新与发展,控制策略会随着舰载机机型的变化产生细微的改变,但是其基本结构已经确定。在忽略纵向引导过程中雷达和数据链系统的影响下,给出如

图1-15所示的自动着舰系统纵向制导与控制过程,其中机载部分通过机载数据接收机接收进场着舰引导指令,自动驾驶仪接收引导指令并产生水平尾翼偏转指令,舰载机进场动力补偿系统通过水平尾翼偏转指令和舰载机进场姿态迎角变化计算出油门指令信号,实现舰载机在进场着舰阶段的自动着舰过程;舰载部分通过精密的轨迹跟踪雷达测量出舰载机在对地坐标系下的位置坐标和飞行状态信息,舰载计算机接收到这些信息后通过实际高度和理想高度计算出高度偏差;引导律计算机通过高度偏差计算出进场着舰引导指令,进场着舰引导指令通过舰载数据发射机发送。

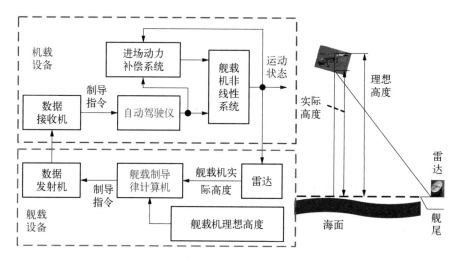

图1-15 自动着舰系统纵向制导与控制流程图

1.2.7 战斗机攻击占位制导与控制系统

1. 第四代战斗机概述

按世界通用的标准,第四代战斗机具有典型的"4S"特征,即:超机动性(在60°~70°迎角的状态下仍能保持持续控制)、超声速巡航(不开加力的情况下也能保持超声速飞行)、隐身性能和超视距空战,同时还应该能满足多种战术用途。如果说上述"4S"特征侧重的是第四代战斗机平台性能的"硬升级",那么火力与指挥控制实现的战机自动攻击制导则是战斗机作战能力展现的核心技术,更加注重的是战机性能的"软升级"。从发展的眼光来看,这种升级能力将会显现得越来越重要。所以,无论是对三代机还是四代机,将载机制导轨迹控制技术运用于自动飞行控制中,为机载火力发射尽快尽好地创造条件,都必将使其作战能力得到跃升,例如米格-31战机拦截目标的飞行航迹如图1-16所示。

2. 战机远距占位制导原理

战机远距占位制导,是指到达指定空域后,机载雷达开机、探测、发现、识别、跟踪、锁定目标后,实施追踪与战术占位。追踪与占位策略与目标飞行条件、战机及其武器的性能有关。战机制导系统应能根据敌我双方的作战态势,做出最合理的导引决策,通过飞行

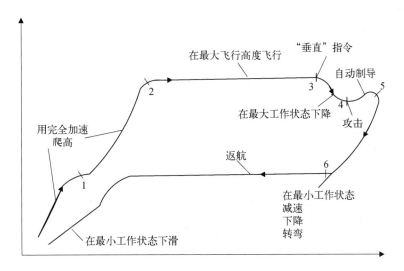

图 1–16　米格–31 战机拦截目标的飞行航迹

控制使战机与目标的相对位置(包括距离与目标进入角)满足机载武器发射条件,以备实施对敌攻击。为了提高追踪过程的隐蔽性,战机机载雷达应当尽量处于关闭状态,由外部指挥系统提供目标信息,其工作过程如图 1–17 所示。

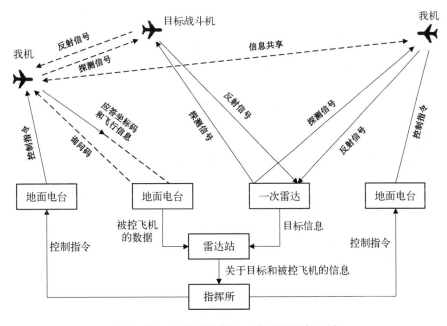

图 1–17　远距追踪导引—地/海面指挥系统

3. 战机近距占位导引的基本过程

战机近距占位导引的依据是机动决策,其基本过程如图 1–18 所示,基于空战态势信息和空战态势评估结果,预测空战态势的发展(包括对方未来机动),并基于空战任务目标、决策准则或空战经验,实施一系列对抗性机动操纵,以取得并保持空战态势优势的战机飞行轨迹控制过程。

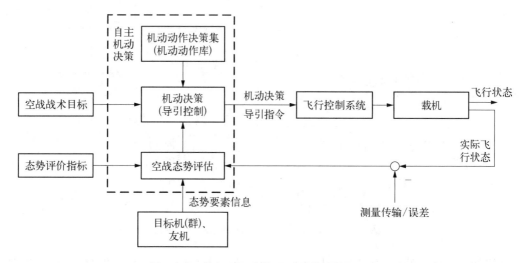

图 1-18 战机近距占位导引系统结构原理图

思考题

(1)导弹的制导系统发展方向有哪些?各有什么特点?

(2)本章讲了哪几类典型制导与控制系统?

(3)导弹制导系统的基本组成包括哪些部分?

(4)人造卫星制导和控制原理是什么?

(5)要完成飞船的制导任务,对制导系统有哪些基本要求?

(6)深空探测器控制系统技术原理是什么?组成部分有哪些特点?

(7)无人直升机的制导与控制系统的结构组成有哪些部分?

(8)怎么实现战机的占位制导与控制?

第2章
制导与控制系统基本概念

2.1　导弹的基本概念

由于导弹制导与控制系统有着重要的地位以及相关技术具有代表性且较为成熟,因此本书主要以导弹的制导与控制系统[22]为例来介绍相关技术。导弹是现代高科技的结晶和化身,是一种携带战斗部,依靠自身动力装置推进,由制导系统导引控制飞行航迹,飞向目标并摧毁目标的飞行器。导弹通常由战斗部、控制系统、发动机装置和弹体等组成。导弹作为一种武器,其突出的性能特点是射程远、精度高、威力大、突防能力强,能满足现代战争高空、高速和远距离作战的需求,已成为维持战略平衡的支柱、不对称作战的主角和"撒手锏"、信息化战争的主战装备、实现精确作战的必备武器、各类武器平台作战能力的提升器、现代作战防御系统的主要拦截器等。导弹主要分类如下。

1. 按气动外形和飞行弹道特征分类

按气动外形和飞行弹道特征可把导弹分成有翼导弹和弹道导弹两大类,具体描述如下。

(1) 有翼导弹弹体外形通常由弹身、弹翼、舵面及安定面等组成,均在大气层内飞行,是一种以火箭发动机、吸气式发动机或组合发动机为动力;机动飞行(包括平衡重力)所需的法向力主要由升力部件的空气动力提供;装有战斗部系统和制导系统的无人驾驶飞行器。

(2) 弹道导弹的外形特点是不带弹翼,有的只有稳定尾翼,有的甚至连尾翼也没有。弹道导弹的弹道包括主动段(动力飞行段)、自由飞行段和再入段。这是典型的弹道导弹的概念。除了有动力飞行并进行制导的主动段弹道外,全部沿着只受地球引力和空气动力作用的近似椭圆弹道飞行。随着导弹技术的发展,为了提高突防能力,有的弹道导弹在飞行过程中,实现轨道平面的改变,还有的弹道导弹弹头在再入段可以实现无动力或动力机动飞行。

按照作战任务,弹道导弹又可分为战略弹道导弹和战术弹道导弹。战略弹道导弹通常载核弹头,主要用于打击敌方重要战略目标,包括远程弹道导弹和潜地导弹等。战术弹道导弹一般指近程地地弹道导弹,通常载常规弹头亦载核弹头,用于打击敌方战役战术纵深内的目标和部分战略目标。

2. 按发射点与目标位置分类

按发射点与目标位置分为潜舰导弹、空空导弹、舰地空导弹、舰空导弹、舰地导弹、地空导弹、潜地导弹、岸舰导弹、舰舰导弹、空舰导弹、地地导弹、空地导弹等。

（1）潜舰导弹是指由潜艇在水下发射攻击水面舰艇的导弹。

（2）空空导弹是指从飞机上发射攻击空中目标的导弹。空空导弹是歼击机的主要空战武器，现代歼击轰炸机和强击机也多装备空空导弹。与地地、地空导弹相比，具有反应快、机动性能好、尺寸小、重量轻等特点。与航空机关炮相较，具有射程远、命中精度高、威力大的优点。

（3）地空导弹是指从地面发射攻击空中目标的导弹，又称防空导弹，是组成地空导弹武器系统的核心。

（4）舰空导弹是指从舰艇发射攻击空中目标的导弹，亦称舰艇防空导弹，是舰艇主要防空武器之一。

（5）舰地导弹是指从水面舰艇发射攻击地面目标的导弹，也可攻击海上设施，是舰艇主要攻击武器之一。通常采用复合制导，飞行速度多为高亚声速，少数为超声速。同舰炮相比，射程远、命中率高、威力大，但连续作战能力差。

（6）空地导弹是指从航空器上发射攻击地（水）面目标的导弹，是航空兵进行空中突击的主要武器之一，装备在战略轰炸机、歼击轰炸机、强击机、歼击机、武装直升机及反潜巡逻机等航空器上。

（7）潜地导弹是指由潜艇在水下发射攻击地面固定目标的战略导弹，与潜艇的导弹射击控制、检测、发射系统和导航系统等构成潜地导弹武器系统。

（8）岸舰导弹是指从岸上发射攻击舰船的导弹，亦称岸防导弹，是海军岸防兵的主要武器之一。

（9）舰舰导弹是指从水面舰艇发射攻击水面舰船的导弹，也可攻击海上设施、沿岸和岛礁目标，是舰艇主要攻击武器之一。

（10）空舰导弹是指由飞机从空中发射攻击水面舰船的导弹，也可用于攻击地面目标，是海军航空兵的主要攻击武器之一。

3. 按攻击目标类型分类

按攻击目标类型分为反舰导弹、反飞机导弹、反雷达导弹、反卫星导弹、反潜导弹、反弹道导弹、反坦克导弹。

（1）反舰导弹是攻击水面舰船的导弹，也可攻击海上设施、沿岸和岛礁目标。地舰导弹、空舰导弹、舰舰导弹均为反舰导弹。

（2）反飞机导弹（防空导弹）是指用于拦击、毁伤飞行中飞机的导弹。地空导弹、舰空导弹、空空导弹均为反飞机导弹。

（3）反雷达导弹是指利用敌方雷达的电磁辐射进行导引，摧毁敌方雷达及其载体的导弹，亦称反辐射导弹。

（4）反卫星导弹是指用于摧毁卫星及其他航天器的导弹。可以从地面、空中或太空发射，能自动发现和跟踪目标，通过引爆核弹头或常规弹头将目标击毁，也可利用导弹弹头直接碰撞目标。

（5）反潜导弹是指用于攻击潜艇的导弹,包括火箭助飞鱼雷和火箭助飞核深水炸弹。

（6）反弹道导弹是指用于拦截来袭弹道导弹的导弹,是国家战略防御系统的组成部分。

（7）反坦克导弹是指用于击毁坦克和其他装甲目标的导弹。

4. 按作战使用分类

按作战使用分为打击战略目标的战略导弹和打击战役战术目标的战术导弹。

5. 按射程分类

按射程分为中程、远程和洲际导弹。各国按射程分类的标准不尽相同,例如美国、俄罗斯在"战略武器限制谈判"中规定:中程导弹射程为 1 100～2 700 千米,中远程导弹射程为 2 700～5 500 千米,洲际导弹射程在 5 500 千米以上。我国的划分标准一般为中程导弹射程为 1 000～3 000 千米,远程导弹射程为 3 000～8 000 千米,洲际导弹射程在 8 000 千米以上。

2.2　导弹所受的主要作用力

1. 导弹受力分析

在大气层中飞行的导弹主要受到发动机推力 P、空气动力 R 和导弹重力 G 三种力的作用,且三种力的合力就是导弹上所受到的总作用力。在大气层外飞行的导弹,由于大气比较稀薄,因而主要受到发动机推力 P 和导弹重力 G 两种力的作用[22],如图 2-1 所示。

图 2-1　导弹在大气层外的受力情况

导弹所受到的作用力可分解为平行导弹飞行方向的切向力和垂直于导弹飞行方向的法向力。切向力用于改变导弹飞行速度的大小。而法向力改变导弹的飞行方向,使导弹沿理想弹道飞行。当法向力为零时,导弹做直线飞行运动。由于导弹的重力一般不能随意改变,因此要改变导弹的法向力的大小,只有改变导弹的推力或空气动力。

在大气层内飞行的导弹,可由改变空气动力获得控制。一般有翼导弹可通过改变空气动力的方法来改变控制力。在大气层中或大气层外飞行的导弹,都可以用改变推力的方法获得控制。因无翼导弹在稀薄大气层内飞行时,弹体产生的空气动力很小,所以主要是用改变推力的办法来改变控制力。

2. 导弹改变飞行方向的原理

显然,要使导弹在任意平面内改变飞行方向,就需要同时改变攻角和侧滑角,使升力和侧力同时发生改变。此时,导弹的法向力 N_n 就是法向力 N_y 和侧向控制力 N_z 的合力,如图 2-2 所示。

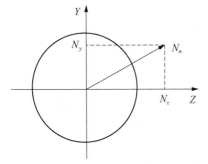

图 2-2　轴对称导弹在任意平面内的控制力

2.3　制导与控制系统的一般组成

　　导弹制导与控制系统的基本组成包括从引导系统到控制指令形成装置,再到操纵导弹的所有设备,也就是通常所说的飞行控制系统。这些设备的作用是使得导弹保持在理想的弹道附近飞行,如图2-3所示。

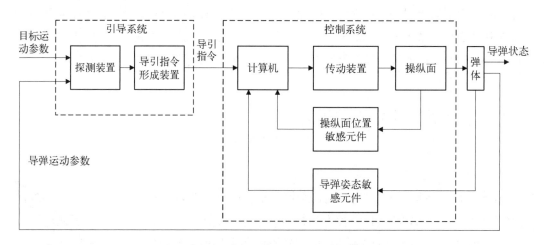

图 2-3　导弹制导与控制系统的基本组成

　　从功能上可以将制导与控制系统分为引导系统和控制系统两部分。引导系统通过探测装置确定导弹相对目标或发射点的位置形成引导指令,并对目标和导弹运动信息的测量,可以用不同类型的装置予以实现。例如,可以在选定的坐标系内,对目标或导弹的运动信息分别进行测量。探测装置可以是制导站上的红外或雷达测角仪,也可能是装在导弹上的导引头。引导系统根据探测装置测量的参数并按照设定的引导方法形成引导指令,指令形成后送给控制系统。

　　控制系统直接操纵导弹,要迅速而准确地执行引导系统发出的引导指令,操纵导弹飞向目标。控制系统的另一项重要任务是保证导弹在每一飞行段稳定地飞行,所以也常称为稳定回路。稳定回路中通常含有校正装置,用以保证其有较高的控制质量。稳定回路是制导系统的重要环节,它的性质直接影响到制导系统的制导精度,弹上控制系统应既能保证导弹飞行的稳定性,又能保证导弹的机动性,即对飞行有控制和稳定作用。

　　一般情况下,制导系统是一个多回路系统。稳定回路作为制导系统大回路的一个环节,它本身也是闭合回路,而且可能是多回路,包括阻尼回路和加速度计反馈回路等,而稳定回路中的执行机构通常也采用位置或速度反馈形成闭合回路。当然,并不是所有的制导系统都要求具备上述各回路。例如,有些小型导弹就可能没有稳定回路,也有些导弹的执行机构采用开环控制,但所有导弹必须具有制导系统大回路。

2.4　制导系统的分类

　　由于各类导弹的用途、目标的性质和射程的远近等因素的不同,具体的制导设备差别较大。各类导弹的控制系统都在弹上,工作原理也大体相同,而引导系统的设备可能全部放在弹上,也可能放在制导站或者引导系统的主要设备放在制导站。根据引导系统的工作是否需要导弹以外的任何信息,制导系统可以分为非自主制导系统与自主制导系统,以及复合制导系统,其分类见图 2-4[22]。

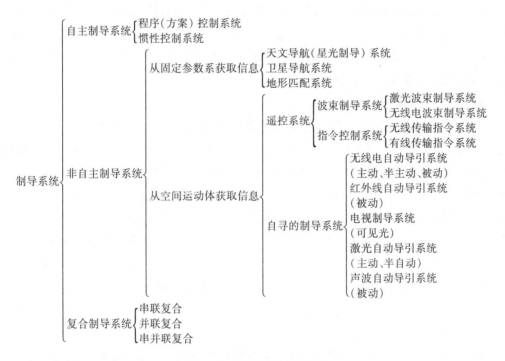

图 2-4　制导系统分类图

2.4.1　非自主制导系统

　　根据获取信息的来源不同分为 2 类。

　　1. 从空间运动体获取信息的非自主制导系统

　　1) 自寻的制导系统

　　自寻的制导系统主要利用目标辐射或反射的能量引导导弹去攻击目标,其探测装置主要是导引头。该类制导系统之所以称为自寻的系统,主要是由弹上导引头感受目标辐射或反射的能量(如无线电波、红外线、激光、可见光、声音等),测量目标、导弹相对运动参数,并由引导指令形成装置按照自寻的制导规律形成相应的引导指令控制导弹飞行,使导弹沿理想弹道飞向目标。自寻的制导中"的"是"目的"的"的",即为打击目标。

为了使自寻的系统正常工作,首先必须能准确地从目标背景中发现目标,为此要求目标本身的物理特性与背景或周围其他物体的特性必须有所不同,即要求它具有对背景足够的能量对比性。根据导弹利用的能量不同,可以分为以下几类[22]。

(1)红外自寻的制导系统。

在实战中具有红外辐射(热辐射)源的目标有很多,如军舰、飞机(特别是喷气式飞机)、坦克、冶金工厂,在大气层中高速飞行导弹的头部也具有足够大的热辐射。用目标辐射的红外线使导弹飞向目标的自寻的系统称为红外自寻的制导系统。这种自寻的制导系统的作用距离取决于目标辐射(或反射)面的面积和温度、接收装置的灵敏度和气象条件。该制导系统制导精度高,不受无线电干扰的影响、可昼夜作战且攻击隐蔽性好。但容易受云、雾和烟尘的影响,并有可能被曳光弹、红外诱饵、云层反射的阳光和其他热源诱惑,偏离和丢失目标。此外,红外自寻的制导系统作用距离有限,所以一般用作近程武器的制导系统或远程武器的末制导系统。

(2)激光自寻的制导系统。

激光自寻的制导是利用弹外或弹上的激光束照射到目标上,弹上的激光导引头利用目标漫反射的激光,实现对目标的跟踪,同时将偏差信号送给弹上控制系统,操纵导弹飞向目标。另外,按照激光源所处位置不同,激光寻的制导又可分为激光主动寻的制导与激光半主动寻的制导。在激光主动寻的制导方式下,激光源和激光寻的器均设置在弹上。当导弹发射后,能主动寻找被攻击目标,是一种"发射后不管"的制导方式。由于激光源设备大而笨重,因此,目前难以用于实战。但是,这种制导方式很有吸引力,是激光寻的制导的发展方向。激光半主动寻的制导是目前应用最广泛、技术最成熟的一种激光寻的制导方式。在这种制导方式下,激光源放在弹外载体上,而激光寻的器放在弹上。

(3)电视自寻的制导系统。

在战争中由于目标与周围背景不同,它能辐射本身固有的光线,或是反射太阳、月亮的或人工照明的光线,这种情况下可以利用电视自寻的制导系统。利用该类型的自寻的制导系统,其作用距离取决于固有的光线,或是反射太阳、月亮或人工照明的光线,同时还取决于目标与背景的对比特性、昼夜时间和气候条件。

电视自寻的制导系统是可见光制导的一种,以导弹头部的电视摄像机拍摄目标和周围环境的图像,从有一定反差的背景中选出目标并借助跟踪门对目标实行跟踪,当目标偏离波门中心时,产生偏差信号,形成制导指令,控制导弹飞向目标。

(4)声波自寻的制导系统。

部分军事目标具有强大的声源,如从喷气式发动机或电动机以及军舰的工作机械等发出的声音,利用接收声波原理构成的自寻的制导系统称为声波自寻的制导系统。这种系统的缺点是,当其被用于射击空中目标的弹体时,因为声波的传播速度慢,使导弹不会命中空中目标,而是导向目标后面的某一点。此外,高速飞行的导弹本身产生的噪声,会对系统的工作产生干扰。因而该类型制导系统多用于水下自寻的鱼雷。

(5)无线电自寻的制导系统。

利用无线电信号作为能源使导弹飞向目标的自寻的系统称为无线电自寻的制导系统。最常见的无线电自动导引系统为雷达自寻的系统,因为很多重要军事目标本身就是电磁能的辐射源,如雷达站、无线电干扰站、导航站等。

有时为研究方便,根据导弹所利用能量的能源所在位置的不同,自寻的制导系统可分成主动式、半主动式和被动式三种。

(1)主动式自寻的制导系统。

照射目标的能源在导弹上,对目标辐射能量,同时由导引头接收目标反射回来能量的寻的制导方式。采用主动寻的制导的导弹,当弹上的主动导引头截获目标并转入正常跟踪后,就可以完全独立地工作,不需要导弹以外的任何信息。

随着能量发射装置的功率增大,系统作用距离也增大,但同时弹上设备的体积和重量也增大,所以弹上不可能有很大的发射装置。因而主动式寻的系统作用的距离不能增大很多,已实际应用的典型的主动式寻的系统是雷达寻的系统。

(2)半主动式自寻的制导系统。

照射目标的能源不在导弹上,弹上只有接收装置,能量发射装置设在导弹以外的制导站或其他位置,如图 2-5 所示。因此它的功率可以很大,半主动式寻的制导系统的作用距离比主动式要大。

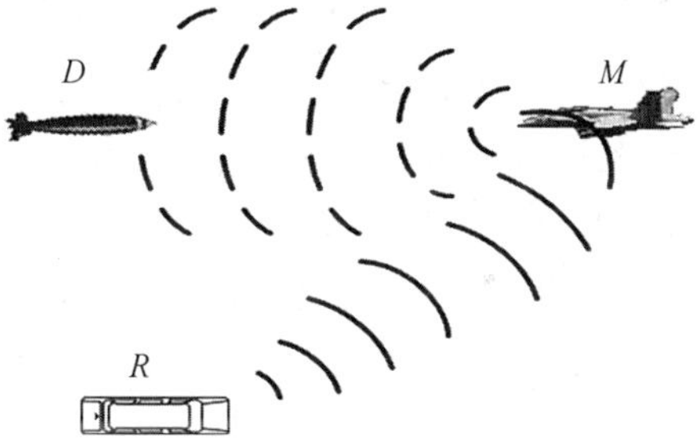

图 2-5 半主动式寻的制导

D-导弹;M-目标;R-照射雷达

(3)被动式自寻的制导系统。

目标本身就是辐射能源,不需要发射装置,由弹上导引头直接感受目标辐射的能量,导引头将以目标的特定物理特性作为跟踪的信息源,如图 2-6 所示。被动式自寻的系统的作用距离不大,典型的被动式自寻的系统是红外自寻的系统。

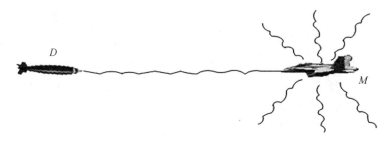

图 2-6 被动式寻的制导

D-导弹;M-目标

自寻的制导系统由导引头跟踪测量装置、引导指令计算装置与导弹稳定控制装置组成,自寻的制导系统组成原理如图 2-7 所示。

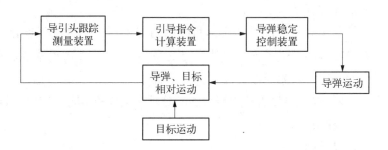

图 2-7　自寻的制导系统基本组成

导引头实际上是制导系统的探测装置,当它对目标能够稳定地跟踪后,即可输出导弹和目标的有关相对运动参数,弹上控制指令形成装置,综合导引头及弹上其他敏感元件的测量信号,形成控制指令,把导弹导向目标。

自寻的制导系统的制导设备全在弹上,具有发射后不管的特点,可攻击高速目标,制导精度较高。但由于它靠来自目标辐射源或反射的能量来测定导弹的飞行偏差,作用距离有限,抗干扰能力差。一般用于空对空、地对空和空对地导弹等,用于巡航导弹的末飞行段,以提高末段制导精度。

2) 遥控制导系统

由导弹以外的制导站向导弹发出引导信息的制导系统,称为遥控制导系统。根据制导指令在制导系统中形成的部位不同,遥控制导又分为波束制导和遥控指令制导。

(1) 波束制导系统。

波束制导系统中,制导站发出波束(无线电波束、激光波束),导弹在波束内飞行,弹上的制导设备感受它偏离波束中心的方向和距离,并产生相应的引导指令,操纵导弹飞向目标。

(2) 遥控指令制导系统。

遥控指令制导系统中,由制导站的引导设备同时测量目标、导弹的位置和其他运动参数,并在制导站形成引导指令,该指令通过无线电波或传输线送至导弹,弹上控制系统操纵导弹飞向目标。早期的无线电指令制导系统往往是用两部雷达分别对目标和导弹进行跟踪测量,目前多用一部雷达同时测量目标和导弹的运动,这样不但可以简化地面设备,而且由于采用了相对坐标体制,大大提高了测量精度,减小了制导误差。

(3) 波束制导和遥控指令制导的区别。

波束制导和遥控指令制导虽然都由导弹以外的制导站引导导弹,但波束制导中制导站的波束指向,只给出导弹的方位信息,而制导指令则在波束中飞行的导弹感受其在波束中的位置偏差来形成。弹上的敏感装置不断测量导弹偏离波束中心的大小和方向,并据此形成引导指令,使导弹保持在波束中心飞行。而遥控指令制导系统中的引导指令,是由制导站根据导弹、目标的位置和运动参数来形成的。

3）自寻的制导和遥控制导的区别

与自寻的制导系统相比，遥控制导系统在导弹发射后，制导站必须对目标（指令制导中还包括导弹）进行观测，并不断向导弹发出引导信息；而自寻的制导系统在导弹发射后，只由弹上制导设备对目标进行观测、跟踪，并形成引导指令。因此，遥控制导设备分布在弹上和制导站上，而自寻的系统的制导设备基本都装在导弹上。

遥控制导系统的制导精度较高，作用距离可以比自寻的系统稍远些，弹上制导设备简单。但其制导精度随导弹与制导站的距离增大而降低，且容易受外界干扰。

遥控制导系统多用于地对空导弹和一些空对空、空对地导弹，有些战术巡航导弹也用遥控指令制导来修正其航向。早期的反坦克导弹多采用有线遥控指令制导。

2. 从固定参数系获取信息的非自主制导系统

1）天文导航制导

天文导航是根据导弹、地球、星体三者之间的运动关系，来确定导弹的运动参量，将导弹引向目标的一种制导技术。导弹天文导航系统一般有两种，一种是由光电六分仪或无线电六分仪，跟踪一种星体，引导导弹飞行目标；另一种是用两部光电六分仪或无线电六分仪，分别观测两个星体，根据两个星体等高圈的交点，确定导弹的位置，引导导弹飞行目标。

六分仪是天文导航的观测装置，它借助于观测天空中的星体来确定导弹的地理位置。以星体与地球中心连线与地球表面相交的一点为圆心，任意距离为半径在地球表面画的圆圈上任意一点的高度必然相等，这个圆称为等高圈。这里的高度是指星体高度，定义为从星体投射到观测点的光线与当地地平面的夹角。

2）地图匹配制导

地图匹配制导是利用地图信息进行制导的一种制导方式。地图匹配制导一般有地形匹配制导与景象匹配区域相关器制导两种。地形匹配制导利用的是地形信息，也叫地形等高线匹配制导；景象匹配区域相关器制导利用的是景象信息，简称景象匹配制导。它们的基本原理相同，都利用弹上计算机预存的地形图或景象图，与导弹飞行到预定位置时携带的传感器测出的地形图或景象图进行相关处理，确定出导弹当前位置偏离预定位置的偏差，形成制导指令，将导弹引向预定区域或目标。

2.4.2　自主制导系统

1. 方案制导

所谓方案制导就是根据导弹飞向目标的既定轨迹，拟制的一种飞行计划。方案制导是引导导弹按这种预先拟制好的计划飞行，导弹在飞行中的引导指令就根据导弹的实际参量值与预定值的偏差来形成。方案制导系统实际上是一个程序控制系统，所以方案制导也称程序制导。

2. 惯性制导

惯性导航系统是一个自主式的空间基准保持系统。惯性制导是指利用导弹上惯性元件,测量导弹相对惯性空间的运动参数,并在给定运动的初始条件下,由制导计算机计算出导弹的速度、位置及姿态等参数,形成控制信号,引导导弹完成预定飞行任务的一种自主制导系统。它由惯性测量装置、状态选择装置、导航计算机和电源等组成。惯性测量装置包括三个加速度计和三个陀螺仪。前者用来测量运动体的三个质心运动的加速度,后者用来测量运动体的三个绕质心转动运动的角速度。对测出的加速度进行两次积分,可算出运动体在所选择的导航参考坐标系中的位置,对角速度进行积分可算出运动体的姿态角。

2.4.3 复合制导系统

当对制导系统要求较高时,如导弹必须击中很远的目标或者必须增加远距离的目标命中率,可把上述几种制导方式以不同的方式组合起来,以进一步提高制导系统的性能。例如,在导弹飞行初始段用自主制导,将导弹引导到要求的区域,中段采用遥控指令制导,比较精确地把导弹引导到目标附近,末段采用自寻的制导,这不仅增大了制导系统的作用距离,而且提高了制导精度。复合制导在转换制导方式过程中,各种制导设备的工作必须协调过渡,使导弹的弹道能够平滑地衔接起来。

根据导弹在整个飞行过程中,或者在不同飞行段上制导方法的组合方式不同,复合制导可分为串联复合制导、并联复合制导和串并联复合制导三种。串联复合制导就是在导弹飞行弹道的不同段上,采用不同的制导方法。并联复合制导就是在导弹的整个飞行过程中或者在弹道的某一段上,同时采用几种制导方式。串并联复合制导就是在导弹的飞行过程中,既有串联又有并联的复合制导方式。例如,红鸟-2是我国第一种潜射巡航导弹,其射程为 1 200~1 500 千米,类似美军的战斧,也分为对舰、对岸两种,使用 GPS、地图匹配及惯性联合制导,精度极高。

从导弹、制导站和目标之间在导弹制导过程中的相互联系,引导系统的作用距离、结构和工作原理以及其他方面的特征来看,这几类制导系统间的差别很大,在每一类制导系统内,引导系统的形式也有所不同,因为引导系统是根据不同的物理原理构成的,实现的技术要求也不同。

2.5 导弹控制方式

为提高导弹命中精度和毁伤效果,对导弹进行控制的最终目标是,使导弹命中目标时质心与目标足够接近,有时还要求有合适的弹着角。为完成这一任务需要对导弹的质心与姿态同时进行控制,但目前大部分导弹是通过对姿态的控制间接实现质心控制的。导弹姿态运动有三个自由度,即俯仰、偏航和滚转,通常也称为三个通道。如果以控制通道的选择作为分类原则,控制方式可分为三类,即单通道控制、双通道控制和三通道控制[22]。

2.5.1 单通道控制方式

一些小型导弹,弹体直径小,在导弹以较大的角速度绕纵轴旋转的情况下,可用一个控制通道控制导弹在空间的运动,这种控制方式称为单通道控制。采用单通道控制方式的导弹可采用"一"字舵面和继电式舵机。一般利用尾喷管斜置和尾翼斜置产生自旋,利用弹体旋转,使一对舵面在弹体旋转中不停地按一定规律从一个极限位置向另一个极限位置交替偏转,其综合效果产生的控制力,使导弹沿基准弹道飞行。

在单通道控制方式中,弹体的自旋转是必要的。如果导弹不绕其纵轴旋转,则一个通道只能控制导弹在某一平面内的运动,而不能控制其空间运动。

单通道控制方式的优点是,只有一套执行机构,弹上设备较少,结构简单,质量小,可靠性高,但由于仅用一对舵面控制导弹在空间的运动,对制导系统来说,有不少特殊问题要考虑。

2.5.2 双通道控制方式

通常制导系统对导弹实施横向机动控制,故可将其分解为在相互垂直的俯仰和偏航两个通道内进行控制,对于滚转通道仅由稳定系统对其进行稳定,而不需要进行控制,这种控制方式称为双通道控制方式,即直角坐标控制。

双通道控制方式制导系统组成原理如图 2-8 所示[22],其工作原理是:测量跟踪装置测量出导弹和目标在测量坐标系的运动参数,按导引律分别形成俯仰和偏航两个通道的制导指令。这部分工作一般包括导引规律计算,动态误差和重力误差补偿计算,以及滤波

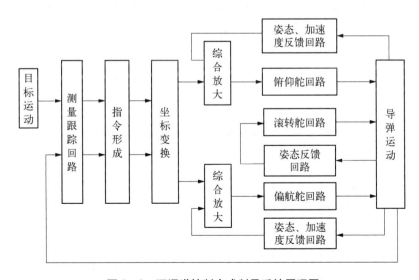

图 2-8 双通道控制方式制导系统原理图

校正等内容。导弹控制系统将两个通道的控制信号传输到执行坐标系的两对舵面上,控制导弹向减少误差信号的方向运动。

双通道控制方式中的滚转回路分为滚转角位置稳定和滚转角速度稳定两类。在遥控制导方式中,控制指令在制导站形成,为保证在测量坐标系中形成的误差信号正确地转换到控制(执行)坐标系中形成控制指令,一般采用滚转角位置稳定。若弹上有姿态测量装置,且控制指令在弹上形成,可以不采用滚转角位置稳定。在主动式自寻的制导方式中,测量坐标系与控制坐标系的关系是确定的,控制指令的形成对滚转角位置没有要求。

2.5.3 三通道控制方式

制导系统对导弹实施控制时,对俯仰、偏航和滚转三个通道都进行控制,如垂直发射导弹发射段的控制及倾斜转弯控制等。

三通道控制方式制导系统组成原理图如图2-9所示[22],其工作原理是:测量跟踪装置测量出导弹和目标的运动参数,然后形成三个通道的控制指令,包括姿态控制的参量计算及相应的坐标转换、导引规律计算、误差补偿计算及控制指令形成等,所形成的三个通道的控制指令与三个通道的某些状态量的反馈信号综合,并送给执行机构。

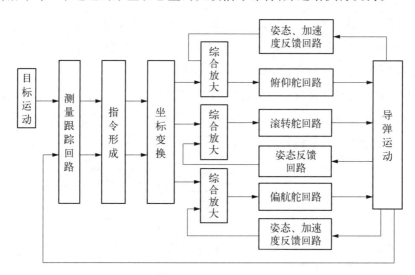

图2-9 三通道控制方式制导系统组成原理图

2.6 对制导系统的基本要求

为了完成导弹的制导任务,对导弹制导系统有很多要求,最基本的要求是制导系统的制导准确度、作战反应时间、对目标的鉴别力、抗干扰能力和可靠性等几个方面[22]。

1. 制导准确度

由于导弹在攻击目标的过程中是受控制的,因此导弹与常规武器的主要区别在于具有很高的命中概率。为了对目标实现精确打击,对导弹的制导准确度是最基本也是最重要的要求。

1)制导系统准确度表征

制导系统的准确度通常用导弹的脱靶量表示。脱靶量,就是在靶平面内,导弹的实际弹道相对于理论弹道的偏差,通常用导弹在制导过程中与目标间的最短距离来表征。从误差性质看,造成导弹脱靶量的误差分为两种,一种是系统误差,另一种是随机误差。系统误差在所有导弹攻击目标过程中是固定不变的,因此,系统误差为脱靶量的常值分量;随机误差分量是一个随机量,其平均值等于零。

2)影响脱靶量的因素

导弹的脱靶量允许值取决于很多因素,主要取决于导弹的命中概率、导弹战斗部的重量和性质、目标的类型及防御能力。目前,战术导弹的脱靶量可以达到几米,甚至可与目标相碰;由于战略导弹的战斗部威力大,目前的脱靶量可达到几十米。为了使脱靶量小于允许值,就要提高制导系统的制导准确度,也就是减小制导误差。

下面从误差来源角度分析制导误差。从误差来源看,导弹制导系统的制导误差分为动态误差、起伏误差和仪器误差。

(1)动态误差。

动态误差主要是由于制导系统受到系统的惯性、导弹机动性能、引导方法的不完善以及目标的机动等因素的影响,不能保证导弹按理想弹道飞行而引起的误差。例如,当目标机动时,由于制导系统的惯性,导弹的飞行方向不能立即随之改变,中间有一定的延迟,因而使导弹离开基准弹道,产生一定的偏差。

引导方法不完善引起的误差,是指当所采用的引导方法完全正确地实现时所产生的误差,它是引导方法本身所固有的误差,是一种系统误差。导弹的可用过载有限也会引起动态误差。在导弹飞行的被动段,飞行速度较低或理想弹道弯曲度较大、导弹飞行高度较高时,可能会发生导弹的可用过载小于需要过载的情况,这时导弹只能沿可用过载决定的弹道飞行,使实际弹道与理想弹道间出现偏差。

(2)起伏误差。

起伏误差是在制导系统内部仪器噪声或外部环境的随机干扰下由于测量精度和响应能力等受到制约所形成的误差。随机干扰包括目标信号起伏、制导回路内部电子设备的噪声、敌方干扰、背景杂波、大气紊流等。当制导系统受到随机干扰时,制导回路中的控制信号便附加了干扰成分,导弹的运动便加上了干扰运动,使导弹偏离基准弹道,造成飞行误差。

(3)仪器误差。

仪器误差是由于制造工艺不完善造成制导设备固有精度和工作稳定的局限性及制导

系统维护不良等原因造成的误差。仪器误差具有随时间变化很小或保持某个常值的特点,可以建立模型来分析它的影响。

要保证和提高制导系统的制导准确度,除了在设计、制造时应尽量减少各种误差外,还要对导弹的制导设备进行正确使用和精心维护,使制导系统保持最佳的工作性能。同时可以通过补偿和校正,消除部分或大部分仪器误差。

2. 制导系统的作战反应时间

作战反应时间,指从发现目标起到第一枚导弹起飞为止的一段时间,一般来说应由防御的指挥、控制、通信、计算机、情报、监视、侦察和制导系统的性能共同决定。但对攻击活动目标的战术导弹,则主要由制导系统决定。当导弹系统的搜索探测设备对目标识别和进行威胁判定后,立即计算目标诸元并选定应射击的目标。制导系统便对被指定的目标进行跟踪,并转动发射设备、捕获目标、计算发射数据、执行发射操作等。制导系统执行上述操作所需要的时间称为作战反应时间。随着科学技术的发展,目标速度越来越快,由于难以实现在远距离上对低空目标的搜索、探测,因此制导系统的反应时间必须尽量短。

3. 制导系统对目标的鉴别能力

制导系统对目标的鉴别能力是指导弹如果去攻击相邻几个目标中的某一个指定目标时,能把该目标准确分辨出来的能力。导弹制导系统的鉴别能力分为距离鉴别力和角度

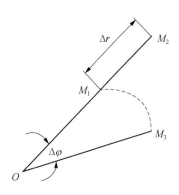

图 2-10　制导系统的目标分辨率

鉴别力,见图 2-10。距离鉴别力是制导系统对同一方位上,不同距离的两个目标 M_1、M_2 的分辨能力,一般用能够分辨出的两个目标间的最短距离 Δr 表示;角度鉴别力是制导系统对同一距离上,不同方位上的两个目标的分辨能力,一般用能够分辨出的两个目标 M_1、M_3 与控制点 O 连线间的最小夹角 $\Delta\varphi$ 表示。

如果导弹的制导系统是基于接受目标本身辐射或者反射的信号进行控制的,那么鉴别能力较高的制导系统就能从相邻的几个目标中分辨出指定的目标;如果制导系统对目标的鉴别能力较低,就可能出现下面的情况:

(1) 当某一目标辐射或反射信号的强度远大于指定目标辐射或反射信号的强度时,制导系统便不能把导弹引向指定的目标,而是引向信号较强的目标;

(2) 当目标群中多个目标辐射或反射信号的强度相差不大时,制导系统便不能把导弹引向指定目标,因而导弹摧毁指定目标的概率将显著降低。

制导系统对目标的鉴别力,主要由其传感器的测量精度决定,要提高制导系统对目标的鉴别力,必须采用高分辨能力的传感器。

4. 制导系统的抗干扰能力

制导系统的抗干扰能力是指在遭到敌方袭击、电子对抗、反导对抗和受到内部、外部干扰时,该制导系统保持其正常工作的能力。对多数战术导弹而言,要求具有很强的抗干

扰能力。

不同的制导系统受干扰的情况各不相同,对雷达遥控系统而言,容易受到电子干扰,特别是敌方施放的各种干扰,对制导系统的正常工作影响很大。为提高制导系统的抗干扰能力,一是要不断地采用新技术,使制导系统对干扰不敏感;二是要在使用过程中加强制导系统工作的隐蔽性、突然性,使敌方不易觉察制导系统是否在工作;三是制导系统可以采用多种工作模式,一种模式被干扰,立即转换到另一种模式制导。

5. 制导系统的全天候全天时能力

制导系统全天候全天时能力是指导弹能够在任何恶劣气候气象条件下,保证导弹不分昼夜都能高清晰度地识别战场目标,并保证打击任务的精确。在现代战争中,随着高新技术手段的运用,使兵力、火力具有高速机动能力,从而使战争的发起更加突然,作战节奏加快,战争进程大为缩短。因此,全天候全天时作战一直都是各国导弹技术发展的重点,使其能在强台风天气、强沙尘暴天气、雷雨天气以及云雾等恶劣条件下完成高精度打击。特别是新型光学电子设备和夜视器材的大量运用,使导弹能够实施全天候、全天时作战变为可能,且能效显著提高作战时效。

6. 制导系统的通用化、系列化与模块化

制导系统的通用化、系列化与模块化是指对导弹的探测设备和指令形成装置在一个统一标准下进行通用化、系列化与模块化设计与制造,使各类导弹制导系统能用于一定口径范围内相同弹种,以保证实体互换,且其弹道匹配性能不变,即某种制导系统配用任何类型导弹时不必作专门瞄准修正,也能在保证先进性、实用性和经济性同时,使其与国际标准和军标规定协调一致。

导弹制导系统除了对零件标准化外,可考虑对电源、电子线路、探测设备和指令形成装置等进行模块化研究。通过导弹制导系统的通用化、系列化与模块化可使导弹制导产品研制时间短,性能更新快,是解决导弹发展中诸多矛盾的重要措施,是装备走基本型派生发展道路的重要支柱,是又快又省开发导弹新产品的捷径。

7. 制导系统的可靠性

可靠性是指产品在规定的条件下和规定的时间内,完成规定功能的能力。制导系统的可靠性,可以看作是在给定使用和维护条件下,制导系统各种设备能保持其参数不超过给定范围的性能,通常用制导系统在允许工作时间内不发生故障的概率来表示。这个概率越大,表明制导系统发生故障的可能性越小,也就是系统的可靠性越好。

规定的时间是可靠性定义中的核心。因为不谈时间就无可靠性,而规定时间的长短又随着产品对象不同和使用目的不同而有差异。例如,导弹、火箭要求在几秒或几分钟内可靠,地下电缆、海底电缆系统则要求几十年内可靠,一般的电视机、通信设备则要求几千小时到几万小时内可靠。一般来说,产品的可靠性随着使用时间的延长而逐渐降低,所以,一定的可靠性是对一定时间而言的。

规定的条件是指使用条件、维护条件、环境条件和操作技术,这些条件对产品可靠性都会有直接的影响,在不同的条件下,同一产品的可靠性也不一样。例如,实验室条件与现场使用条件不一样,它们的可靠性有时可能很相近,有时可能会相差几倍到几十倍。所以不在规定条件下谈论可靠性,就失去比较产品质量的前提。

制导系统的工作环境很复杂,影响制导系统工作的因素很多。例如,在运输、发射和飞行过程中,制导系统要受到振动、冲击和加速度等影响;在保管、储存和工作过程中,制导系统要受到温度、湿度和大气压力变化以及有害气体、灰尘等环境的影响。制导系统的每个元件,由于受到材料、制造工艺的限制,在外界因素的影响下,都可能使元件变质、失效,从而影响制导系统的可靠性。为了保证和提高制导系统的可靠性,在研制过程中必须对制导系统进行可靠性设计,采用优质耐用的元器件、合理的结构和精密的制造工艺。除此之外,还应正确地使用和科学地维护制导系统。

规定的功能常用产品的各种性能来评估,通过实验,产品的各项规定的性能指标都已达到,则称该产品完成规定的功能,否则称该产品丧失规定功能。产品丧失规定功能的状态叫作产品发生"故障"或"失效"。相应的各项性能指标就叫作"故障判据"或"失效判据"。

关于可靠性定义中的能力,由于产品在工作中发生故障带有偶然性,所以不能仅看产品的工作情况而应在观察大量的同类产品之后,方能确定其可靠性的高低,故可靠性定义中的"能力"具有统计学的意义。如产品在规定的时间内和规定的条件下,失效数和产品总量之比越小,可靠性就越高,或者产品在规定条件下,平均无故障工作时间越长,可靠性也就越高。

8. 体积小、重量轻、成本低

在满足上述基本要求的前提下,尽可能地使制导系统的仪器设备结构简单、体积小、重量轻、成本低,对弹上的仪器设备更应如此。

2.7　对控制系统的基本要求

导弹控制系统主要是对引导指令进行及时响应,进而使导弹沿理想弹道飞行。为了实现这个目标,与其他绝大多数的控制系统一样,有一些基本要求。主要包括:动态过程平稳(稳定性)、响应动作要快(快速性)和跟踪值要准确(准确性)。此外,还包括其他一些特殊要求。

1. 动态过程平稳(稳定性)

稳定性主要是指在控制系统作用下导弹状态随时间不变化的能力。稳定性可以进行定量的表征,主要是确定导弹状态随时间变化的关系。导弹控制系统的种类很多,完成的功能也千差万别,但满足稳定性要求是所有导弹控制系统的一个共同特点,也是导弹能够正常工作完成精确打击目标的保证。

2. 响应动作要快(快速性)

快速性主要表现在控制系统作用下,当导弹的实际输出与引导指令之间产生偏差时,消除这种偏差的快慢程度。快速性好的导弹控制系统,其消除偏差的过渡过程时间就短,就能对快速变化的引导指令信号进行快速响应,因而具有较好的动态性能。

3. 跟踪值要准确(准确性)

准确性也称准确度,主要是指导弹在控制系统作用下实际姿态与理想姿态的接近程度。为了实现对目标的精确打击,显然控制系统的准确性越高,则意味着导弹实际飞行姿态与理想姿态的误差就越小,进而保证导弹对目标的打击精度。

4. 控制优化

控制优化是指导弹在给定的约束条件下,寻求一个控制律,使导弹的闭环控制系统性能指标取得最大或最小值。由于导弹的载荷是有限的,如能对控制能量进行优化,可减少弹载燃料,进而增加战斗部的重量。同时在弹载燃料一定的情况下,采用优化控制技术,可以有效增加导弹的射程。随着科学技术的发展,目前智能控制已开始广泛应用于各种控制系统。因而,可将人类的智能,例如把适应、学习、探索等能力引入导弹控制系统,使其具有识别、决策和动态优化等功能,从而使导弹控制系统达到更高级的阶段。

5. 抗干扰能力与鲁棒性

抗干扰能力与鲁棒性是指导弹控制系统在参数摄动、模型不确定性、外界干扰等共同作用下能够保证预期控制效果的能力。事实上导弹控制系统是一个具有高不确定性、强耦合、快时变、严重非线性的控制系统,且其飞行包络大,存在参数摄动、模型不确定性、外界干扰等,这些因素严重影响导弹的控制性能和命中精度。因此导弹控制系统必须具有抗干扰能力与鲁棒性,可以有效消除外界干扰如阵风、风切变以及紊流的影响,同时对模型的结构和参数具有较强的鲁棒性。

6. 容错性

容错性是指导弹控制系统在规定的使用条件下和规定的时间内,如出现系统故障、传感器故障以及执行器故障时仍能完成规定功能的能力。导弹故障容错控制就是在设备发生故障之前或故障之后,根据检测的故障信息,针对不同的故障源和故障特征,采取相应的容错控制措施,保证导弹仍能按期望的性能指标工作;或性能指标略有降低(但可接受)的情况下,保证导弹在规定时间内完成其基本功能。故障容错控制技术以故障检测为基础,采用多种综合容错控制策略,对导弹飞行过程中的故障具有自动检测、分离、补偿、抑制和消除功能,为提高运行的安全性和可靠性提供一种可行方法。

7. 可靠性

对导弹控制系统来说,不仅要求有高的可靠性,而且要具有快速维修性,要求维修简便且具有快速重构能力,始终保持其正常执行精确打击的能力。可通过可靠度、失效率、平均无故障间隔等来评价导弹控制系统的可靠性,其可靠性又可分为固有可靠性和使用可靠性。固有可靠性是导弹控制系统设计制造者必须确立的可靠性,即按照可靠性规划,从原材料和零部件的选用,经过设计、制造、试验,直到产品出产的各个阶段所确立的可靠性。使用可靠性是指已生产的导弹控制系统,经过包装、运输、储存、安装、使用、维修等因素影响的可靠性。

8. 体积小、重量轻、成本低

和制导系统要求一样,在满足上述基本要求的前提下,尽可能地使控制系统的仪器设备结构简单、体积小、重量轻、成本低。

思考题

（1）导弹在大气层外所受到的作用力主要是哪两种？

（2）导弹制导与控制系统包括哪些设备？导弹制导与控制系统各部分的主要作用是什么？

（3）制导系统可分为哪几类？自动导引系统包括哪几类？

（4）自寻的制导系统根据导弹利用的能量不同可以分为哪几类？

（5）根据导弹所利用能量的能源所在位置的不同,自寻的制导系统可分为哪几类？

（6）波束制导和指令制导的区别是什么？

（7）自寻的制导和遥控制导的区别是什么？

（8）什么是惯性制导？

（9）导弹控制方式有哪些？每种控制方式的结构是什么？

（10）导弹制导系统的制导误差有哪些？制导系统的可靠性定义是什么？

第3章
导弹运动建模与分析

3.1 弹体运动特性描述

弹体在制导与控制系统中是导引和控制的对象,是系统回路的一个环节,决定了弹体在制导系统中的特殊地位。由于它是控制对象,因此要求它在整个飞行过程中,首先是动态稳定的;其次,为了随着目标的机动而机动飞行,它应当是容易操纵的;又由于它是系统回路中的一个环节,必然通过输入输出关系对整个回路性能产生影响。因此,研究导弹制导系统的工作原理,必须了解受控对象如下特性[22]。

1. 导弹的稳定性

所谓运动是指物体随着时间的推移其空间位置(包括线位置和角位置)发生变化。惯性是物体保持其原有运动状态不变的特性,而稳定性则是物体从一种状态向另一种状态过渡时具有向新的状态收敛的特性。在讨论导弹运动的稳定性时,通常是指角运动。导弹在运动时,受到外界扰动作用,使之离开原来的状态,若干扰消除后,导弹能恢复到原来的状态,则称导弹的运动是稳定的。如果干扰消除后,导弹不能恢复到原来的状态,甚至偏差越来越大,则称导弹的运动是不稳定的。即导弹的运动稳定性是指扰动运动是否具有收敛的特性,由飞行器随时间恢复到基准运动的能力所决定。工程上,飞行器的运动稳定性区分为静稳定性和动稳定性。

导弹在平衡状态下飞行时,受到外界瞬间干扰作用而偏离原来平衡状态,在外界干扰消失的瞬间,若导弹不经操纵能产生附加气动力矩,使导弹具有恢复到原来平衡状态的趋势,则称导弹是静稳定的;若产生的附加气动力矩使导弹更加偏离原平衡状态,则称导弹是静不定的;若附加气动力矩为零,导弹既无恢复到原平衡状态的趋势,也不再继续偏离,则称导弹是静中立稳定的。压心与重心之间的距离是导弹静稳定程度的一种度量:压心在重心之前的导弹为静不稳定的导弹;压心与重心重合的导弹为静中立稳定的导弹;而压心在重心之后为静稳定的导弹。

2. 导弹的操纵性

导弹的操纵性是指操纵机构(舵面或发动机喷管)偏转后,导弹改变其原来飞行状态(如攻角、侧滑角、俯仰角、偏航角、滚转角、弹道倾角等)的能力以及反应快慢的程度。舵面偏转一定角度后,导弹随之改变飞行状态越快,其操纵性越好;反之,操纵性就越差。导弹的操纵性通常根据舵面阶跃偏转迫使导弹做振动运动的过渡过程来评定。

3. 导弹的机动性

导弹的机动性是指导弹改变飞行速度方向的能力,可以用法向加速度来表征。但人们通常用法向过载的概念评定导弹的机动性。所谓过载是指作用在导弹上除重力外的所有外力的合力与导弹重力的比值。通常人们最关心的是导弹的机动性,即法向过载的大小。

4. 操纵性和稳定性的关系

操纵性与稳定性是对立统一的关系。所谓对立,是因为稳定性力图保持导弹飞行姿态不变,而操纵性旨在改变导弹的姿态平衡;所谓统一,是指导弹的姿态稳定是操纵的基础和前提,因为不稳定的导弹是无法按期望操纵的,而操纵又为弹体走向新的稳定状态开辟道路。导弹正是在稳定-操纵-再稳定-再操纵中实现沿基准弹道飞向目标的。

一般来说,导弹的操纵性好,导弹就容易改变飞行状态;导弹的稳定性好,导弹就不容易改变飞行状态。因此,导弹的操纵性和稳定性又是相互对立的,提高导弹的操纵性,就会削弱导弹的稳定性,提高导弹的稳定性就会削弱导弹的操纵性。而导弹的操纵过程和导弹的稳定过程又是相互联系的,当舵面偏转后,导弹由原来的飞行状态改变到新的飞行状态的过渡过程,相对于新的飞行状态来说,又是一个稳定过程,所以操纵性问题中又有稳定性问题。

当导弹自身不具有稳定性时,就需要人为构造控制闭环,保证导弹控制稳定。即:在导弹受到扰动后,由控制器生成控制指令操纵执行机构相应偏转,促使导弹恢复原来的飞行状态。所以,控制稳定性问题中也有操纵性问题,操纵性好,恢复原来飞行状态就越快,有助于加速导弹进入稳态。

5. 操纵性与机动性的关系

操纵导弹机动飞行的过程是偏转舵面产生操纵力矩,改变偏航角、滚转角、攻角、侧滑角,进而改变法向力,使导弹飞行方向发生改变的整个过程。导弹的操纵性与机动性有着紧密的关系。操纵性表示操纵导弹的效率,通常指导弹运动参数的增量和相应舵偏角变化量之比,是一个相对量。机动性则表示舵偏角最大时,导弹所能产生的最大法向加速度,是一个绝对量。因此,有了好的操纵性必然有助于提高机动性。

3.2 弹体运动特性简化的研究方法

导弹是一个复杂的控制对象,对于这样一个多种矛盾的统一体,为了揭示它的运动本质,工程实践中根据导弹的具体类型和应用场合,总结出了一些简化研究方法。比较行之有效的方法如下[22]。

1. 小扰动假设下的线性化方法

假定扰动运动参量与同一时间内的未扰动对应参量间的差值为微小量[23]。一般情况下，干扰量只是在稳定量附近的一个微小的偏离，所以这个假定是合乎实际的。将运动微分方程用小扰动法写出后，方程中这些微小增量的二次以上高阶项为高阶微量，可以忽略，这样就使以扰动量为基本运动参量的运动微分方程线性化。

2. 结构参量与气动参量连续缓慢变化假定下的固化系数法

在所研究的范围内，假定转动惯量、质量、重心位置等是时间的连续函数，不存在突变的间断点，这样，在很小的时间区间内，它们的变化必然也是微小的，因此可以视为常量。由此假定，当只研究飞行过程中有限数目的特征点（选定的弹道特征瞬时点）附近的弹体动态性能时，就可以将特性点对应时刻附近的这些参量视为常量，这样使运动方程变为常系数微分方程，此即所谓的固化系数法。

3. 理想滚转稳定下的通道分离法

严格说来，导弹姿态运动的三个通道之间是互相耦合的，掌握它的动力学特性，必须将三个通道作为一个统一的整体来研究。但是对于轴对称布局的导弹，其气动力不对称性可以忽略，且在滚转稳定系统工作比较理想的条件下，三个通道间的耦合变得很微弱，每个通道可独立研究（非轴对称，如面对称外形的导弹，其偏航与滚转两通道则不能分开）。

4. 扰动运动存在长、短周期条件下的分段研究法

将以速度 V、攻角 α、俯仰角 ϑ 等为变量的全量运动微分方程转变为小扰动运动方程以后，所研究的基本变量为这些量的偏量值（增量）：ΔV、$\Delta \alpha$、$\Delta \vartheta$ 等。通过对弹体扰动运动微分方程求解，并分析这些解的变化特点，发现各个扰动变量随时间变化的规律不同。其中攻角 $\Delta \alpha$、俯仰角速度 $\Delta \omega_{\vartheta}$ 在扰动开始的很短时间内（几秒数量级）发生激烈的变化，并很快达到稳定值。而速度扰动量 ΔV 由于弹体存在惯性，在扰动初期阶段变化不大，直到数十秒后达到它的扰动幅值。这时 $\Delta \alpha$、$\Delta \omega_{\vartheta}$ 早已衰减、消失。

若将扰动运动分为两个时间阶段来研究，一个阶段是研究开始几秒数量级区间内的扰动规律，这时速度扰动量 ΔV 可视为零。此阶段的运动即所谓的"短周期运动"，另一阶段为其后的扰动运动，此区间中 $\Delta \alpha$、$\Delta \omega_{\vartheta}$ 可视为零，称为"长周期运动"。将扰动运动方程分为两个阶段研究，可分别使其中一些变量消失，从而使运动方程得到简化。

3.3 常用坐标系及其坐标转换

众所周知，任何一种物体的运动都是相对的，确切地说是相对于一定的参考系而言

的,导弹的运动也不例外。为了分析弹体运动的动态性能和它的制导与控制过程,必须把描述其运动的各种量,放在相应的坐标系及各种坐标系的相互关系中去考察。在研究导弹的运动时,需要建立导弹的数学模型[24-30],首先定义常用的坐标系:地面坐标系 $Axyz$,弹体坐标系 $Ox_1y_1z_1$,弹道坐标系 $Ox_2y_2z_2$ 和速度坐标系 $Ox_3y_3z_3$。

3.3.1 坐标系定义

为了描述导弹的运动以及分析导弹的受力情况需要建立坐标系,首先定义如下各种坐标系[28]。

1. 地面坐标系

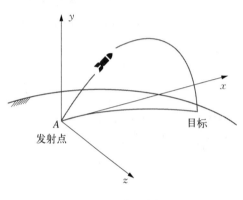

图 3-1 地面坐标系

地面坐标系与地球表面固连(图 3-1),其坐标原点可以选在地球表面上的任何一点,通常取导弹的发射点为坐标原点 A,Ax 轴与地球表面相切,其指向可以是任意的,对于地面目标,Ax 轴通常与过原点 A 和目标点的地球大圆相切,指向目标方向为正,Ay 轴垂直于地平面,向上为正,Az 轴垂直于 Axy 平面,其方向按右手定则确定。地面坐标系可近似作为惯性坐标系(使用牛顿定律时必须选取惯性坐标系)。

2. 弹体坐标系

坐标原点 O 取在导弹的质心,Ox_1 轴与弹体几何纵轴重合,指向弹头方向为正,Oy_1 轴在弹体纵向对称平面内,与 Ox_1 轴垂直,向上为正,Oz_1 轴垂直于 Ox_1y_1 平面,方向按右手定则确定。弹体坐标系与弹体固连,是一个动坐标系。

3. 弹道坐标系

坐标原点 O 取在导弹的质心,Ox_2 轴与导弹质心的速度方向重合,指向飞行方向为正,Oy_2 轴位于包含速度矢量的竖直平面内,与 Ox_2 轴垂直,向上为正,Oz_2 轴垂直于 Ox_2y_2 平面,其方向按右手定则确定,如图 3-2 所示。

4. 速度坐标系

坐标原点 O 取在导弹的质心,Ox_3 轴与 Ox_2 轴一致,Oy_3 轴垂直于 Ox_3,并位于弹体纵向对称平面内,向上为正,Oz_3 轴垂直于 Ox_3y_3 平面,其方向按右手定则确定。此坐标系与导弹速度矢量固连,是一个动坐标系。速度坐标系与弹

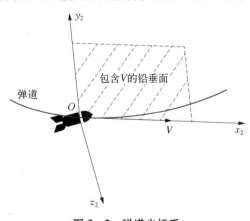

图 3-2 弹道坐标系

体坐标系关系如图 3-3 所示。

　　此外,速度坐标系和弹体坐标系之间的相对方位可由攻角和侧滑角来确定,其中攻角(又称迎角)α 为导弹质心的速度矢量 V(即 Ox_3 轴)在弹体纵向对称平面 Ox_1y_1 上的投影与 Ox_1 轴之间的夹角;若 Ox_1 轴位于 V 的投影线上方(即产生正升力)时,攻角 α 为正;反之为负。侧滑角 β 为速度矢量 V 与纵向对称面的夹角;沿飞行方向观察,若来流从右侧流向弹体(即产生负侧向力)时,则所对应的侧滑角 β 为正;反之为负。

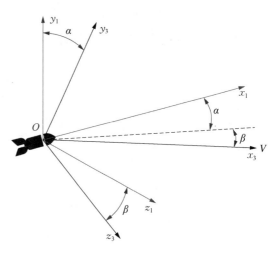

图 3-3　速度坐标系与弹体坐标系

3.3.2　特征角定义

　　为研究方便,将地面坐标系平移至其原点与弹道坐标系原点(即导弹瞬时质心)重合[28]。由地面坐标系和弹道坐标系的定义可知,由于地面坐标系的 Az 轴和弹道坐标系的 Oz_2 轴均在水平面内,所以,地面坐标系与弹道坐标系之间的关系通常由两个角度来确定,分别定义如下(图 3-4)。

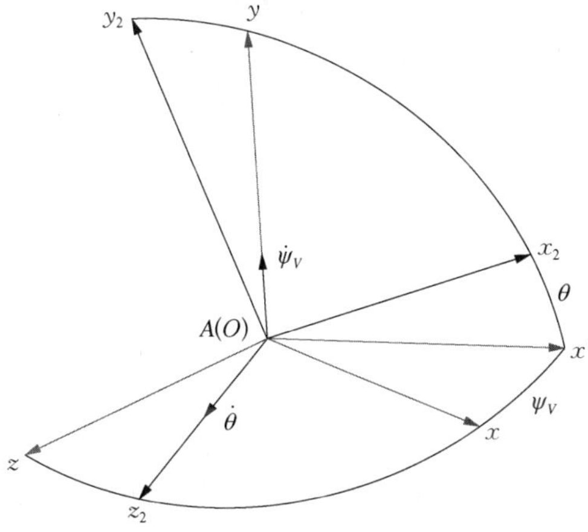

　　弹道倾角 θ:导弹的速度矢量 V(即 Ox_2 轴)与水平面间的夹角。速度矢量指向水平面上方,θ 角为正;反之为负。

　　弹道偏角 ψ_V:导弹的速度矢量 V 在水平面内投影(即图 3-4 中 Ax')与地面坐标系的 Ax 轴间的夹角。沿 ψ_V 角平面(即迎 Ay 轴俯视)观察,若由 Ax 轴至 Ax' 轴是逆时针旋转,则 ψ_V 角为正;反之为负。

　　为研究方便,将地面坐标系平移至其原点与导弹瞬时质心重合,弹体(即弹体坐标系)相对地面坐标系的姿态,通常用 3 个欧拉角来确定,分别定义如下(图 3-5)。

图 3-4　地面坐标系与弹道坐标系间的关系

　　俯仰角 ϑ:导弹的纵轴(Ox_1 轴)与水平面(Axz 平面)间的夹角。导弹纵轴指向水平面上方,ϑ 角为正,反之为负。

　　偏航角 ψ:导弹纵轴在水平面内投影(即图中 Ax' 轴)与地面坐标系 Ax 轴之间的夹角。沿 ψ 角平面(即图中 $Ax'z$ 平面)观察(或迎 Ay 轴俯视),若由 Ax 轴转至 Ax' 轴是逆时针旋转,则 ψ 角为正;反之为负。

滚转角 γ：弹体坐标系的 Oy_1 轴与包含导弹纵轴的铅垂平面（即图中 $Ax'y'$ 平面）之间的夹角。由弹体尾部顺纵轴观察，若 Oy_1 轴位于铅垂面 $Ax'y'$ 的右侧（即弹体向右倾斜），则 γ 角为正；反之为负。

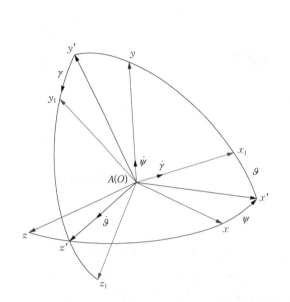

图 3-5　地面坐标系与弹体坐标系
间的关系（3 个欧拉角）

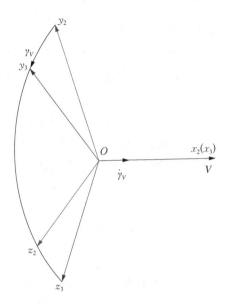

图 3-6　弹道坐标系与速度坐标系
之间的关系

由弹道坐标系和速度坐标系的定义可知：Ox_2 轴和 Ox_3 轴均与导弹的速度矢量 V 重合，所以，这两个坐标系之间的关系一般用一个角度即可确定（图 3-6）。

速度倾斜角 γ_V：位于导弹纵向对称平面内的 Oy_3 轴与包含速度矢量 V 的铅垂面 Ox_2y_2 之间的夹角。从弹尾部向前看，若纵向对称面向右倾斜，则 γ_V 角为正；反之为负。

3.3.3　坐标旋转变换

1. 弹道坐标系与地面坐标系的旋转变换

地面坐标系与弹道坐标系之间的关系及其转换矩阵可以通过两次旋转求得，具体步骤如下[28]。

首先，以角速度 $\dot{\psi}_V$ 绕地面坐标系的 Ay 轴旋转 ψ_V 角，Ax 轴、Az 轴分别转到 Ax' 轴、Oz_2 轴上，形成过渡坐标系 $Ax'yz_2$［图 3-7（a）］。基准坐标系 $Axyz$ 与经第一次旋转后形成的过渡坐标系 $Ax'yz_2$ 之间的关系以矩阵形式表示为

$$\begin{bmatrix} x' \\ y \\ z_2 \end{bmatrix} = L(\psi_V) \begin{bmatrix} x \\ y \\ z \end{bmatrix} \tag{3-1}$$

式中,

$$L(\psi_V) = \begin{bmatrix} \cos\psi_V & 0 & -\sin\psi_V \\ 0 & 1 & 0 \\ \sin\psi_V & 0 & \cos\psi_V \end{bmatrix} \tag{3-2}$$

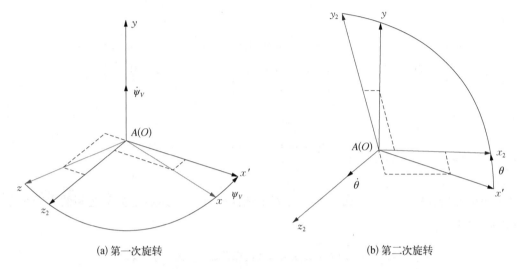

(a) 第一次旋转　　　　　　　　　　(b) 第二次旋转

图 3-7　二次连续旋转确定地面坐标系与弹道坐标系之间的关系

然后,以角速度 $\dot{\theta}$ 绕 Az_2 轴旋转 θ 角,Ax' 轴、Ay 轴分别转到 Ax_2 轴、Ay_2 轴上,最终获得弹道坐标系 $O(A)x_2y_2z_2$ 的姿态[图 3-7(b)],坐标系 $Ax'yz_2$ 与 $Ax_2y_2z_2$ 之间关系以矩阵形式表示为

$$\begin{bmatrix} x_2 \\ y_2 \\ z_2 \end{bmatrix} = L(\theta) \begin{bmatrix} x' \\ y \\ z_2 \end{bmatrix} \tag{3-3}$$

式中,

$$L(\theta) = \begin{bmatrix} \cos\theta & \sin\theta & 0 \\ -\sin\theta & \cos\theta & 0 \\ 0 & 0 & 1 \end{bmatrix} \tag{3-4}$$

将式(3-1)代入式(3-3),可得

$$\begin{bmatrix} x_2 \\ y_2 \\ z_2 \end{bmatrix} = L(\theta)L(\psi_V) \begin{bmatrix} x \\ y \\ z \end{bmatrix} \tag{3-5}$$

令如下表达式:

$$L(\theta, \psi_V) = L(\theta)L(\psi_V) \tag{3-6}$$

根据式(3-6),则有

$$\begin{bmatrix} x_2 \\ y_2 \\ z_2 \end{bmatrix} = L(\theta, \psi_V) \begin{bmatrix} x \\ y \\ z \end{bmatrix} \tag{3-7}$$

式中,

$$
\begin{aligned}
L(\theta, \psi_V) &= \begin{bmatrix} \cos\theta & \sin\theta & 0 \\ -\sin\theta & \cos\theta & 0 \\ 0 & 0 & 1 \end{bmatrix} \begin{bmatrix} \cos\psi_V & 0 & -\sin\psi_V \\ 0 & 1 & 0 \\ \sin\psi_V & 0 & \cos\psi_V \end{bmatrix} \\
&= \begin{bmatrix} \cos\theta\cos\psi_V & \sin\theta & -\cos\theta\sin\psi_V \\ -\sin\theta\cos\psi_V & \cos\theta & \sin\theta\sin\psi_V \\ \sin\psi_V & 0 & \cos\psi_V \end{bmatrix}
\end{aligned} \tag{3-8}
$$

同样,由关系式(3-7)、式(3-8)可列出地面坐标系与弹道坐标系之间的方向余弦表(表3-1)。

表3-1 地面坐标系与弹道坐标系之间的方向余弦表

	Ax	Ay	Az
Ox_2	$\cos\theta\cos\psi_V$	$\sin\theta$	$-\cos\theta\sin\psi_V$
Oy_2	$-\sin\theta\cos\psi_V$	$\cos\theta$	$\sin\theta\sin\psi_V$
Oz_2	$\sin\psi_V$	0	$\cos\psi_V$

2. 弹体坐标系与地面坐标系的旋转变换

以上定义的3个角参数ϑ、ψ、γ,又称弹体的姿态角。为推导地面坐标系与弹体坐标系之间的关系及其转换矩阵,按上述连续旋转的方法,首先将弹体坐标系与地面坐标系的原点及各对应坐标轴分别重合,以地面坐标系为基准,然后按照上述3个角参数的定义,分别绕相应轴三次旋转,依次转过ψ角、ϑ角和γ角,就得到弹体坐标系$Ox_1y_1z_1$的姿态(图3-5)。而且,每旋转一次,就相应获得一个初等旋转矩阵。地面坐标系与弹体坐标系间的转换矩阵即是这3个初等旋转矩阵的乘积。具体步骤如下[28]。

第一次以角速度$\dot{\psi}$绕地面坐标系的Ay轴旋转ψ角,Ax轴、Az轴分别转到Ax'、Az'轴上,形成坐标系$Ax'yz'$ [图3-8(a)]。基准坐标系$Axyz$与经第一次旋转后形成的过渡坐标系$Ax'yz'$之间的关系以矩阵形式表示为

$$\begin{bmatrix} x' \\ y \\ z' \end{bmatrix} = L(\psi) \begin{bmatrix} x \\ y \\ z \end{bmatrix} \tag{3-9}$$

式中，

$$L(\psi) = \begin{bmatrix} \cos\psi & 0 & -\sin\psi \\ 0 & 1 & 0 \\ \sin\psi & 0 & \cos\psi \end{bmatrix} \tag{3-10}$$

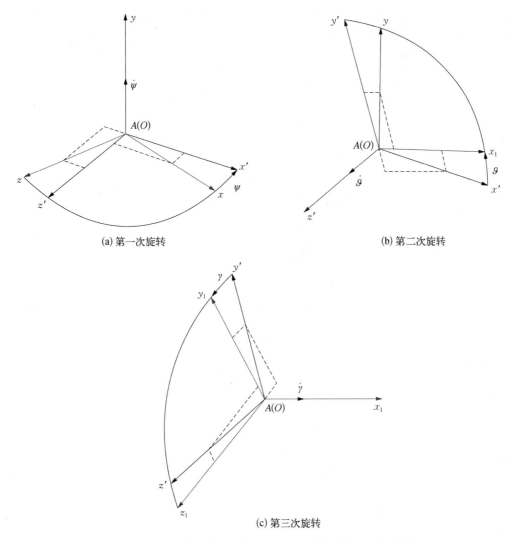

(a) 第一次旋转　　(b) 第二次旋转

(c) 第三次旋转

图 3-8　三次连续旋转确定地面坐标系与弹体坐标系之间的关系

第二次以角速度 $\dot{\vartheta}$ 绕过渡坐标系 Az' 轴旋转 ϑ 角，Ax' 轴、Ay 轴分别转到 Ax_1 轴、Ay' 轴上，形成新的过渡坐标系 $Ax_1y'z'$ [图 3-8(b)]。坐标系 $Ax'yz'$ 与 $Ax_1y'z'$ 之间关系以矩阵形式表示为

$$\begin{bmatrix} x_1 \\ y' \\ z' \end{bmatrix} = L(\vartheta)\begin{bmatrix} x' \\ y \\ z' \end{bmatrix} \tag{3-11}$$

式中，

$$L(\vartheta) = \begin{bmatrix} \cos\vartheta & \sin\vartheta & 0 \\ -\sin\vartheta & \cos\vartheta & 0 \\ 0 & 0 & 1 \end{bmatrix} \qquad (3-12)$$

第三次是以角速度 $\dot\gamma$ 绕 Ax_1 轴旋转 γ 角，Ay' 轴、Az' 轴分别转到 Ay_1 轴、Az_1 轴上，最终获得弹体坐标系 $O(A)x_1y_1z_1$ 的姿态[图 3-8(c)]。坐标系 $Ax_1y'z'$ 与 $Ax_1y_1z_1$ 之间的关系以矩阵形式表示为

$$\begin{bmatrix} x_1 \\ y_1 \\ z_1 \end{bmatrix} = L(\gamma)\begin{bmatrix} x_1 \\ y' \\ z' \end{bmatrix} \qquad (3-13)$$

式中，

$$L(\gamma) = \begin{bmatrix} 1 & 0 & 0 \\ 0 & \cos\gamma & \sin\gamma \\ 0 & -\sin\gamma & \cos\gamma \end{bmatrix} \qquad (3-14)$$

将式(3-9)代入式(3-11)中，再将其结果代入式(3-13)，可得

$$\begin{bmatrix} x_1 \\ y_1 \\ z_1 \end{bmatrix} = L(\gamma)L(\vartheta)L(\psi)\begin{bmatrix} x \\ y \\ z \end{bmatrix} \qquad (3-15)$$

令如下表达式：

$$L(\gamma,\ \vartheta,\ \psi) = L(\gamma)L(\vartheta)L(\psi) \qquad (3-16)$$

根据式(3-15)和式(3-16)，则有

$$\begin{bmatrix} x_1 \\ y_1 \\ z_1 \end{bmatrix} = L(\gamma,\ \vartheta,\psi\ )\begin{bmatrix} x \\ y \\ z \end{bmatrix} \qquad (3-17)$$

式中，

$$
\begin{aligned}
L(\gamma,\ \vartheta,\ \psi) &= \begin{bmatrix} 1 & 0 & 0 \\ 0 & \cos\gamma & \sin\gamma \\ 0 & -\sin\gamma & \cos\gamma \end{bmatrix} \begin{bmatrix} \cos\vartheta & \sin\vartheta & 0 \\ -\sin\vartheta & \cos\vartheta & 0 \\ 0 & 0 & 1 \end{bmatrix} \begin{bmatrix} \cos\psi & 0 & -\sin\psi \\ 0 & 1 & 0 \\ \sin\psi & 0 & \cos\psi \end{bmatrix} \\
&= \begin{bmatrix} \cos\vartheta\cos\psi & \sin\vartheta & -\cos\vartheta\sin\psi \\ -\sin\vartheta\cos\psi\cos\gamma + \sin\psi\sin\gamma & \cos\vartheta\cos\gamma & \sin\vartheta\sin\psi\cos\gamma + \cos\psi\sin\gamma \\ \sin\vartheta\cos\psi\sin\gamma + \sin\psi\cos\gamma & -\cos\vartheta\sin\gamma & -\sin\vartheta\sin\psi\sin\gamma + \cos\psi\cos\gamma \end{bmatrix}
\end{aligned}
$$

$$(3-18)$$

关系式(3－17)、式(3－18)常列成表格形式,称为地面坐标系与弹体坐标系之间的方向余弦表(表3－2)。

表 3－2　地面坐标系与弹体坐标系之间的方向余弦表

	Ax	Ay	Az
Ox_1	$\cos\vartheta\cos\psi$	$\sin\vartheta$	$-\cos\vartheta\sin\psi$
Oy_1	$-\sin\vartheta\cos\psi\cos\gamma+\sin\psi\sin\gamma$	$\cos\vartheta\cos\gamma$	$\sin\vartheta\sin\psi\cos\gamma+\cos\psi\sin\gamma$
Oz_1	$\sin\vartheta\cos\psi\sin\gamma+\sin\psi\cos\gamma$	$-\cos\vartheta\sin\gamma$	$-\sin\vartheta\sin\psi\sin\gamma+\cos\psi\cos\gamma$

3. 弹体坐标系与速度坐标系的旋转变换

根据速度坐标系和弹体坐标系的定义,其中 Oy_3 轴与 Oy_1 轴均在导弹纵向对称面内,两个坐标系之间的关系通常由两个角度来确定,分别为攻角 α 和侧滑角 β。因此,速度坐标系与弹体坐标系之间的关系及其转换矩阵可以通过两次旋转求得。以速度坐标系为基准,首先以角速度 $\dot\beta$ 绕 Oy_3 轴旋转 β 角,然后,以角速度 $\dot\alpha$ 绕 Oz_1 轴旋转 α 角,最终获得弹体坐标系的姿态(图3－3)。速度坐标系 $Ox_3y_3z_3$ 与弹体坐标系 $Ox_1y_1z_1$ 之间的关系以矩阵形式表示为[28]

$$\begin{bmatrix} x_1 \\ y_1 \\ z_1 \end{bmatrix} = L(\alpha,\beta)\begin{bmatrix} x_3 \\ y_3 \\ z_3 \end{bmatrix} \tag{3－19}$$

式中,

$$L(\alpha,\beta)=\begin{bmatrix} \cos\alpha\cos\beta & \sin\alpha & -\cos\alpha\sin\beta \\ -\sin\alpha\cos\beta & \cos\alpha & \sin\alpha\sin\beta \\ \sin\beta & 0 & \cos\beta \end{bmatrix} \tag{3－20}$$

由关系式(3－19)、式(3－20)可列出速度坐标系与弹体坐标系之间的方向余弦表(表3－3)。

表 3－3　速度坐标系与弹体坐标系之间的方向余弦表

	Ox_3	Oy_3	Oz_3
Ox_1	$\cos\alpha\cos\beta$	$\sin\alpha$	$-\cos\alpha\sin\beta$
Oy_1	$-\sin\alpha\cos\beta$	$\cos\alpha$	$\sin\alpha\sin\beta$
Oz_1	$\sin\beta$	0	$\cos\beta$

4. 弹道坐标系与速度坐标系的旋转变换

弹道坐标系与速度坐标系之间的关系及其坐标系转换矩阵通过一次旋转求得,即以

角速度 $\dot{\gamma}_V$ 绕 Ox_2 轴旋转过 γ_V 角,获得速度坐标系 $Ox_3y_3z_3$ 的姿态。弹道坐标系与速度坐标系之间的关系写成矩阵形式为

$$\begin{bmatrix} x_3 \\ y_3 \\ z_3 \end{bmatrix} = L(\gamma_V) \begin{bmatrix} x_2 \\ y_2 \\ z_2 \end{bmatrix} \qquad (3-21)$$

式中,

$$L(\gamma_V) = \begin{bmatrix} 1 & 0 & 0 \\ 0 & \cos\gamma_V & \sin\gamma_V \\ 0 & -\sin\gamma_V & \cos\gamma_V \end{bmatrix} \qquad (3-22)$$

由关系式(3-21)、式(3-22)可列出速度坐标系与弹道坐标系之间的方向余弦表(表3-4)。

表3-4　速度坐标系与弹道坐标系之间的方向余弦表

	Ox_2	Oy_2	Oz_2
Ox_3	1	0	0
Oy_3	0	$\cos\gamma_V$	$\sin\gamma_V$
Oz_3	0	$-\sin\gamma_V$	$\cos\gamma_V$

3.4　数学模型

3.4.1　飞行力学基础

1. 空气动力和力矩

把空气动力沿着速度坐标系分解为三个分量,分别为阻力 X、升力 Y 和侧向力 Z。通常,将阻力 X 的正方向定义为 Ox_3 轴的负方向,而升力 Y 和侧向力 Z 的正方向分别与 Oy_3 轴和 Oz_3 轴的正方向一致。为了便于分析研究导弹绕质心的旋转运动,可将空气动力矩沿着弹体坐标系分为三分量 M_{x_1}、M_{y_1}、M_{z_1},分别为滚转力矩、偏航力矩和俯仰力矩。滚转力矩 M_{x_1} 的作用是使得导弹绕轴 Ox_1 转动,偏航力矩 M_{y_1} 的作用是使得导弹绕轴 Oy_1 做旋转运动,俯仰力矩 M_{z_1} 的作用是使得导弹绕轴 Oz_1 作旋转运动[28]。

对于 Ox_1y_1 面具有对称性的导弹而言,影响气动力和气动力矩的主要参数是:V(飞行速度)、h(飞行高度)、α、β、ω_{x_1}(旋转角速度在弹体坐标系 x_1 轴上的分量)、ω_{y_1}(旋转角

速度在弹体坐标系 y_1 轴上的分量)、ω_{z_1}(旋转角速度在弹体坐标系 z_1 轴上的分量)、δ_γ(副翼偏角)、δ_ψ(方向舵偏角)、δ_ϑ(升降舵偏角)、$\dot\alpha$、$\dot\beta$、$\dot\delta_\psi$、$\dot\delta_\vartheta$。在实际飞行攻角 α 和侧滑角 β 范围内,忽略次要因素,则气动力和气动力矩可以近似表示成下列形式:

$$\begin{cases} X = X_0 + X^{\alpha^2}\alpha^2 + X^{\beta^2}\beta^2 \\ Y = Y_0 + Y^\alpha\alpha + Y^{\delta_\vartheta}\delta_\vartheta \\ Z = Z^\beta\beta + Z^{\delta_\psi}\delta_\psi \\ M_{x_1} = M_{x_{10}} + M_{x_1}^\beta\beta + M_{x_1}^{\omega_{x_1}}\omega_{x_1} + M_{x_1}^{\omega_{y_1}}\omega_{y_1} + M_{x_1}^{\delta_\gamma}\delta_\gamma + M_{x_1}^{\delta_\psi}\delta_\psi \\ M_{y_1} = M_{y_1}^\beta\beta + M_{y_1}^{\omega_{x_1}}\omega_{x_1} + M_{y_1}^{\omega_{y_1}}\omega_{y_1} + M_{y_1}^{\dot\beta}\dot\beta + M_{y_1}^{\delta_\psi}\delta_\psi \\ M_{z_1} = M_{z_{10}} + M_{z_1}^\alpha\alpha + M_{z_1}^{\omega_{z_1}}\omega_{z_1} + M_{z_1}^{\dot\alpha}\dot\alpha + M_{z_1}^{\delta_\vartheta}\delta_\vartheta \end{cases} \quad (3-23)$$

式中,X_0 为 $\alpha = \beta = 0$ 时的阻力;Y_0 为 $\alpha = 0$ 时的升力;$M_{x_{10}}$ 为 $\omega_{x_1} = \delta_\gamma = 0$ 时的滚转力矩;$M_{z_{10}}$ 为 $\omega_{z_1} = 0$ 时的俯仰力矩;Y^α,…,Z^{δ_ψ},…,$M_{y_1}^{\dot\beta}$ 为气动力和力矩对于参数 α,…,δ_ψ,…,$\dot\beta$ 的偏导数;$M_{y_1}^{\omega_{x_1}}\omega_{x_1}$、$M_{z_1}^{\omega_{x_1}}\omega_{x_1}$ 为马格努斯力矩;X^{α^2}、X^{β^2} 为迎面阻力对 α^2、β^2 的偏导数。

上述所有导数值都是参数 α、β、δ_γ、δ_ψ、δ_ϑ、ω_{x_1}、ω_{y_1}、ω_{z_1}、$\dot\alpha$ 及 $\dot\beta$ 取零时的值。对于给定的导弹,偏导数 X^{α^2},…,Y^{α^2},…,$M_{y_1}^{\omega_{x_1}}$,…,$M_{z_1}^{\omega_{x_1}}$ 都是飞行高度 h 和速度 V 的非线性函数,例如:$Y^\alpha = c_h^\alpha \dfrac{\rho V^2}{2} S$,其中,$c_h^\alpha = c_h^\alpha(V/C)$,$S$ 为特征参考面积,系数 $C = C(h)$ 以及空气密度 $\rho = \rho(h)$。

2. 导弹飞行方向改变的原理

导弹为了能准确地命中目标,需按照一定的引导规律对导弹实施控制。在控制导弹沿理想弹道飞行时,最根本任务就是按照飞行需求改变导弹的飞行方向,而改变飞行方向的方法就是产生与导弹飞行速度矢量垂直的控制力。

3. 导弹飞行控制原理

不同类型导弹的飞行控制的原理有所不同,本章仅用改变导弹空气动力的方法为例说明导弹飞行控制原理。导弹所受的空气动力可沿速度坐标系分解成升力、侧力和阻力,其中升力和侧力是垂直于飞行速度方向的力;升力在导弹纵对称平面内。所以,利用空气动力来改变控制力,是通过改变升力和侧力来实现的。由于导弹的气动外形不同,改变升力和侧力的方法也略有不同,为了简便起见现以轴对称导弹为例来说明。

1)导弹纵向对称面内通过改变空气动力改变飞行方向的原理

这类导弹具有两对翼和舵面,在纵向对称面和侧向对称面内能产生较大的空气动力,如果要使导弹在纵向对称平面内向上或向下改变飞行方向,就需改变导弹的攻角

α，攻角改变以后，导弹的升力就随之改变。作用在导弹纵向对称平面内的受力如图 3-9 所示[22]。

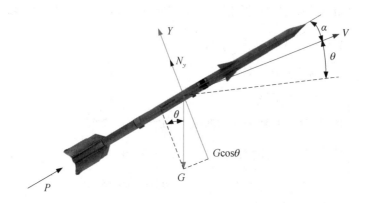

图 3-9 轴对称导弹在纵向对称平面内的控制力

各力在导弹法线方向上的投影可表示为

$$F_y = Y + P\sin\alpha - G\cos\theta \qquad (3-24)$$

式中，θ 为弹道倾角；Y 表示升力。

由于导弹的重力一般不能随意改变，因此导弹所受的可改变的法向力为

$$N_y = Y + P\sin\alpha \qquad (3-25)$$

由牛顿第二定律和圆周运动可得如下关系式：

$$F_y = ma \qquad (3-26)$$

即

$$N_y - G\cos\theta = m\frac{V^2}{\rho_r} \qquad (3-27)$$

式中，V 为导弹的飞行速度；m 为导弹的质量；ρ_r 为弹道的曲率半径。

而曲率半径又可以表示成：

$$\rho_r = \frac{\mathrm{d}S_g}{\mathrm{d}\theta} = \frac{\mathrm{d}S_g/\mathrm{d}t}{\mathrm{d}\theta/\mathrm{d}t} = \frac{V}{\dot{\theta}} \qquad (3-28)$$

式中，S_g 为导弹运动航迹，则有

$$N_y - G\cos\theta = mV\dot{\theta} \qquad (3-29)$$

根据上式可得

$$\dot{\theta} = \frac{N_y - G\cos\theta}{mV} \qquad (3-30)$$

由上式可以看出,欲使导弹在纵向对称平面内向上或向下改变飞行方向,就需要利用操纵元件产生操纵力矩使导弹绕质心转动,来改变导弹的攻角。攻角改变后,导弹的法向力 N_y 也随之改变。当导弹的飞行速度一定时,法向力 N_y 越大,弹道倾角的变化率 $\dot{\theta}$ 就越大,从而使得导弹在纵向对称平面内的飞行方向改变得就越快。

2) 导弹侧向平面内通过改变空气动力改变飞行方向的原理

同理对轴对称导弹来说,在侧平面内的可改变的法向力为

$$N_z = Z + P\sin\beta \tag{3-31}$$

由此可见,要使导弹在侧平面内向左或向右改变飞行方向,就需要通过操作元件改变侧滑角 β,使侧向力 Z 发生变化,从而改变侧向控制力 N_z。

4. 导弹作为变质量系的动力学基本方程

弹体的运动,可看成其质心移动和绕质心转动的合成运动,可以用牛顿定律和动量矩定理来研究。但导弹并不是一个刚体,它受气动力作用后要产生变形,舵面偏转也改变导弹的外形。另外,由于发动机的工作,燃料不断消耗,导弹的质量随之减小。所以导弹的运动比刚体的运动复杂得多,为使问题简化,在此略去导弹变形、质量变化等因素,引入"固化原理",把导弹当作质量恒定的非形变物体,转动惯量是恒定的[28]。

采用了"固化原理",可把所研究瞬时的变质量系的导弹的动力学基本方程写成常质量刚体的形式,这时,要把反作用力作为外力来看待,利用每研究瞬时的质量 $m(t)$ 取代原来的常质量 m。研究导弹绕质心转动运动也可用同样方式来处理,因而,导弹动力学基本方程的矢量表达式可写为

$$m\frac{\mathrm{d}V}{\mathrm{d}t} = F + P \tag{3-32}$$

$$\frac{\mathrm{d}H}{\mathrm{d}t} = M + M_P \tag{3-33}$$

式中,V 为速度矢量;H 为动量矩;F 为作用在导弹上的外力矢量;P 为导弹发动机推力矢量;M 为作用在导弹上的外力对质心的主矩矢量;M_P 为发动机推力产生的力矩矢量(通常推力线通过质心,则 $M_P = 0$)。

3.4.2　运动学方程

1. 导弹质心运动的运动学方程

要确定导弹质心相对于地面坐标系的运动轨迹(弹道),需要建立导弹质心相对于地面坐标系运动的运动学方程,即导弹质心相对地面坐标系的位置方程。计算空气动力、推力时,需要知道导弹在任意瞬时所处的高度,通过弹道计算确定相应瞬时导弹所处的位置。因此,要建立导弹质心相对于地面坐标系 $Axyz$ 的位置方程[28]:

$$\begin{bmatrix} dx/dt \\ dy/dt \\ dz/dt \end{bmatrix} = \begin{bmatrix} V_x \\ V_y \\ V_z \end{bmatrix} \tag{3-34}$$

式中，V_x、V_y、V_z 分别为导弹质心速度矢量 V 在 $Axyz$ 各轴上的分量。

根据弹道坐标系的定义可知，导弹质心的速度矢量与弹道坐标系的 Ox_2 轴重合，即

$$\begin{bmatrix} V_{x_2} \\ V_{y_2} \\ V_{z_2} \end{bmatrix} = \begin{bmatrix} V \\ 0 \\ 0 \end{bmatrix} \tag{3-35}$$

式中，V 为导弹的速度。

利用地面坐标系与弹道坐标系的转换关系可得

$$\begin{bmatrix} V_x \\ V_y \\ V_z \end{bmatrix} = L^{-1}(\theta, \psi_V) \begin{bmatrix} V_{x_2} \\ V_{y_2} \\ V_{z_2} \end{bmatrix} \tag{3-36}$$

将式(3-35)代入式(3-36)中，并将其结果代入式(3-34)，即得到导弹质心运动的运动学方程：

$$\begin{cases} dx/dt = V\cos\theta\cos\psi_V \\ dy/dt = V\sin\theta \\ dz/dt = -V\cos\theta\sin\psi_V \end{cases} \tag{3-37}$$

式中，dx/dt、dy/dt、dz/dt 分别为导弹速度矢量在地面坐标系中的分量。

2. 导弹绕质心转动的运动学方程

要确定导弹在空间的姿态，就需要建立描述导弹弹体相对地面坐标系姿态变化的运动学方程，即建立姿态角 ϑ、ψ、γ 变化率与导弹相对地面坐标系转动角速度分量 ω_{x_1}、ω_{y_1}、ω_{z_1} 之间的关系式[28]。

导弹弹体相对地面坐标系的旋转角速度矢量 ω 为

$$\omega = \dot{\psi} + \dot{\vartheta} + \dot{\gamma}$$

由于 $\dot{\psi}$、$\dot{\gamma}$ 分别与 Oy 轴和 Ox_1 轴重合，而 $\dot{\vartheta}$ 在 Oy_1 轴和 Oz_1 轴上的分量为 $\dot{\vartheta}\sin\gamma$ 和 $\dot{\vartheta}\cos\gamma$，故有

$$\omega = \begin{bmatrix} \omega_{x_1} \\ \omega_{y_1} \\ \omega_{z_1} \end{bmatrix} = L[\gamma \quad \vartheta \quad \psi]\begin{bmatrix} 0 \\ \dot{\psi} \\ 0 \end{bmatrix} + \begin{bmatrix} \dot{\gamma} \\ \dot{\vartheta}\sin\gamma \\ \dot{\vartheta}\cos\gamma \end{bmatrix} = \begin{bmatrix} \dot{\psi}\sin\vartheta + \dot{\gamma} \\ \dot{\psi}\cos\vartheta\cos\gamma + \dot{\vartheta}\sin\gamma \\ -\dot{\psi}\cos\vartheta\sin\gamma + \dot{\vartheta}\cos\gamma \end{bmatrix}$$

$$
= \begin{bmatrix} 0 & \sin\vartheta & 1 \\ \sin\gamma & \cos\vartheta\cos\gamma & 0 \\ \cos\gamma & -\cos\vartheta\sin\gamma & 0 \end{bmatrix} \begin{bmatrix} \dot{\vartheta} \\ \dot{\psi} \\ \dot{\gamma} \end{bmatrix}
$$

显然有

$$
\begin{bmatrix} \dot{\vartheta} \\ \dot{\psi} \\ \dot{\gamma} \end{bmatrix} = \begin{bmatrix} 0 & \sin\vartheta & 1 \\ \sin\gamma & \cos\vartheta\cos\gamma & 0 \\ \cos\gamma & -\cos\vartheta\sin\gamma & 0 \end{bmatrix}^{-1} \begin{bmatrix} \omega_{x_1} \\ \omega_{y_1} \\ \omega_{z_1} \end{bmatrix} = \begin{bmatrix} 0 & \sin\gamma & \cos\gamma \\ 1 & \dfrac{\cos\gamma}{\cos\vartheta} & -\dfrac{\sin\gamma}{\cos\vartheta} \\ 1 & -\tan\vartheta\cos\gamma & \tan\vartheta\sin\gamma \end{bmatrix} \begin{bmatrix} \omega_{x_1} \\ \omega_{y_1} \\ \omega_{z_1} \end{bmatrix}
$$

因此,可得如下表达式:

$$
\begin{bmatrix} \dot{\vartheta} \\ \dot{\psi} \\ \dot{\gamma} \end{bmatrix} = \begin{bmatrix} \omega_{y_1}\sin\gamma + \omega_{z_1}\cos\gamma \\ \dfrac{1}{\cos\vartheta}(\omega_{y_1}\cos\gamma - \omega_{z_1}\sin\gamma) \\ \omega_{x_1} - \tan\vartheta(\omega_{y_1}\cos\gamma - \omega_{z_1}\sin\gamma) \end{bmatrix} \tag{3-38}
$$

上式为描述导弹相对地面坐标系 $Oxyz$ 姿态的运动学方程组。

3.4.3　动力学方程

1. 导弹质心运动的动力学方程

对研究导弹质心运动来说,把矢量方程(3-32)写成弹道坐标系上的标量形式,方程最为简单,又便于分析导弹运动特性。把地面坐标系视为惯性坐标系,能保证所需要的计算准确度。弹道坐标系是动坐标系,它相对地面坐标系既有位移运动,又有转动运动,移动速度矢量为 V,转动角速度矢量用 $\varOmega$ 表示[28]。

建立在动坐标系中的动力学方程,引用矢量的绝对导数和相对导数之间的关系:在惯性坐标系中某一矢量对时间的导数(绝对导数)与同一矢量在动坐标系中对时间的导数(相对导数)之差,等于这矢量本身与动坐标系的转动角速度的矢量乘积,即

$$
\frac{\mathrm{d}V}{\mathrm{d}t} = \frac{\delta V}{\delta t} + \varOmega \times V
$$

式中,$\mathrm{d}V/\mathrm{d}t$ 为在惯性坐标系(地面坐标系)中矢量 V 的绝对导数;$\delta V/\delta t$ 为在动坐标系(弹道坐标系)中矢量 V 的相对导数。于是,式(3-32)可改写为

$$
m\frac{\mathrm{d}V}{\mathrm{d}t} = m\left(\frac{\delta V}{\delta t} + \varOmega \times V\right) = F + P \tag{3-39}
$$

设 i_2、j_2、k_2 分别为沿弹道坐标系 $Ox_2y_2z_2$ 各轴上的单位矢量;$\varOmega_{x_2}$、$\varOmega_{y_2}$、$\varOmega_{z_2}$ 分别为弹

道坐标系相对地面坐标系的转动角速度 Ω 在 $Ox_2y_2z_2$ 各轴上的分量；V_{x_2}、V_{y_2}、V_{z_2} 分别为导弹质心速度矢量 V 在 $Ox_2y_2z_2$ 各轴上的分量。则有

$$V = V_{x_2}i_2 + V_{y_2}j_2 + V_{z_2}k_2$$
$$\Omega = \Omega_{x_2}i_2 + \Omega_{y_2}j_2 + \Omega_{z_2}k_2 \tag{3-40}$$
$$\frac{\delta V}{\delta t} = \frac{\mathrm{d}V_{x_2}}{\mathrm{d}t}i_2 + \frac{\mathrm{d}V_{y_2}}{\mathrm{d}t}j_2 + \frac{\mathrm{d}V_{z_2}}{\mathrm{d}t}k_2$$

根据弹道坐标系的定义可知：$\begin{bmatrix} V_{x_2} & V_{y_2} & V_{z_2} \end{bmatrix}^{\mathrm{T}} = \begin{bmatrix} V & 0 & 0 \end{bmatrix}^{\mathrm{T}}$，则有

$$\frac{\delta V}{\delta t} = \frac{\mathrm{d}V}{\mathrm{d}t}i_2 \tag{3-41}$$

$$\Omega \times V = \begin{vmatrix} i_2 & j_2 & k_2 \\ \Omega_{x_2} & \Omega_{y_2} & \Omega_{z_2} \\ V_{x_2} & V_{y_2} & V_{z_2} \end{vmatrix} = \begin{vmatrix} i_2 & j_2 & k_2 \\ \Omega_{x_2} & \Omega_{y_2} & \Omega_{z_2} \\ V & 0 & 0 \end{vmatrix} = V\Omega_{z_2}j_2 - V\Omega_{y_2}k_2 \tag{3-42}$$

根据弹道坐标系与地面坐标系之间的转换可得

$$\Omega = \dot{\psi}_V + \dot{\theta}$$

式中，$\dot{\psi}_V$、$\dot{\theta}$ 分别在地面坐标系 Ay 轴上和弹道坐标系 Oz_2 轴上，于是利用式（3-7）、式（3-8）得到：

$$\begin{bmatrix} \Omega_{x_2} \\ \Omega_{y_2} \\ \Omega_{z_2} \end{bmatrix} = L(\theta, \psi_V)\begin{bmatrix} 0 \\ \dot{\psi}_V \\ 0 \end{bmatrix} + \begin{bmatrix} 0 \\ 0 \\ \dot{\theta} \end{bmatrix} = \begin{bmatrix} \dot{\psi}_V\sin\theta \\ \dot{\psi}_V\cos\theta \\ \dot{\theta} \end{bmatrix} \tag{3-43}$$

将式（3-43）代入式（3-42）中，可得

$$\Omega \times V = V\dot{\theta}j_2 - V\dot{\psi}_V\cos\theta k_2 \tag{3-44}$$

将式（3-41）、式（3-44）代入式（3-39）中，展开后得到：

$$\begin{cases} m\dfrac{\mathrm{d}V}{\mathrm{d}t} = F_{x_2} + P_{x_2} \\[2mm] mV\dfrac{\mathrm{d}\theta}{\mathrm{d}t} = F_{y_2} + P_{y_2} \\[2mm] -mV\cos\theta\dfrac{\mathrm{d}\psi_V}{\mathrm{d}t} = F_{z_2} + P_{z_2} \end{cases} \tag{3-45}$$

式中，F_{x_2}、F_{y_2}、F_{z_2} 为除推力外导弹所有外力（总空气动力 R、重力 G 等）分别在 $Ox_2y_2z_2$ 各轴上分量的代数和；P_{x_2}、P_{y_2}、P_{z_2} 分别为推力 P 在 $Ox_2y_2z_2$ 各轴上分量。

下面分别列出总空气动力 R、重力 G 和推力 P 在弹道坐标系上投影的表达式。

作用在导弹上的总空气动力 R 沿速度坐标系可分解为阻力 X、升力 Y 和侧向力 Z，即

$$\begin{bmatrix} R_{x_3} \\ R_{y_3} \\ R_{z_3} \end{bmatrix} = \begin{bmatrix} -X \\ Y \\ Z \end{bmatrix}$$

根据速度坐标系和弹道坐标系之间的转换关系，利用式(3-21)、式(3-22)得到：

$$\begin{bmatrix} R_{x_2} \\ R_{y_2} \\ R_{z_2} \end{bmatrix} = L^{-1}(\gamma_V) \begin{bmatrix} R_{x_3} \\ R_{y_3} \\ R_{z_3} \end{bmatrix} = \begin{bmatrix} -X \\ Y\cos\gamma_V - Z\sin\gamma_V \\ Y\sin\gamma_V + Z\cos\gamma_V \end{bmatrix} \quad (3-46)$$

对于近程战术导弹，重力 G 可认为是沿地面坐标系 Ay 轴的负方向，故其在地面坐标系上可表示为

$$\begin{bmatrix} G_x \\ G_y \\ G_z \end{bmatrix} = \begin{bmatrix} 0 \\ -mg \\ 0 \end{bmatrix}$$

将其投影到弹道坐标系 $Ox_2y_2z_2$ 上，可利用式(3-7)、式(3-8)，得到：

$$\begin{bmatrix} G_{x_2} \\ G_{y_2} \\ G_{z_2} \end{bmatrix} = L(\theta, \psi_V) \begin{bmatrix} G_x \\ G_y \\ G_z \end{bmatrix} = \begin{bmatrix} -mg\sin\theta \\ -mg\cos\theta \\ 0 \end{bmatrix} \quad (3-47)$$

如果发动机的推力 P 与弹体纵轴 Ox_1 重合，这时，

$$\begin{bmatrix} P_{x_1} \\ P_{y_1} \\ P_{z_1} \end{bmatrix} = \begin{bmatrix} P \\ 0 \\ 0 \end{bmatrix}$$

将其投影到弹道坐标系 $Ox_2y_2z_2$ 上，可利用式(3-19)、式(3-20)、式(3-21)、式(3-22)，得到：

$$\begin{bmatrix} P_{x_2} \\ P_{y_2} \\ P_{z_2} \end{bmatrix} = L^{-1}(\gamma_V)L^{-1}(\alpha,\beta) \begin{bmatrix} P_{x_1} \\ P_{y_1} \\ P_{z_1} \end{bmatrix} = \begin{bmatrix} P\cos\alpha\cos\beta \\ P(\sin\alpha\cos\gamma_V + \cos\alpha\sin\beta\sin\gamma_V) \\ P(\sin\alpha\sin\gamma_V - \cos\alpha\sin\beta\cos\gamma_V) \end{bmatrix} \quad (3-48)$$

将式(3-46)、式(3-47)、式(3-48)代入式(3-45)中，即得到导弹质心运动的动力

学方程的标量形式为

$$
\begin{cases}
m\dfrac{\mathrm{d}V}{\mathrm{d}t} = P\cos\alpha\cos\beta - X - mg\sin\theta \\[2mm]
mV\dfrac{\mathrm{d}\theta}{\mathrm{d}t} = P(\sin\alpha\cos\gamma_V + \cos\alpha\sin\beta\sin\gamma_V) + Y\cos\gamma_V - Z\sin\gamma_V - mg\cos\theta \\[2mm]
-mV\cos\theta\dfrac{\mathrm{d}\psi_V}{\mathrm{d}t} = P(\sin\alpha\sin\gamma_V - \cos\alpha\sin\beta\cos\gamma_V) + Y\sin\gamma_V + Z\cos\gamma_V
\end{cases}
$$

$$(3-49)$$

式中,m 为导弹质量;P 为主发动机推力;X 为气动阻力;Y 为气动升力;Z 为气动侧向力;g 为重力加速度;V 为导弹速度。

2. 导弹绕质心转动的动力学方程

导弹绕质心转动的动力学矢量方程(3-33)写成弹体坐标系上的标量形式最为简单。弹体坐标系是动坐标系,设弹体坐标系相对地面坐标系的转动角速度用 ω 表示[28]。

在动坐标系(弹体坐标系)上建立导弹绕质心转动的动力学方程,式(3-33)可以写为

$$\frac{\mathrm{d}H}{\mathrm{d}t} = \frac{\delta H}{\delta t} + \omega \times H = M + M_P \qquad (3-50)$$

设 i_1、j_1、k_1 分别为沿弹体坐标系 $Ox_1y_1z_1$ 各轴的单位矢量;ω_{x_1}、ω_{y_1}、ω_{z_1} 为弹体坐标系相对地面坐标系的转动角速度 ω 沿弹体坐标系各轴上分量;动量矩 H 在弹体坐标系各轴上分量为 H_{x_1}、H_{y_1}、H_{z_1},则有

$$\frac{\delta H}{\delta t} = \frac{\mathrm{d}H_{x_1}}{\mathrm{d}t}i_1 + \frac{\mathrm{d}H_{y_1}}{\mathrm{d}t}j_1 + \frac{\mathrm{d}H_{z_1}}{\mathrm{d}t}k_1 \qquad (3-51)$$

动量矩 H 表示为

$$H = J\omega$$

式中,J 为惯性张量。

动量矩 H 在弹体坐标系各轴上分量可表示为

$$
\begin{bmatrix} H_{x_1} \\ H_{y_1} \\ H_{z_1} \end{bmatrix} =
\begin{bmatrix}
J_{x_1x_1} & -J_{x_1y_1} & -J_{x_1z_1} \\
-J_{y_1x_1} & J_{y_1y_1} & -J_{y_1z_1} \\
-J_{z_1x_1} & -J_{z_1y_1} & J_{z_1z_1}
\end{bmatrix}
\begin{bmatrix} \omega_{x_1} \\ \omega_{y_1} \\ \omega_{z_1} \end{bmatrix} \qquad (3-52)
$$

式中,$J_{x_1x_1}$、$J_{y_1y_1}$、$J_{z_1z_1}$ 为导弹对弹体坐标系各轴的转动惯量;$J_{x_1y_1}$、$J_{x_1z_1}$、$\cdots$、$J_{z_1y_1}$ 为导弹对弹体坐标系各轴的惯量积。

对于战术导弹来说,一般多为轴对称外形,这时可认为弹体坐标系就是它的惯性主轴

系。在此条件下,导弹对弹体坐标系各轴的惯量积为零。为书写方便,上述转动惯量分别以 J_{x_1}、J_{y_1}、J_{z_1} 表示,则式(3-52)可简化为

$$
\begin{bmatrix} H_{x_1} \\ H_{y_1} \\ H_{z_1} \end{bmatrix} = \begin{bmatrix} J_{x_1 x_1} & 0 & 0 \\ 0 & J_{y_1 y_1} & 0 \\ 0 & 0 & J_{z_1 z_1} \end{bmatrix} \begin{bmatrix} \omega_{x_1} \\ \omega_{y_1} \\ \omega_{z_1} \end{bmatrix} = \begin{bmatrix} J_{x_1} \omega_{x_1} \\ J_{y_1} \omega_{y_1} \\ J_{z_1} \omega_{z_1} \end{bmatrix} \tag{3-53}
$$

将式(3-53)代入式(3-51)中,可得

$$
\frac{\delta H}{\delta t} = J_{x_1} \frac{\mathrm{d}\omega_{x_1}}{\mathrm{d}t} i_1 + J_{y_1} \frac{\mathrm{d}\omega_{y_1}}{\mathrm{d}t} j_1 + J_{z_1} \frac{\mathrm{d}\omega_{z_1}}{\mathrm{d}t} k_1 \tag{3-54}
$$

$$
\omega \times H = \begin{vmatrix} i_1 & j_1 & k_1 \\ \omega_{x_1} & \omega_{y_1} & \omega_{z_1} \\ H_{x_1} & H_{y_1} & H_{z_1} \end{vmatrix} = \begin{vmatrix} i_1 & j_1 & k_1 \\ \omega_{x_1} & \omega_{y_1} & \omega_{z_1} \\ J_{x_1}\omega_{x_1} & J_{y_1}\omega_{y_1} & J_{z_1}\omega_{z_1} \end{vmatrix} \tag{3-55}
$$

$$
= (J_{z_1} - J_{y_1})\omega_{z_1}\omega_{y_1} i_1 + (J_{x_1} - J_{z_1})\omega_{x_1}\omega_{z_1} j_1 + (J_{y_1} - J_{x_1})\omega_{y_1}\omega_{x_1} k_1
$$

将式(3-54)、式(3-55)代入到式(3-50)中,于是导弹绕质心转动的动力学标量方程为

$$
\begin{cases} J_{x_1} \dfrac{\mathrm{d}\omega_{x_1}}{\mathrm{d}t} = M_{x_1} - (J_{z_1} - J_{y_1})\omega_{y_1}\omega_{z_1} \\[3mm] J_{y_1} \dfrac{\mathrm{d}\omega_{y_1}}{\mathrm{d}t} = M_{y_1} - (J_{x_1} - J_{z_1})\omega_{x_1}\omega_{z_1} \\[3mm] J_{z_1} \dfrac{\mathrm{d}\omega_{z_1}}{\mathrm{d}t} = M_{z_1} - (J_{y_1} - J_{x_1})\omega_{y_1}\omega_{x_1} \end{cases} \tag{3-56}
$$

式中, J_{x_1}、J_{y_1}、J_{z_1} 分别为导弹相对弹体坐标系各轴的转动惯量; ω_{x_1}、ω_{y_1}、ω_{z_1} 分别为弹体轴相对于地面坐标系旋转角速度在弹体坐标系各轴上的分量; $\mathrm{d}\omega_{x_1}/\mathrm{d}t$、$\mathrm{d}\omega_{y_1}/\mathrm{d}t$、$\mathrm{d}\omega_{z_1}/\mathrm{d}t$ 分别为弹体轴相对于地面坐标系旋转角加速度在弹体坐标系各轴上的分量; M_{x_1}、M_{y_1}、M_{z_1} 分别为作用于导弹上的所有外力对质心的力矩在弹体坐标系 Ox_1、Oy_1、Oz_1 各轴上的分量。

3. 角度关系方程

前面定义的 4 组常用坐标系,它们之间的关系由 8 个角度(即 ϑ、ψ、γ、θ、ψ_V、α、β、γ_V)联系起来。因为某单位矢量以不同途径投影到任意坐标系的同一轴上,其结果应是相等的,根据这一原理可知 8 个角度并不是完全独立的。例如,导弹的速度矢量 V 相对于地面坐标系 $Oxyz$ 的方位,可以通过速度坐标系相对弹体坐标系的角参数 α、β 以及弹体坐标系相对地面坐标系的角参数 ϑ、ψ、γ 来确定。ϑ、ψ、γ、α、β 确定之后,决定速度矢量 V

的方位的角参数 θ、ψ_V 及 γ_V 也能确定。这就说明,8 个参数中只有 5 个是独立的,而其余的 3 个参数则分别由这 5 个独立的角参数来表示。因此,8 个角度之间存在着 3 个独立的几何关系式。根据不同的要求,可把这些几何关系表达成一些不同的形式,因此,几何关系不是唯一的形式。由于 θ、ψ_V 和 ϑ、ψ、γ 角参数的变化规律可分别用式(3-38)和式(3-49)来描述,就可以用 θ、ψ_V、ϑ、ψ 和 γ 角参数来求出 α、β 和 γ_V,分别建立相应的 3 个几何关系方程[28]。

$$\begin{cases} \sin\beta = \cos\theta\left[\cos\gamma\sin(\psi - \psi_V) + \sin\vartheta\sin\gamma\cos(\psi - \psi_V)\right] - \sin\theta\cos\vartheta\sin\gamma \\ \cos\alpha\cos\beta = \cos\vartheta\cos\theta\cos(\psi - \psi_V) + \sin\vartheta\sin\theta \\ \sin\gamma_V\cos\theta = \cos\alpha\sin\beta\sin\vartheta - (\sin\alpha\sin\beta\cos\gamma - \cos\beta\sin\gamma)\cos\vartheta \end{cases}$$

$$(3-57)$$

3.4.4 发动机推力模型

导弹最常用的发动机为火箭发动机,其特点是不需要大气中的氧气,本身自带氧化剂和燃烧剂,统称为推进剂。液体火箭发动机,其氧化剂和燃烧剂均为液体,经燃烧系统传送至燃烧室,燃烧后产生高温燃气经喷管排出;而固体火箭发动机,则由一种或几种固体推进剂组成,制成药柱,直接充填到燃烧室,点火后产生高温燃气经喷管排出。无论是液体还是固态火箭发动机,产生推力的原理是一样的。推进剂进入发动机时的速度为零,故推力公式可表示为

$$T = m_p V_j + A_j(p_j - p_0) \tag{3-58}$$

式中,m_p 为推进剂的质量流量($\mathrm{kg \cdot s^{-1}}$);V_j 为燃气流在喷管出口处的速度($\mathrm{m \cdot s^{-1}}$);A_j 为喷管出口处的面积($\mathrm{m^2}$);p_j 为喷管出口处燃气的静压($\mathrm{N \cdot m^{-2}}$);p_0 为喷口周围处大气静压($\mathrm{N \cdot m^{-2}}$)。可见,推力由 $m_p V_j$(即燃气流的反作用力)和 $A_j(p_j - p_0)$(即静压)组成。随着飞行高度增加,p_0 逐渐减小,则推力略有增加。

值得注意的是,上述发动机推力特性是指发动机在试车台上测得的所谓台架特性。当发动机安装在导弹上时,由于需要连接进气和排气管道,以及带动其他附件,会产生一定的推力损失。因此作用于导弹上的发动机推力将小于台架推力 T_i。将扣除推力损失后实际用于推动导弹前进的推力,称为发动机的动态推力 T_a。它与台架推力 T_i 之间的关系为

$$T_a = i\eta_i T_i$$

式中,i 为安装在导弹上的发动机台数;η_i 为各种推力损失的有效系数,其值取决于发动机在导弹上的安装部位、进气和排气形式以及飞行状态等因素,一般由实验确定。

3.5　弹体运动模型简化

3.5.1　微分方程组线性化的方法

通过下面的方程组来研究导弹运动微分方程组的线性化方法[28]：

$$f_1 \frac{\mathrm{d}x_1}{\mathrm{d}t} = F_1, f_2 \frac{\mathrm{d}x_2}{\mathrm{d}t} = F_2, \cdots, f_i \frac{\mathrm{d}x_i}{\mathrm{d}t} = F_i, \cdots, f_n \frac{\mathrm{d}x_n}{\mathrm{d}t} = F_n \qquad (3-59)$$

式中，f_i 和 F_i 是变量 $x_1, x_2, \cdots, x_n$ 的非线性函数：

$$f_i = f_i(x_1, x_2, \cdots, x_n), F_i = F_i(x_1, x_2, \cdots, x_n), i = 1, 2, \cdots, n$$

方程组 $(3-59)$ 的特解之一：

$$x_1 = x_{10}(t), x_2 = x_{20}(t), \cdots, x_n = x_{n0}(t)$$

对应于一个未扰动运动。如果将该特解代入方程 $(3-59)$，则得到如下形式：

$$f_{10} \frac{\mathrm{d}x_{10}}{\mathrm{d}t} = F_{10}, f_{20} \frac{\mathrm{d}x_{20}}{\mathrm{d}t} = F_{20}, \cdots, f_{i0} \frac{\mathrm{d}x_{i0}}{\mathrm{d}t} = F_{i0}, \cdots, f_{n0} \frac{\mathrm{d}x_{n0}}{\mathrm{d}t} = F_{n0} \quad (3-60)$$

式中，$f_{i0} = f_i(x_{10}, x_{20}, \cdots, x_{n0})$，$F_{i0} = F_i(x_{10}, x_{20}, \cdots, x_{n0})$，$i = 1, 2, \cdots, n$。

现在讨论方程 $(3-59)$ 中某一个方程的线性化方法，例如，取第 i 个方程，为了书写简单，将脚注"i"去掉，则

$$f \frac{\mathrm{d}x}{\mathrm{d}t} = F \qquad (3-61)$$

从这个方程中减去相应于未扰动运动的第 i 个等式，则得到偏量形式的运动方程：

$$f \frac{\mathrm{d}x}{\mathrm{d}t} - f_0 \frac{\mathrm{d}x_0}{\mathrm{d}t} = F - F_0 \qquad (3-62)$$

式中，$F - F_0 = \Delta F$ 为函数 F 的偏量，即在未扰动弹道与扰动弹道上此函数的差值。方程 $(3-62)$ 的左端为函数 $f\mathrm{d}x/\mathrm{d}t$ 类似的偏量。现在计算这一偏量。为此，加上并减去 $f\mathrm{d}x_0/\mathrm{d}t$ 得

$$f \frac{\mathrm{d}x}{\mathrm{d}t} - f_0 \frac{\mathrm{d}x_0}{\mathrm{d}t} + f \frac{\mathrm{d}x_0}{\mathrm{d}t} - f \frac{\mathrm{d}x_0}{\mathrm{d}t} = (f_0 + \Delta f) \frac{\mathrm{d}\Delta x}{\mathrm{d}t} + \Delta f \frac{\mathrm{d}x_0}{\mathrm{d}t} \qquad (3-63)$$

式中，Δx 及 Δf 表示偏量，即 $\Delta x = x - x_0$，$\Delta f = f - f_0$。现在求函数 $F(x_1, \cdots, x_n)$ 的偏量。根据泰勒公式将变量 $x_1, x_2, \cdots, x_n$ 的非线性函数展开成增量 $\Delta x_1 = x_1 - x_{10}, \cdots, \Delta x_n =$

$x_n - x_{n0}$ 的幂级数。将函数展开成级数是在变量数值为 x_{10}，x_{20}，…，x_{n0} 附近邻域中进行的。如果只限于选取展开式的第一项，则得到:

$$
\begin{aligned}
F(x_1，x_2，\cdots，x_n) = F(x_{10}，x_{20}，\cdots，x_{n0}) + \left(\frac{\partial F}{\partial x_1}\right)_0 \Delta x_1 \\
+ \left(\frac{\partial F}{\partial x_2}\right)_0 \Delta x_2 + \cdots + \left(\frac{\partial F}{\partial x_n}\right)_0 \Delta x_n + R_2
\end{aligned}
\tag{3-64}
$$

式中，R_2 为展开式中含有二阶或更高阶小量的余项;$(\partial F/\partial x_1)_0$，$(\partial F/\partial x_2)_0$，…，$(\partial F/\partial x_n)_0$ 相应于未扰动弹道的偏导数 $\partial F/\partial x_1$，$\partial F/\partial x_2$，…，$\partial F/\partial x_n$ 之值。

函数 $F(x_1，\cdots，x_n)$ 的增量为

$$
\begin{aligned}
\Delta F &= F(x_1，x_2，\cdots，x_n) - F(x_{10}，x_{20}，\cdots，x_{n0}) \\
&= \left(\frac{\partial F}{\partial x_1}\right)_0 \Delta x_1 + \left(\frac{\partial F}{\partial x_2}\right)_0 \Delta x_2 + \cdots + \left(\frac{\partial F}{\partial x_n}\right)_0 \Delta x_n + R_2
\end{aligned}
\tag{3-65}
$$

偏量 Δf 也有类似的表达式:

$$
\Delta f = \left(\frac{\partial f}{\partial x_1}\right)_0 \Delta x_1 + \left(\frac{\partial f}{\partial x_2}\right)_0 \Delta x_2 + \cdots + \left(\frac{\partial f}{\partial x_n}\right)_0 \Delta x_n + r_2
\tag{3-66}
$$

从式(3-64)、式(3-65)和式(3-66)中略去高于一阶的小量 $\Delta f(\mathrm{d}\Delta x/\mathrm{d}t)$、$R_2$ 及 r_2，并代入方程(3-62)中，可得到未知数为偏量 Δx_1，Δx_2，…，Δx_n 的扰动运动方程:

$$
\begin{aligned}
f_0 \frac{\mathrm{d}\Delta x}{\mathrm{d}t} + \frac{\mathrm{d}x_0}{\mathrm{d}t} \left[\left(\frac{\partial f}{\partial x_1}\right)_0 \Delta x_1 + \left(\frac{\partial f}{\partial x_2}\right)_0 \Delta x_2 + \cdots + \left(\frac{\partial f}{\partial x_n}\right)_0 \Delta x_n \right] \\
= \left(\frac{\partial F}{\partial x_1}\right)_0 \Delta x_1 + \left(\frac{\partial F}{\partial x_2}\right)_0 \Delta x_2 + \cdots + \left(\frac{\partial F}{\partial x_n}\right)_0 \Delta x_n，\, i = 1，2，\cdots，n
\end{aligned}
\tag{3-67}
$$

该方程组为线性微分方程组，因为包含在方程中的新变量(增量 Δx_1，Δx_2，…，Δx_n)只是一阶的，并没有这些变量的乘积。因为假定未扰动运动是已知的，则在方程组 (3-67) 中方括号内的各项以及所有的 f_{i0} 都是时间 t 的已知函数。方程组(3-67)通常称为扰动运动方程组。当对形如式(3-59)的非线性微分方程组进行线性化时，利用式(3-67)较为方便。

3.5.2 空气动力和力矩表达式的线性化

首先，求空气动力和力矩增量，这些增量是对应于扰动飞行与未扰动飞行之间气动力和力矩的差值。这里将不考虑在扰动运动中高度增量 Δh 对空气动力和力矩增量的影响(因为它很小)。下面的推导都是针对气动面对称型的导弹[28]。

根据式(3-23)及式(3-65)得到迎面阻力、升力、侧向力和空气动力矩的偏量:

$$\Delta X = \left(\frac{\partial X}{\partial V}\right)_0 \Delta V + \left(\frac{\partial X}{\partial \alpha}\right)_0 \Delta \alpha + \left(\frac{\partial X}{\partial \beta}\right)_0 \Delta \beta \qquad (3-68)$$

$$\Delta Y = \left(\frac{\partial Y}{\partial V}\right)_0 \Delta V + (Y^{\alpha})_0 \Delta \alpha + (Y^{\delta_{\vartheta}})_0 \delta_{\vartheta} \qquad (3-69)$$

$$\Delta Z = \left(\frac{\partial Z}{\partial V}\right)_0 \Delta V + (Z^{\beta})_0 \Delta \beta + (Z^{\delta_{\psi}})_0 \delta_{\psi} \qquad (3-70)$$

$$\Delta M_{x_1} = \left(\frac{\partial M_{x_1}}{\partial V}\right)_0 \Delta V + (M_{x_1}^{\beta})_0 \Delta \beta + (M_{x_1}^{\omega_{x_1}})_0 \Delta \omega_{x_1} \qquad (3-71)$$
$$+ (M_{x_1}^{\omega_{y_1}})_0 \Delta \omega_{y_1} + (M_{x_1}^{\delta_{\gamma}})_0 \Delta \delta_{\gamma} + (M_{x_1}^{\delta_{\psi}})_0 \Delta \delta_{\psi}$$

$$\Delta M_{y_1} = \left(\frac{\partial M_{y_1}}{\partial V}\right)_0 \Delta V + (M_{y_1}^{\beta})_0 \Delta \beta + (M_{y_1}^{\omega_{y_1}})_0 \Delta \omega_{y_1} \qquad (3-72)$$
$$+ (M_{y_1}^{\omega_{x_1}})_0 \Delta \omega_{x_1} + (M_{y_1}^{\dot{\beta}})_0 \Delta \dot{\beta} + (M_{x_1}^{\delta_{\psi}})_0 \Delta \delta_{\psi}$$

$$\Delta M_{z_1} = \left(\frac{\partial M_{z_1}}{\partial V}\right)_0 \Delta V + (M_{z_1}^{\alpha})_0 \Delta \alpha + (M_{z_1}^{\omega_{z_1}})_0 \Delta \omega_{z_1} + (M_{z_1}^{\dot{\alpha}})_0 \Delta \dot{\alpha} + (M_{z_1}^{\delta_{\vartheta}})_0 \Delta \delta_{\vartheta}$$
$$(3-73)$$

式中,偏导数 $(\partial X/\partial V)_0$,$(\partial X/\partial \alpha)_0$,$\cdots$,$(\partial M_z/\partial V)_0$ 的数值都由未扰动运动参数确定。利用式(3-65),这些偏导数表达式可写为

$$\begin{cases} \left(\dfrac{\partial X}{\partial V}\right)_0 = \left(\dfrac{\partial X_0}{\partial V}\right)_0 + \left(\dfrac{\partial X^{\alpha^2}}{\partial V}\right)_0 \alpha_0^2 + \left(\dfrac{\partial X^{\beta^2}}{\partial V}\right)_0 \beta_0^2 \\[3mm] \left(\dfrac{\partial X}{\partial \alpha}\right)_0 = 2(X^{\alpha^2})_0 \alpha_0 \\[3mm] \left(\dfrac{\partial X}{\partial \beta}\right)_0 = 2(X^{\beta^2})_0 \beta_0 \end{cases} \qquad (3-74)$$

其他的偏导数类似可得。形如式(3-67)的导数表达式在小扰动假设下的线性化以后的运动方程简化时要用到,但是在进行计算时不一定非按此式。具体计算这些导数,例如 $(\partial X/\partial V)_0$,常用的是

$$\left(\frac{\partial X}{\partial V}\right)_0 = \left(\frac{\partial}{\partial V} c_x \frac{1}{2}\rho V^2 S\right)_0 = \left(c_x \rho V S + \frac{\partial c_x}{\partial Ma}\frac{\partial Ma}{\partial V}\frac{\rho V^2}{2}S\right)_0 \qquad (3-75)$$
$$= X_0\left(\frac{2}{V} + \frac{1}{C}\frac{1}{c_x}\frac{\partial c_x}{\partial Ma}\right)_0$$

除了对空气动力和力矩表达式进行线性化外,还要对发动机推力表达式进行线性化。空气喷气式发动机的推力是飞行高度和速度的函数,即 $P = P(h, V)$。而固体火箭发动机

的推力大小与飞行速度及导弹其他运动参数无关,仅与飞行高度有关,因此对发动机推力不难进行线性化。

3.5.3　小扰动假设下的线性化

方程式(3－37)、式(3－38)、式(3－49)、式(3－56)和导弹质量 $m(t)$ 变化方程共 13 个微分方程,加上 3 个角度关系方程式(3－57),共 16 个方程,未知函数为: $V(t)$, $\theta(t)$, $\psi_V(t)$, $\alpha(t)$, $\beta(t)$, $\gamma_V(t)$, $\omega_{x_1}(t)$, $\omega_{y_1}(t)$, $\omega_{z_1}(t)$, $\vartheta(t)$, $\psi(t)$, $\gamma(t)$, $x(t)$, $y(t)$, $z(t)$, $m(t)$ 共 16 个,故有唯一解。解得 $x(t)$ 、$y(t)$ 、$z(t)$,可决定导弹质心轨迹,求得各姿态角可决定导弹在空间每一瞬时的姿态。由方程式形式可知,这是一个非线性微分方程组。对它们联立求解是异常冗繁的,只能借助于计算机求解。根据 3.5.1 节的分析,针对我们的研究目的,只需讨论其对应扰动方程[28]。

为了使线性化后的扰动运动方程比较简单,对未扰动运动作如下假设:

(1)未扰运动中侧向运动学参数 ψ_{V0} 、ψ_0 、β_0 、γ_{V0} 、γ_0 、$\omega_{x_{10}}$ 、$\omega_{y_{10}}$ 和侧向操纵机构偏转角 $\delta_{\psi 0}$ 、$\delta_{\gamma 0}$,以及纵向参数对时间的导数 $\omega_{z_{10}} \approx \dot{\vartheta}_0$ 、$\dot{\alpha}_0$ 、$\dot{\delta}_{\vartheta 0}$ 、$\dot{\theta}_0$ 均很小,因此可以略去它们之间的乘积以及这些参数与其小量的乘积。还假定在未扰动飞行中,偏导数 $X^\beta = (\partial X/\partial \beta)_0$ 为一小量;

(2)不考虑弹体的结构参数偏量 Δm 、ΔJ_{x_1} 、ΔJ_{y_1} 、ΔJ_{z_1} ,大气压强偏差 ΔP 、大气密度的偏量 $\Delta \rho$ 和坐标偏量 Δh 对扰动运动的影响。因为在扰动运动过程中,这些影响是很小的。这样,参数 m 、J_{x_1} 、J_{y_1} 在扰动运动中与未扰动运动中的数值一样,也是时间的已知函数。

根据上述假设,利用微分方程线性化的方法和气动力与力矩线性化的结果,就可以对方程组(3－49)、方程组(3－56)进行线性化。

第一个方程为

$$m \frac{\mathrm{d}V}{\mathrm{d}t} = P\cos\alpha\cos\beta - X - mg\sin\theta$$

式中变化的参量有 V 、α 、β 和 θ 。与方程组(3－59)相比较, m 相当于 f_i , V 相当于 x_i ,而 $P\cos\alpha\cos\beta - X - mg\sin\theta$ 相当于 F_i 。根据公式(3－67)则可得到:

$$m_0 \frac{\mathrm{d}\Delta V}{\mathrm{d}t} = \left[\left(\frac{\partial P}{\partial V}\right)_0 \cos\alpha_0\cos\beta_0 - \left(\frac{\partial X}{\partial V}\right)_0\right]\Delta V + \left[-P_0\sin\alpha_0\cos\beta_0 - \left(\frac{\partial X}{\partial \alpha}\right)_0\right]\Delta\alpha$$

$$+ \left[-P_0\cos\alpha_0\sin\beta_0 - \left(\frac{\partial X}{\partial \beta}\right)_0\right]\Delta\beta + (-mg\cos\theta_0)\Delta\theta \tag{3-76}$$

式中,导数值 $(\partial P/\partial V)_0$ 、$(\partial X/\partial V)_0$ 、$(\partial X/\partial \alpha)_0$ 、$(\partial X/\partial \beta)_0$ 是对应于未扰动运动的数值。利用偏导数的简略表示方法,并略去脚注"0",则

$$\left(\frac{\partial P}{\partial V}\right)_0 = P^V, \quad \left(\frac{\partial X}{\partial V}\right)_0 = X^V, \quad \left(\frac{\partial X}{\partial \alpha}\right)_0 = X^\alpha, \quad \left(\frac{\partial X}{\partial \beta}\right)_0 = X^\beta$$

这样,方程(3-76)可写成下面的形式:

$$\frac{m \mathrm{d} \Delta V}{\mathrm{d} t} = (P^V \cos \alpha \cos \beta - X^V) \Delta V - (P \sin \alpha \cos \beta + X^\alpha) \Delta \alpha \quad (3-77)$$

$$- (P \cos \alpha \sin \beta + X^\beta) \Delta \beta - (mg \cos \theta) \Delta \theta$$

假设侧向参数是小量,因此,在式(3-77)中,

$$P \cos \alpha \sin \beta \Delta \beta \approx P \cos \alpha (\beta \Delta \beta)$$

$$X^\beta \Delta \beta = 2 X^{\beta^2} (\beta \Delta \beta)$$

以上两式都包含着小量的乘积。若去掉式(3-77)中二阶小量各项,并且角度的正弦和余弦用近似表示,即

$$\sin \alpha \approx \alpha, \ \sin \beta \approx \beta, \ \cos \alpha \approx \cos \beta \approx 1$$

则最后得到:

$$m \frac{\mathrm{d} \Delta V}{\mathrm{d} t} = (P^V - X^V) \Delta V - (P \alpha + X^\alpha) \Delta \alpha - mg \cos \theta \Delta \theta \quad (3-78)$$

式(3-78)的物理意义是:右边第一项是由于速度偏量 ΔV(同一时刻扰动运动速度相对未扰动运动速度)引起的 Ox_2 方向力的偏量;第二项是由于攻角偏量 $\Delta \alpha$ 引起的 Ox_2 方向力的偏量;第三项是由于弹道倾角偏量 $\Delta \theta$ 引起的 Ox_2 方向力的偏量;由其他参数的偏量引起的 Ox_2 方向力的偏量很小而被忽略。左边 $\mathrm{d} \Delta V / \mathrm{d} t$ 在同一时刻 t 可表示为 $\mathrm{d} \Delta V / \mathrm{d} t = \Delta (\mathrm{d} V / \mathrm{d} t)$,表示由于 Ox_2 方向力的偏量引起的加速度偏量。

第二个方程为

$$mV \frac{\mathrm{d} \theta}{\mathrm{d} t} = P(\sin \alpha \cos \gamma_V + \cos \alpha \sin \beta \sin \gamma_V) \quad (3-79)$$

$$+ Y \cos \gamma_V - Z \sin \gamma_V - mg \cos \theta$$

式中,参变量有 V、α、β、γ_V、θ、δ_ϑ 和 δ_ψ,仍然与方程组(3-59)比较,mV 相当于 f_i,θ 相当于 x_i,$P(\sin \alpha \cos \gamma_V + \cos \alpha \sin \beta \sin \gamma_V) + Y \cos \gamma_V - Z \sin \gamma_V - mg \cos \theta$ 相当于 F_i,根据公式(3-67),则得到:

$$mV \frac{\mathrm{d} \Delta \theta}{\mathrm{d} t} = \left[P^V (\sin \alpha \cos \gamma_V + \cos \alpha \sin \beta \sin \gamma_V) + Y^V \cos \gamma_V - Z^V \sin \gamma_V - m \frac{\mathrm{d} \theta}{\mathrm{d} t} \right] \Delta V$$

$$+ \left[P(\cos \alpha \cos \gamma_V - \sin \alpha \sin \beta \sin \gamma_V) + Y^\alpha \cos \gamma_V \right] \Delta \alpha + (P \cos \alpha \cos \beta \sin \gamma_V$$

$$- Z^\beta \sin \gamma_V) \Delta \beta + (G \sin \theta) \Delta \theta + \left[P(- \sin \alpha \sin \gamma_V + \cos \alpha \sin \beta \cos \gamma_V) \right.$$

$$\left. - Y \sin \gamma_V - Z \cos \gamma_V \right] \Delta \gamma_V + (Y^{\delta_\vartheta} \cos \gamma_V) \Delta \delta_\vartheta - (Z^{\delta_\psi} \sin \gamma_V) \Delta \delta_\psi$$

$$(3-80)$$

　　根据假设,导数 $\mathrm{d}\theta/\mathrm{d}t$ 是小量, $m(\mathrm{d}\theta/\mathrm{d}t)\Delta V$ 是二阶小量, $Z\cos\gamma_V\Delta\gamma_V$ 也是二阶小量 $[$ 因为 $Z\Delta\gamma_V = Z^\beta(\beta\Delta\gamma_V) + Z^{\delta_\psi}(\delta_\psi\Delta\gamma_V)]$ 。此外,所有包含 $\sin\gamma_V$ 或 $\sin\beta$ 的各项,例如 $\sin\gamma_V\Delta\delta_\psi$ 、 $\sin\beta\Delta\gamma_V$ 都是高于一阶的小量。并认为 $\cos\gamma_V \approx 1$,则最后得到:

$$mV\frac{\mathrm{d}\Delta\theta}{\mathrm{d}t} = (P^V\alpha + Y^V)\Delta V + (P + X^\alpha)\Delta\alpha + G\sin\theta\Delta\theta + Y^{\delta_\vartheta}\Delta\delta_\vartheta \qquad (3-81)$$

第三个方程为

$$-mV\cos\theta\frac{\mathrm{d}\psi_V}{\mathrm{d}t} = P(\sin\alpha\sin\gamma_V - \cos\alpha\sin\beta\cos\gamma_V) + Y\sin\gamma_V + Z\cos\gamma_V$$

$$(3-82)$$

经过线性化后具有下列形式:

$$-mV\cos\theta\frac{\mathrm{d}\psi_V}{\mathrm{d}t} = (-P + Z^\beta)\Delta\beta + (P\alpha + Y)\Delta\gamma_V + Z^{\delta_\psi}\Delta\delta_\psi \qquad (3-83)$$

式中,去掉了包括小量乘积的各项,即 $(\mathrm{d}\psi_V/\mathrm{d}t)\Delta V$ 、 $(\mathrm{d}\psi_V/\mathrm{d}t)\Delta\theta$ 、 $\beta\Delta V$ 、 $\delta_\psi\Delta V$ 以及包含 $\sin\beta$ 或 $\sin\gamma_V$ 的二阶小量。

　　第四个方程为

$$J_{x_1}\frac{\mathrm{d}\omega_{x_1}}{\mathrm{d}t} = M_{x_1} - (J_{z_1} - J_{y_1})\omega_{y_1}\omega_{z_1} \qquad (3-84)$$

式中,变化的参量有 V 、 ω_{x_1} 、 ω_{y_1} 、 ω_{z_1} 、 δ_γ 、 β 和 δ_ψ ,比较方程组(3-59), J_{x_1} 相当于 f_i , ω_{x_1} 相当于 x_i ,而 $M_{x_1} - (J_{z_1} - J_{y_1})\omega_{y_1}\omega_{z_1}$ 相当于 F_i 。根据公式(3-67)进行线性化,则得到:

$$J_{x_1}\frac{\mathrm{d}\Delta\omega_{x_1}}{\mathrm{d}t} = M_{x_1}^V\Delta V + M_{x_1}^\beta\Delta\beta + M_{x_1}^{\omega_{x_1}}\Delta\omega_{x_1} + [M_{x_1}^{\omega_{y_1}} - (J_{z_1} - J_{y_1})\omega_{z_1}]\Delta\omega_{y_1} \qquad (3-85)$$
$$+ [-(J_{z_1} - J_{y_1})\omega_{y_1}]\Delta\omega_{z_1} + M_{x_1}^{\delta_\gamma}\Delta\delta_\gamma + M_{x_1}^{\delta_\psi}\Delta\delta_\psi$$

　　略去 $(\partial M_{x_1}/\partial V)_0$ 中包含 $\beta\Delta V$ 、 $\omega_{x_1}\Delta V$ 、 $\omega_{y_1}\Delta V$ 、 $\delta_\gamma\Delta V$ 、 $\delta_\psi\Delta V$ 、 $\omega_{z_1}\Delta\omega_{y_1}$ 、 $\omega_{y_1}\Delta\omega_{z_1}$ 小量的各项,此外,认为 $(\partial M_{x_{10}}/\partial V)_0$ 也是小量。于是可得到:

$$J_{x_1}\frac{\mathrm{d}\Delta\omega_{x_1}}{\mathrm{d}t} = M_{x_1}^\beta\Delta\beta + M_{x_1}^{\omega_{x_1}}\Delta\omega_{x_1} + M_{x_1}^{\omega_{y_1}}\Delta\omega_{y_1} + M_{x_1}^{\delta_\gamma}\Delta\delta_\gamma + M_{x_1}^{\delta_\psi}\Delta\delta_\psi \qquad (3-86)$$

第五个方程为

$$J_{y_1}\frac{\mathrm{d}\omega_{y_1}}{\mathrm{d}t} = M_{y_1} - (J_{x_1} - J_{z_1})\omega_{x_1}\omega_{z_1} \qquad (3-87)$$

　　经过线性化后,并略去 $M_{y_1}^V\Delta V$ 中包含有小量参数 β_0 、 $\omega_{x_{10}}$ 、 $\omega_{y_{10}}$ 、 $\dot{\beta}_0$ 、 δ_{ψ_0} 与小偏量 ΔV

的乘积各项以及 $\omega_{z_1}\Delta\omega_{x_1}$、$\omega_{x_1}\Delta\omega_{z_1}$ 项,于是得到:

$$J_{y_1}\frac{\mathrm{d}\Delta\omega_{y_1}}{\mathrm{d}t} = M_{y_1}^{\beta}\Delta\beta + M_{y_1}^{\omega_{x_1}}\Delta\omega_{x_1} + M_{y_1}^{\omega_{y_1}}\Delta\omega_{y_1} + M_{y_1}^{\dot{\beta}}\Delta\dot{\beta} + M_{y_1}^{\delta_{\psi}}\Delta\delta_{\psi} \qquad (3-88)$$

第六个方程为

$$J_{z_1}\frac{\mathrm{d}\omega_{z_1}}{\mathrm{d}t} = M_{z_1} - (J_{y_1} - J_{x_1})\omega_{y_1}\omega_{x_1}$$

经过线性化后,并略去 $M_z^V\Delta V$ 中 $\omega_{z_0}\Delta V$、$\dot{\alpha}_0\Delta V$ 项和 $\omega_x\Delta\omega_y$、$\omega_y\Delta\omega_x$ 项,于是得到:

$$J_{z_1}\frac{\mathrm{d}\Delta\omega_{z_1}}{\mathrm{d}t} = M_{z_1}^V\Delta V + M_{z_1}^{\alpha}\Delta\alpha + M_{z_1}^{\omega_{z_1}}\Delta\omega_{z_1} + M_{z_1}^{\dot{\alpha}}\Delta\dot{\alpha} + M_{z_1}^{\delta_{\vartheta}}\Delta\delta_{\vartheta} \qquad (3-89)$$

式中,$M_{z_1}^V\Delta V = \left[\left(\dfrac{\partial M_z}{\partial V}\right)_0 + \left(\dfrac{\partial M_z^{\alpha}}{\partial V}\right)_0\alpha_0 + \left(\dfrac{\partial M_z^{\delta_{\vartheta}}}{\partial V}\right)_0\delta_{\vartheta_0}\right]\Delta V$。

引入小扰动假定,忽略二阶以上微量,以及气动力、气动力矩的次要因素,使方程实现线性化,并去掉与其他方程无关、可独立求解的方程式,则得下面三维空间的扰动方程组:

$$m\frac{\mathrm{d}\Delta V}{\mathrm{d}t} = (P^V - X^V)\Delta V - (P\alpha + X^{\alpha})\Delta\alpha - G\cos\theta\Delta\theta$$

$$mV\frac{\mathrm{d}\Delta\theta}{\mathrm{d}t} = (P^V\alpha - Y^V)\Delta V + (P + Y^{\alpha})\Delta\alpha + G\sin\theta\Delta\theta + Y^{\delta_{\vartheta}}\Delta\delta_{\vartheta}$$

$$-mV\cos\theta\frac{\mathrm{d}\Delta\psi_V}{\mathrm{d}t} = (-P + Z^{\beta})\Delta\beta + (P\alpha + Y)\Delta\gamma_V + Z^{\delta_{\psi}}\Delta\delta_{\psi}$$

$$J_{x_1}\frac{\mathrm{d}\Delta\omega_{x_1}}{\mathrm{d}t} = M_{x_1}^{\beta}\Delta\beta + M_{x_1}^{\omega_{x_1}}\Delta\omega_{x_1} + M_{x_1}^{\omega_{y_1}}\Delta\omega_{y_1} + M_{x_1}^{\delta_{\gamma}}\Delta\delta_{\gamma} + M_{x_1}^{\delta_{\psi}}\Delta\delta_{\psi}$$

$$J_{y_1}\frac{\mathrm{d}\Delta\omega_{y_1}}{\mathrm{d}t} = M_{y_1}^{\beta}\Delta\beta + M_{y_1}^{\omega_{x_1}}\Delta\omega_{x_1} + M_{y_1}^{\omega_{y_1}}\Delta\omega_{y_1} + M_{y_1}^{\dot{\beta}}\Delta\dot{\beta} + M_{y_1}^{\delta_{\psi}}\Delta\delta_{\psi} \qquad (3-90)$$

$$J_{z_1}\frac{\mathrm{d}\Delta\omega_{z_1}}{\mathrm{d}t} = M_{z_1}^V\Delta V + M_{z_1}^{\alpha}\Delta\alpha + M_{z_1}^{\omega_{z_1}}\Delta\omega_{z_1} + M_{z_1}^{\dot{\alpha}}\Delta\dot{\alpha} + M_{z_1}^{\delta_{\vartheta}}\Delta\delta_{\vartheta}$$

$$\frac{\mathrm{d}\Delta\psi}{\mathrm{d}t} = \frac{1}{\cos\vartheta}\Delta\omega_{y_1} \qquad \frac{\mathrm{d}\Delta\vartheta}{\mathrm{d}t} = \Delta\omega_{z_1}$$

$$\frac{\mathrm{d}\Delta\gamma}{\mathrm{d}t} = \Delta\omega_{x_1} - \tan\vartheta\Delta\omega_{y_1} \qquad \Delta\theta = \Delta\vartheta - \Delta\alpha$$

$$\Delta\psi_V = \Delta\psi + \frac{\alpha}{\cos\theta}\Delta\gamma - \frac{1}{\cos\theta}\Delta\beta \qquad \Delta\gamma_V = \tan\theta\Delta\beta + \frac{\cos\psi}{\cos\theta}\Delta\gamma$$

式中,P^V 表示 $\partial P/\partial V$,其他类推;δ_{ϑ}、δ_{ψ}、δ_{γ} 分别为俯仰舵、偏航舵、滚转舵;m、θ、α、ϑ 为未知扰动参量,它们是时间的函数。

对于基本未知参数 ΔV,$\Delta\alpha$,$\Delta\vartheta$,$\cdots$ 等而论,方程式(3-90)为线性微分方程组,这

是研究小扰动运动方程的结果。

这组线性化后的方程组,各通道是互相耦合的。描述滚转运动的方程中含有侧向运动的参数,同样描述侧向运动的方程中含有滚转运动的参数,所以各通道仍是相互耦合的。

上述线性化后的方程组中,未知数的系数 m、V、J_{x_1},… 等为时间的函数,故式(3-90)为变系数线性微分方程。如果应用固化系数法,选择弹道中有代表性的特性点(也称特征秒)进行研究,在选定的特征点附近,在扰动过程中认为这些参量可由弹道计算的结果直接取得,这样,方程式(3-90)可变为常系数线性微分方程组。

3.5.4　理想滚转稳定下的通道分离

若导弹为轴对称导弹,滚转运动参量与纵向运动参量相比为微小量,则三维运动方程可分解为[22]

$$
\begin{aligned}
\frac{\mathrm{d}\Delta V}{\mathrm{d}t} &= \frac{P^V - X^V}{m}\Delta V - \frac{P\alpha + X^\alpha}{m}\Delta\alpha - G\cos\theta\Delta\theta \\
\frac{\mathrm{d}\theta}{\mathrm{d}t} &= \frac{P^V\alpha + Y^V}{mV}\Delta V + \frac{P + Y^\alpha}{mV}\Delta\alpha + \frac{g\sin\theta}{V}\Delta\theta + \frac{Y^{\delta_\vartheta}}{mV}\Delta\delta_\vartheta \\
\frac{\mathrm{d}\omega_{z_1}}{\mathrm{d}t} &= \frac{M_{z_1}^V}{J_{z_1}}\Delta V + \frac{M_{z_1}^\alpha}{J_{z_1}}\Delta\alpha + \frac{M_{z_1}^{\omega_1}}{J_{z_1}}\Delta\omega_{z_1} + \frac{M_{z_1}^{\dot\alpha}}{J_{z_1}}\Delta\dot\alpha + \frac{M_{z_1}^{\delta_\vartheta}}{J_{z_1}}\Delta\delta_\vartheta \\
\frac{\mathrm{d}\Delta\vartheta}{\mathrm{d}t} &= \Delta\omega_{z_1} \\
\Delta\theta &= \Delta\vartheta - \Delta\alpha
\end{aligned}
\tag{3-91}
$$

式中,g 为重力加速度。

当研究的区间只限于短周期时,这样有 $\Delta V = 0$,并将式(3-91)中的第四个方程代入第三个方程,去掉描述 ΔV 变化的第一个方程,省去方程中的"Δ"符号,得

$$
\begin{aligned}
\ddot\vartheta + a_1\dot\vartheta + a_1'\dot\alpha + a_2\alpha + a_3\delta_\vartheta &= 0 \\
\dot\theta + a_4'\theta - a_4\alpha - a_5\delta_\vartheta &= 0 \\
\vartheta - \theta - \alpha &= 0
\end{aligned}
\tag{3-92}
$$

式中,$a_1 = -\dfrac{M_{z_1}^{\omega_1}}{J_{z_1}}$,$a_1' = -\dfrac{M_{z_1}^{\dot\alpha}}{J_{z_1}}$,$a_2 = -\dfrac{M_{z_1}^\alpha}{J_{z_1}}$,$a_3 = -\dfrac{M_{z_1}^{\delta_\vartheta}}{J_{z_1}}$,$a_4 = \dfrac{P + Y^\alpha}{mV}$,$a_4' = -\dfrac{g}{V}\sin\theta$,$a_5 = \dfrac{Y^{\delta_\vartheta}}{mV}$,其中 V 为未扰动时的速度稳定值。上面的系数 a_i 称为动力系数,它们代表着导弹弹体的动态性能。方程式(3-92)为短周期纵向扰动运动方程组,未知变量为 ϑ、θ、α。三个未知量三个方程可得唯一解。式(3-92)中 a_4' 绝对值小于等于 g/V,在 V 较大时 a_4' 与

a_4 相比为小量,故可忽略。a_1' 表示气流下洗延迟对弹体转动的影响,其值远比 a_1 和 a_2 小得多,故可忽略。这样可得到更加简化的纵向短周期扰动运动方程组:

$$\ddot{\vartheta} + a_1\dot{\vartheta} + a_2\alpha + a_3\delta_\vartheta = 0$$
$$\dot{\theta} = a_4\alpha + a_5\delta_\vartheta \qquad\qquad (3-93)$$
$$\vartheta = \theta + \alpha$$

式中,a_1 为空气动力阻力系数;a_2 为静稳定系数;a_3 为舵效率系数;a_4 表示导弹在空气动力和推力法向分量作用下的转弯速率;a_5 为舵偏角引起的升力系数。此方程组是控制系统设计中经常采用的形式。

同理,可得滚转运动的扰动运动方程:

$$\frac{\mathrm{d}^2\gamma}{\mathrm{d}t^2} + c_1\frac{\mathrm{d}\gamma}{\mathrm{d}t} = -c_3\delta_\gamma - c_2\beta - c_4\delta_\psi \qquad\qquad (3-94)$$

式中,c_i 为滚转通道动力系数,$i = 1, 2, 3, 4$,$c_1 = -\dfrac{M_{x_1}^{\omega_{x_1}}}{J_{x_1}}$,$c_2 = -\dfrac{M_{x_1}^{\beta}}{J_{x_1}}$,$c_3 = -\dfrac{M_{x_1}^{\delta_\gamma}}{J_{x_1}}$,$c_4 = -\dfrac{M_{x_1}^{\delta_\psi}}{J_{x_1}}$。

需要说明的是,上述简化方法是粗糙的、近似的、有条件的,在大空域、大机动、大攻角之下是不能用的。

3.5.5　导弹弹体运动的传递函数

为了使弹体能作为一个环节进行动态特性分析,需要求出以操纵机构偏转(气动舵面偏转或推力矢量方向改变)为输入,姿态运动参数为输出的传递函数。这需要在对导弹运动模型进行小扰动假定条件下的线性化和系数固化的基础上,将扰动运动方程进行拉普拉斯变换。由于所建立的扰动运动方程没有考虑弹体的弹性特性,只考虑了弹体的刚体运动特性,故所求得的传递函数是刚体运动传递函数[22]。

1. 弹体侧向运动传递函数

对轴对称导弹在理想滚转稳定条件下可进行通道分离,将弹体的三维运动方程可分解为三个通道的运动微分方程,根据这些方程可分别求出三个通道的传递函数。对轴对称导弹,俯仰运动与偏航运动的气动参数是一致的,这里以俯仰通道为例推导传递函数[31]。

将短周期纵向运动弹体的刚体运动方程式(3-92),在零初始条件下进行拉普拉斯变换得

$$s^2\vartheta + sa_1\vartheta + sa_1'\alpha + a_2\alpha + a_3\delta_\vartheta = 0$$
$$s\theta + a_4'\theta = a_4\alpha + a_5\delta_\vartheta \qquad\qquad (3-95)$$
$$\vartheta = \theta + \alpha$$

整理后得

$$s(s + a_1)\vartheta + (a_1's + a_2)\alpha = -a_3\delta_\vartheta$$
$$-a_4\alpha + (s + a_4')\theta = a_5\delta_\vartheta \tag{3-96}$$
$$\vartheta - \alpha - \theta = 0$$

由克拉默法则可对 ϑ、α、θ 求解：

$$\vartheta(s) = \frac{\Delta_\vartheta}{\Delta}, \ \alpha(s) = \frac{\Delta_\alpha}{\Delta}, \ \theta(s) = \frac{\Delta_\theta}{\Delta} \tag{3-97}$$

式中，Δ 为方程组的特征行列式：

$$\Delta = \begin{vmatrix} s(s + a_1) & a_1's + a_2 & 0 \\ 0 & -a_4 & s + a_4' \\ 1 & -1 & -1 \end{vmatrix} \tag{3-98}$$

Δ_ϑ、Δ_α、Δ_θ 为相应的伴随行列式，则有如下表达式：

$$\Delta_\vartheta = \begin{vmatrix} -a_3\delta_\vartheta & a_1's + a_2 & 0 \\ a_5\delta_\vartheta & -a_4 & s + a_4' \\ 0 & -1 & -1 \end{vmatrix} = \begin{vmatrix} -a_3 & a_1's + a_2 & 0 \\ a_5 & -a_4 & s + a_4' \\ 0 & -1 & -1 \end{vmatrix} \cdot \delta_\vartheta \tag{3-99}$$

根据上述分析，Δ_α、Δ_θ 可类似求得。

将所求的行列式代入式(3-97)可得传递函数：

$$G_{\delta_\vartheta}^\vartheta(s) = \frac{\vartheta(s)}{\delta_\vartheta(s)} = -\frac{(a_3 - a_1'a_5)s + a_3(a_4 + a_4') - a_2a_5}{s^3 + c_1s^2 + c_2s + c_3}$$

$$G_{\delta_\vartheta}^\theta(s) = \frac{\theta(s)}{\delta_\vartheta(s)} = -\frac{-a_5s^2 - a_5(a_1 + a_1')s + a_3a_4 - a_2a_5}{s^3 + c_1s^2 + c_2s + c_3} \tag{3-100}$$

$$G_{\delta_\vartheta}^\alpha(s) = \frac{\alpha(s)}{\delta_\vartheta(s)} = -\frac{a_5s^2 + (a_3 + a_1a_5)s + a_3a_4'}{s^3 + c_1s^2 + c_2s + c_3}$$

其中，

$$c_1 = a_1 + a_4 + a_4' + a_1'$$
$$c_2 = a_2 + a_1(a_4 + a_4') + a_1'a_4'$$
$$c_3 = a_2a_4'$$

式中，$G_{\delta_\vartheta}^\vartheta(s)$，$G_{\delta_\vartheta}^\theta(s)$，$G_{\delta_\vartheta}^\alpha(s)$ 分别表示输入为舵偏角、输出为俯仰角的传递函数，输入为舵偏角、输出为弹道倾角的传递函数，输入为舵偏角、输出为攻角的传递函数。式(3-100)中各传递函数表示中的分母均为相同的三次多项式，其根在一般情况下为一个实根和一对共轭复根，故有

$$s^3 + c_1 s^2 + c_2 s + c_3 = (s - \lambda_1)(s^2 + B_1 s + B_2) \tag{3-101}$$

由扰动理论知,具有共轭复根的二次式代表振动运动。它可写成如下标准形式:

$$s^2 + 2\xi_D \omega_D s + \omega_D^2 \tag{3-102}$$

对于静稳定的弹体,其扰动运动是稳定的,则必存在 $B_1 > 0$, $B_2 > 0$。故可令 $B_2 = \omega_D^2$,式中 ω_D 为刚体扰动运动的固有频率,ξ_D 为刚体运动阻尼系数。由二次多项式的性质可知,若存在共轭复根,必有 $\xi_D < 1$。故将式(3-101)、式(3-102)代入式(3-100)第一式,并分子分母同除以 ω_D^2,同时引入时间常数 T_D,$T_D = 1/\omega_D$,则有

$$
\begin{aligned}
G_{\delta_\vartheta}^\vartheta(s) &= \frac{K_D(1 + T_{1D}s)}{(s - \lambda_1)(T_D^2 s^2 + 2\xi_D T_D s + 1)} \\
&= \frac{K_D}{(T_D^2 s^2 + 2\xi_D T_D s + 1)} \cdot \frac{1}{(s - \lambda_1)} \cdot (1 + T_{1D}s)
\end{aligned} \tag{3-103}
$$

式中,$T_{1D} = \dfrac{a_3 - a_1' a_5}{K_D \omega_D^2}$; $K_D = -\dfrac{a_3(a_4 + a_4') - a_2 a_5}{\omega_D^2}$。

若忽略 a_1' 与 a_4'(a_1' 表示气流下洗延迟对弹体运动的影响,其值远比 a_1、a_2 小得多,a_4' 绝对值小于等于 g/V,在弹速 V 较大时,a_4' 与 a_4 相比为小量,故 a_1' 与 a_4' 可忽略),这时有 $c_3 = 0$,则可求出控制系统动态特性分析时常采用的表达式(在第 5 章中会看到,这个表达式给分析带来很大的方便)。

$$G_{\delta_\vartheta}^\vartheta(s) = \frac{K_D(T_{1D}s + 1)}{s(T_D^2 s^2 + 2\xi_D T_D s + 1)} \tag{3-104}$$

同理可得

$$G_{\delta_\vartheta}^\theta(s) = \frac{K_D\left[1 - T_{1D}\dfrac{a_5}{a_3}s(s + a_1)\right]}{s(T_D^2 s^2 + 2\xi_D T_D s + 1)} \tag{3-105}$$

$$G_{\delta_\vartheta}^\alpha(s) = \frac{K_D T_{1D}\left[1 + \dfrac{a_5}{a_3}(s + a_1)\right]}{T_D^2 s^2 + 2\xi_D T_D s + 1} \tag{3-106}$$

对于有翼导弹,舵面升力相对翼面升力为小量,这时 $a_5 \approx 0$,这样式(3-105)与式(3-106)可以进一步简化为

$$G_{\delta_\vartheta}^\theta(s) = \frac{K_D}{s(T_D^2 s^2 + 2\xi_D T_D s + 1)} \tag{3-107}$$

$$G_{\delta_\vartheta}^\alpha(s) = \frac{K_D T_{1D}}{T_D^2 s^2 + 2\xi_D T_D s + 1} \tag{3-108}$$

在 $a_5 \approx 0$ 的条件下,传递函数各参数与原方程式(3-93)系数的关系为

$$K_D = -\frac{a_3 a_4}{a_2 + a_1 a_4}$$

$$T_{1D} = \frac{1}{a_4}$$

$$T_D = \frac{1}{\sqrt{a_2 + a_1 a_4}} \tag{3-109}$$

$$\xi_D = \frac{1}{2T_D} \cdot \frac{a_1 + a_4}{a_2 + a_1 a_4} = \frac{a_1 + a_4}{2\sqrt{a_2 + a_1 a_4}}$$

根据式(3-104)与式(3-107)不难推出输入为舵偏角、输出为俯仰角速度 $\dot\vartheta$ 的传递函数 $G_{\delta_\vartheta}^{\dot\vartheta}$,输入为舵偏角、输出为弹道倾角角速度 $\dot\theta$ 的传递函数 $G_{\delta_\vartheta}^{\dot\theta}$,输入为舵偏角、输出为法向过载 n_y 的传递函数 $G_{\delta_\vartheta}^{n_y}$。

$$G_{\delta_\vartheta}^{\dot\vartheta} = \frac{K_D(T_{1D}s + 1)}{T_D^2 s^2 + 2\xi_D T_D s + 1}$$

$$G_{\delta_\vartheta}^{\dot\theta} = \frac{K_D}{T_D^2 s^2 + 2\xi_D T_D s + 1} \tag{3-110}$$

$$G_{\delta_\vartheta}^{n_y} = \frac{V}{57.3g} \cdot \frac{K_D}{T_D^2 s^2 + 2\xi_D T_D s + 1}$$

2. 弹体滚转运动传递函数

在忽略小量 c_2 与 c_4 的条件下,滚转运动的扰动运动方程式(3-94)可写为[22]

$$\frac{\mathrm{d}^2\gamma}{\mathrm{d}t^2} + c_1 \frac{\mathrm{d}\gamma}{\mathrm{d}t} = -c_3\delta_\gamma \tag{3-111}$$

在零初始条件下对上式进行拉普拉斯变换得

$$s(s + c_1)\gamma(s) = -c_3\delta_\gamma(s) \tag{3-112}$$

则

$$G_{\delta_\gamma}^\gamma(s) = \frac{\gamma(s)}{\delta_\gamma(s)} = \frac{K_{DX}}{s(T_{DX}s + 1)}$$

式中,K_{DX} 为弹体滚转运动传递系数,$K_{DX} = -\dfrac{c_3}{c_1}$;$T_{DX}$ 为弹体滚转运动时间常数,

$T_{DX} = 1/c_1$。

以舵偏角为输入、滚转角速度为输出的传递函数为

$$G_{\delta_\gamma}^{\dot{\gamma}}(s) = \frac{\dot{\gamma}(s)}{\delta_\gamma(s)} = \frac{K_{DX}}{T_{DX}s + 1} \qquad (3-113)$$

思考题

（1）弹体的运动特性有哪些？

（2）弹体的运动一般可以通过哪些坐标系进行描述？各个坐标系之间的关系表示式是什么？

（3）导弹质心运动的运动学方程是相对于哪个坐标系建立的？导弹质心运动的动力学方程是相对于哪个坐标系建立的？

（4）弹体运动模型可以通过哪些方法进行简化？

（5）导弹速度坐标系与弹体坐标系之间的关系是什么？

（6）弹体运动传递函数的推导需要做哪些假设和简化？

（7）导弹的操纵性与机动性的关系是什么？操纵性和稳定性的关系是什么？

第4章
制导规律

4.1 制导原理

　　制导与控制系统的任务是保证导弹沿着理想弹道飞行,并最终击中目标或者以最小的脱靶量将目标截获。为了实现精确打击任务,制导与控制系统具有专门的设备产生指令信号,以控制导弹飞向目标。导弹攻击目标的飞行可分为初始段、中间段和末段 3 个阶段,导弹在不同的飞行阶段可以有不同的制导规律。

　　理论上讲导弹从发射点到命中目标的空间中,存在多条甚至无数条弹道能保证导弹与目标相遇。但实际上对每一种导弹在攻击目标的过程只选取一条在特定条件下的最佳弹道,由此可见导弹的弹道不是任意的,而是受到一些约束条件限制的。也就是说,导弹弹道有一定的规律,这个规律就是制导规律。具体地讲,制导规律是指引导导弹攻击目标时,导弹飞行弹道应遵循的规律。导弹制导与控制系统应保证导弹按制导规律确定的飞行弹道以允许的误差飞行时,能命中目标或以允许的误差截获目标。

　　从运动学的观点来看,制导规律能确定导弹飞行的理想弹道,所以选择导弹的制导规律就是选择理想弹道,即在制导与控制系统理想工作情况下导弹从发射点向目标运动过程中飞行的轨迹。理想弹道揭示了制导规律的特性,不同的制导规律,弹道的曲率不同,系统的动态误差不同,过载分布的特点及对导弹、目标速度比的要求不同。

　　制导规律的设计是制导武器实现精确制导的关键技术,其实现是借助于包含制导系统在内的有关仪器实现的。因而根据制导方式的不同,这些仪器可以放在导弹上或弹外的制导站。制导规律的选择依据是目标的运动特性、环境和制导设备的性能以及使用要求。对制导规律的选择有以下要求[22]:

　　(1) 保证制导系统有足够的准确度,不同发射条件下导弹接近目标时满足预定的理论弹道精度要求;

　　(2) 导弹的整个飞行弹道,特别是攻击区内,理想弹道曲率应尽量小,以保证所需要的导弹过载小;

　　(3) 保证飞行的稳定性,导弹的运动目标对目标运动参数的变化不敏感;

　　(4) 飞行时间尽可能短;

（5）制导设备尽可能简单,技术上容易实现。

制导设备根据瞬时导弹的实际位置与由制导规律确定的导弹理想位置间的偏差形成导引指令,去操控导弹飞行。为方便研究制导规律,先作如下假定:

（1）将导弹和目标视为几何质点;

（2）导弹和目标的速度认为是已知的;

（3）制导系统是理想的,即制导系统能保证导弹的运动在每一瞬间都符合制导规律的要求。

在导弹飞行过程中,制导规律决定导弹和目标或导弹、目标和制导站之间的运动学关系。常用的制导规律如图 4-1 所示,为了满足某些性能指标而引用优化理论得到的制导规律,可以看成是对某种制导规律的改进。

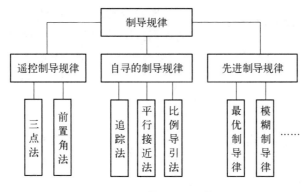

图 4-1　常用制导规律

4.2　遥控制导规律

4.2.1　导弹、制导站与目标之间的关系

遥控制导系统的基本组成包括三个主要部分,即制导站、导弹和目标。遥控制导的制导规律多属于位置导引,即对导弹在空间的运动位置给出特定的约束。位置导引中,制导规律的形式与遥控制导的特点密切相关。导弹位置在空间的变化与观测、跟踪和起导引作用的制导站位置,以及作为拦截对象的目标位置在空间的变化相关。位置导引的制导规律就是对这三者位置关系进行约束的准则[22]。

位置导引的主要特点是它所需要的设备一般均设置在制导站,形成制导规律所需要的观测信息较少。因此,就制导规律而言,制导站和弹上相应的设备均较简单,在一定射程范围内可获得较高的制导精度。缺点是射程受跟踪测量系统作用距离的限制,制导精度随射程的增加而降低,并易受干扰。

遥控制导系统中,制导站的测量装置(如雷达测角仪、红外测角仪等)在测量坐标系内确定导弹、目标间的运动学关系。为简化讨论,设导弹、目标在垂直平面内运动。如某瞬时导弹,目标分别位于 D、M 点,如图 $4-2$ 所示,由 $\triangle ODM$ 可得导弹、目标位置的几何关系为

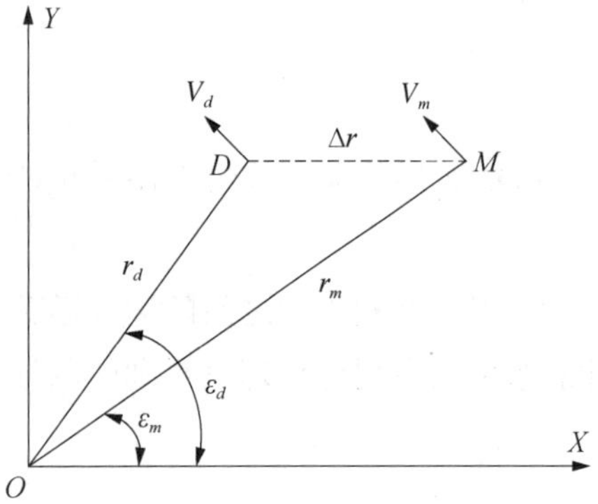

$$\frac{\Delta r}{\sin(\varepsilon_m - \varepsilon_d)} = a_\varepsilon \qquad (4-1)$$

式中,Δr 为目标与导弹的斜距差,r_m 为目标的斜距,r_d 为导弹的斜距,$\Delta r \approx r_m - r_d$;$a_\varepsilon$ 为垂直平面(即高低角平面)内人为指定的制导规律系数,其是时间的函数。

图 $4-2$ 瞬时导弹、目标的分位点

考虑观测跟踪设备对目标、导弹同时精确跟踪的视场范围不能太大,否则将减小导弹、目标相对运动的相关性,因此,一般取 $|\varepsilon_m - \varepsilon_d| < 5°$,于是,式($4-1$)近似为

$$\frac{\Delta r}{\varepsilon_m - \varepsilon_d} \approx a_\varepsilon \qquad (4-2a)$$

根据上述分析方法,可得方位角平面内导弹、目标运动的几何关系为

$$\frac{\Delta r}{\beta_m - \beta_d} \approx a_\beta \qquad (4-2b)$$

由式($4-2$)得

$$\begin{cases} \varepsilon_d = \varepsilon_m - A_\varepsilon \Delta r \\ \beta_d = \beta_m - A_\beta \Delta r \end{cases} \qquad (4-3)$$

式中,ε_m、β_m 分别为跟踪装置测得的目标高低角、方位角;ε_d、β_d 分别为导引方法要求的导弹高低角、方位角;A_ε、A_β 分别为由导引方法确定的高低角平面、方位角平面系数,是时间的函数,$A_\varepsilon = 1/a_\varepsilon$,$A_\beta = 1/a_\beta$。

式($4-3$)确定了每一时刻导弹、目标角坐标的关系,这称为遥控导引方程。因此,选定了导引系数后,导弹每一时刻的角位置便可以确定。

4.2.2 三点法

在制导过程中,使制导站、导弹、目标始终保持在一条直线上的制导规律称为三点法,所以又称目标重合法、目标覆盖法。由三点法的定义,令遥控导引方程式($4-3$)中的 $A_\varepsilon = A_\beta = 0$ 可得出其制导规律的表达式为[22]

$$\varepsilon_d = \varepsilon_m \qquad \beta_d = \beta_m$$

在各种制导规律当中,三点法用得比较早,这种方法的优点是技术实施比较简单,特别是在采用有线指令制导的条件下,抗干扰性能强。但按此方法制导,弹道曲率较大,目标机动带来的影响也比较严重。当目标横向机动时或迎头攻击目标时,导弹越接近目标,所需法向过载越大,弹道越弯曲,因为此时目标的角速度逐渐增大。这对于采用空气动力控制的导弹攻击高空目标很不利,其原因是随着高度的升高,空气密度迅速减小,舵效率降低,由空气动力提供的法向控制力也大大下降,导弹的可用过载就可能小于所需过载而导致脱靶。因此,三点法适用于攻击低速目标。

4.2.3　前置角法

由于采用三点法制导导弹时,弹道弯曲可能导致大的法向过载,因而要求导弹有较高的机动能力。为了解决该问题,可引入前置角来改进这种遥控制导规律,以减小导弹飞行过程中的过载要求。前置角法是指在制导过程中,导弹的速度矢量不是指向目标,而是指向目标运动前方某一位置点的制导方法。由此可见,前置角法要求导弹在与目标遭遇前的制导飞行过程中,任意瞬时均处于制导站和目标连线的一侧,直至与目标相遇。一般情况下,相对目标运动方向而言,导弹与制导站的连线应超前于目标与制导站连线某个角度[22]。

当导引方程式(4-3)中的导引系数为常数,但不为零时,由式(4-3)决定的制导规律称为常系数前置角法。它用于某些遥控导弹拦截高速目标的情况,因为适当地选择系数 A_ε、A_β,使导弹有一个初始前置角,其弹道比三点法要平直。

当导引系数 A_ε、A_β 为给定的不同时间函数时,可得到所谓的全前置角法和半前置角法。半前置角法是遥控导弹最常采用的一种制导规律。那么,当采用全前置角法和半前置角法时,A_ε、A_β 是一个什么样的函数呢?最理想的情况是选择合适的 A_ε、A_β,使得理想弹道为一条直线,但由于目标运动参数总是变化的,无论如何也达不到这一要求。为此,只提出在遭遇点附近理想弹道应平直的要求,即当 $\Delta r \to 0$ 时满足:

$$\dot{\varepsilon}_d = 0 \qquad \dot{\beta}_d = 0$$

将式(4-3)微分可得

$$\begin{cases} \dot{\varepsilon}_d = \dot{\varepsilon}_m - \dot{A}_\varepsilon \Delta r - A_\varepsilon \Delta \dot{r} \\ \dot{\beta}_d = \dot{\beta}_m - \dot{A}_\beta \Delta r - A_\beta \Delta \dot{r} \end{cases} \qquad (4-4)$$

由 $\Delta r \to 0$ 时,需满足 $\dot{\varepsilon}_d = \dot{\beta}_d = 0$ 这一约束条件,可得

$$\begin{cases} A_\varepsilon = \dfrac{\dot{\varepsilon}_m}{\Delta \dot{r}} \\ A_\beta = \dfrac{\dot{\beta}_m}{\Delta \dot{r}} \end{cases} \qquad (4-5)$$

为应用方便,将式(4-5)右边分别乘以系数 k_ε、k_β,k_ε、k_β 分别为高低方向和方位方向的前置系数,且令 $0 < k_\varepsilon \leq 1$,$0 < k_\beta \leq 1$,则式(4-3)变为

$$\varepsilon_d = \varepsilon_m - k_\varepsilon \frac{\dot{\varepsilon}_m}{\Delta \dot{r}} \Delta r$$

$$\beta_d = \beta_m - k_\beta \frac{\dot{\beta}_m}{\Delta \dot{r}} \Delta r \qquad (4-6)$$

导弹的前置角则为

$$\varepsilon_q = - k_\varepsilon \frac{\dot{\varepsilon}_m}{\Delta \dot{r}} \Delta r$$

$$\beta_q = - k_\beta \frac{\dot{\beta}_m}{\Delta \dot{r}} \Delta r \qquad (4-7)$$

当 $k_\varepsilon = k_\beta = 1$ 时,称为全前置角法,其导引方程为

$$\varepsilon_d = \varepsilon_m - \frac{\dot{\varepsilon}_m}{\Delta \dot{r}} \Delta r$$

$$\beta_d = \beta_m - \frac{\dot{\beta}_m}{\Delta \dot{r}} \Delta r \qquad (4-8)$$

当 $k_\varepsilon = k_\beta = 1/2$ 时,称为半前置角法,其导引方程为

$$\varepsilon_d = \varepsilon_m - \frac{\dot{\varepsilon}_m}{2\Delta \dot{r}} \Delta r$$

$$\beta_d = \beta_m - \frac{\dot{\beta}_m}{2\Delta \dot{r}} \Delta r \qquad (4-9)$$

在前置角法中,前置系数可取为任意常数值,亦可取为某种函数形式,前置系数取法不同,则可产生不同的制导规律。当前置系数取为零时,则为三点法。随着前置系数的取法不同,可获得不同的运动特性的导弹飞行弹道,因此,前置角法制导规律分析设计的重点就是分析前置系数的具体变化规律。

4.3 自寻的制导规律

4.3.1 弹目关系描述

自寻的制导的弹目关系可由相对运动方程来描述,其主要用来描述导弹与目标之间相对运动关系,而建立相对运动方程是进行自寻的制导弹道运动学分析的基础。相对运动方程习惯上建立在极坐标系中,其形式最简单。下面具体建立自寻的制导的相对运动

方程。

如图 4-3 所示,假设在某一时刻,目标位于 M 点,导弹位于 D 点。连线 $\overline{DM}$ 称为目标瞄准线(简称为目标线或视线)。选取基准线(或称参考线) $\overline{Ax}$,它可以任意选择,位置的不同选择不会影响导弹与目标之间的相对运动特性,而只影响相对运动方程的繁简程度。为简单起见,一般选取在攻击平面内的水平线作为基准线;若目标作直线飞行,则选取目标的飞行方向为基准线方向最为简便。

根据导引弹道的运动学分析方法,假设导弹与目标的相对运动方程可以用定义在攻击平面内的极坐标参数 r、q 的变化规律来描述。图 4-3 中所显示的参数分别定义如下[22]:

r ——导弹相对目标的距离。导弹命中目标时 $r=0$。

q ——目标线与基准线之间的夹角,称为目标线方位角(简称目标线角)。若从基准线逆时针转到目标线上时,则 q 为正。

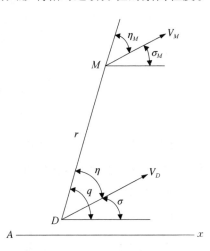

图 4-3 导弹与目标的相对位置

σ、σ_M ——分别为导弹、目标速度矢量与基准线之间的夹角,称为导弹弹道角和目标航向角。分别以导弹、目标所在位置为原点,若由基准线逆时针旋转到各自的速度矢量上时,则 σ、σ_M 为正。当攻击平面为铅垂面时,σ 就是弹道倾角 θ;当攻击平面为水平面时,σ 就是弹道偏角 ψ_V。

η、η_M ——分别为导弹、目标速度矢量与目标线之间的夹角,相应称为导弹速度矢量前置角和目标速度矢量前置角。分别以导弹、目标为原点,若从各自的速度矢量逆时针旋转到目标线上时,则 η、η_M 为正。

自寻的制导的相对运动方程是指描述相对距离 r 和目标线角 q 变化率的方程。根据图 4-3 所示的导弹与目标之间的相对运动关系就可以直接建立相对运动方程。将导弹速度矢量 V_D 和目标速度矢量 V_M 分别沿目标线的方向及其法线方向进行分解。目标线分量 $V_D\cos\eta$ 指向目标,它使相对距离 r 减小;而分量 $V_M\cos\eta_M$ 背离导弹,它使相对距离 r 增大。显然有

$$\frac{\mathrm{d}r}{\mathrm{d}t} = V_M\cos\eta_M - V_D\cos\eta \tag{4-10}$$

沿目标线的法线分量 $V_D\sin\eta$ 使目标线绕目标所在位置为原点逆时针旋转,使目标线角 q 增大;而分量 $V_M\sin\eta_M$ 使目标线绕导弹所在位置为原点顺时针旋转,使目标线角 q 减小。于是可得

$$\frac{\mathrm{d}q}{\mathrm{d}t} = \frac{1}{r}(V_D\sin\eta - V_M\sin\eta_M) \tag{4-11}$$

同时考虑到图 4-3 所示角度间的几何关系,以及导引关系方程,就可以得到自寻的制导的相对运动方程组为

$$\frac{dr}{dt} = V_M \cos \eta_M - V_D \cos \eta$$

$$r \frac{dq}{dt} = V_D \sin \eta - V_M \sin \eta_M$$

$$q = \sigma + \eta \qquad\qquad (4-12)$$

$$q = \sigma_M + \eta_M$$

$$\varepsilon_1 = 0$$

上述方程组中,$\varepsilon_1 = 0$ 为描述自寻的制导规律的导引关系方程(或称理想控制关系方程)。在自寻的制导中常见的制导规律有:追踪法、平行接近法、比例导引法等,相应的导引关系方程如下所示。

追踪法:$\eta = 0$,$\varepsilon_1 = \eta = 0$。

平行接近法:$q = q_0 =$ 常数,$\varepsilon_1 = \dfrac{dq}{dt} = 0$。

比例导引法:$\dot{\sigma} = K\dot{q}$,$\varepsilon_1 = \dot{\sigma} - K\dot{q} = 0$,$K$ 为导引系数。

上述方程组中:$V_D(t)$、$V_M(t)$、$\eta_M(t)$[或 $\sigma_M(t)$]是已知的,方程组中只含有 4 个未知参数:$r(t)$、$q(t)$、$\sigma(t)$、$\eta(t)$,因此方程组是封闭的,可以求得确定解。根据 $r(t)$、$q(t)$ 可获得导弹相对目标的运动轨迹,称为导弹的相对弹道(即观察者在目标上所观察到的导弹运动轨迹)。若已知目标相对地面坐标系(惯性坐标系)的运动轨迹之后,则通过换算可获得导弹相对地面坐标系的运动轨迹——绝对弹道。

4.3.2 自寻的制导规律的分类及特点

导弹利用其自身所携带的探测设备,接收目标辐射或反射的某种能量(如无线电波、红外线、激光、可见光、声音等),能够自主地搜索、捕获、识别、跟踪和攻击目标的制导方式,称为自寻的制导。自寻的制导规律多属于速度导引,即对导弹的速度矢量给出某种特定的约束。自寻的制导是一种仅涉及导弹与目标相对运动的制导方式,因此,在运动学上它只涉及目标与导弹的相对运动。而速度导引的制导规律,就是约束这种运动的一种准则。速度导引所需设备大都安装在导弹上,因此,弹上设备较复杂,但是在改善导弹精度方面,这种制导规律有较大的作用[22]。

自寻的制导系统的制导规律与导引头有着密切关系,是由导引头完成特定制导规律所需参量的测量。按导引头测量坐标系在弹体上定位的方法,自寻的制导规律可分为三类。

1. 属于对导弹弹轴相对于目标视线的位置进行控制的情况

(1)弹轴与目标视线的夹角为零的制导规律,又称为直线瞄准法。这种制导规律,实

现起来很简单,用固定式导引头(导引头的测量坐标系与弹体坐标系重合)即可;但弹道特性不好,越接近目标弹道的曲率越大。

(2) 弹轴与目标视线的夹角为常数。这种制导规律弹道特性稍有改善,但没有消除根本缺点,也存在理论上的误差,制导精度差。

(3) 弹轴与目标视线的夹角为变量。这种制导规律接近于比例导引法。

2. 属于对导弹速度矢量相对于目标视线的位置进行控制的情况

(1) 速度追踪法,要求导弹在接近目标过程中,导弹的速度矢量与导弹、目标连线(视线)重合。这种制导规律的末段弹道曲率较大,导弹最后总是绕到目标后方去攻击,不能实现对目标的全方向拦截。在目标作等速直线飞行的情况下,对准目标尾部发射导弹和对准目标头部发射导弹(此时弹道不稳定)时,弹道才是直线。在初始条件相同时,速度比 $k = V_D/V_M$ 值不同,理想弹道的曲率也不同。这种制导规律一般用于攻击低速或者静止目标的导弹,或向目标尾部发射的情况。

(2) 广义追踪法,要求导弹速度矢量相对于弹目视线的夹角为常数,也称为固定前置角法。导弹在飞行中,其速度矢量沿着目标飞行方向超前目标视线(即瞄准线)一个固定的角度 φ_D。选择适当的 φ_D 可以在任意初始条件下得到直线弹道。当速度比 $k = V_D/V_M$ 和前置角 φ_D 满足 $k^2\sin^2\varphi_D > 1$ 时,弹道是相对目标的无数螺旋线,导弹和目标不能相遇。因此前置角 φ_D 给定时,对速度比的限制更苛刻了。这种制导规律只适用于攻击低速目标的导弹或其他特殊情况。

(3) 导弹速度矢量相对于目标视线的夹角为变量的制导规律,属于此类的方法有平行接近法和广泛应用的比例导引法(后文详细介绍)。

3. 属于稳定目标视线的情况(目标视线在空间方向不变)

属于稳定目标视线的情况有平行接近法。

4.3.3 追踪法

所谓追踪法是指导弹在攻击目标的导引过程中,导弹的速度矢量始终指向目标的一种制导规律。这种方法要求导弹速度矢量的前置角 η 始终等于零。因此,追踪法导引关系方程为[28]

$$\varepsilon_1 = \eta = 0 \tag{4-13}$$

1. 弹道方程

考虑追踪法导引关系方程和自寻的制导的相对运动方程组,可得

$$\frac{dr}{dt} = V_M\cos\eta_M - V_D$$

$$r\frac{dq}{dt} = -V_M\sin\eta_M \tag{4-14}$$

$$q = \sigma_M + \eta_M$$

若 V_D、V_M 和 σ_M 为已知的时间函数,则方程组(4-14)还包含 3 个未知参数:r、q 和 η_M。 给出初始值 r_0、q_0 和 η_{M0},用数值积分法可以得到相应的特解。

为了得到解析解,以便了解追踪法导引的一般特性,须作以下假定:目标作等速直线运动,导弹作等速运动。

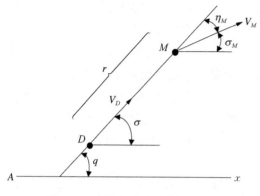

图 4-4 追踪法导引导弹与目标的相对运动关系

取基准线 $\overline{Ax}$ 平行于目标的运动轨迹,这时 $\sigma_M = 0$,$q = \eta_M$(由图 4-4 看出),则方程组(4-6)可改写为

$$\frac{\mathrm{d}r}{\mathrm{d}t} = V_M \cos q - V_D$$

$$r\frac{\mathrm{d}q}{\mathrm{d}t} = -V_M \sin q \qquad (4-15)$$

由方程组(4-15)可以导出相对弹道方程 $r = f(q)$。 用方程组(4-15)的第一式除以第二式得

$$\frac{\mathrm{d}r}{r} = \frac{V_M \cos q - V_D}{-V_M \sin q}\mathrm{d}q \qquad (4-16)$$

令 $k = V_D/V_M$,k 称为速度比。因假设导弹和目标作等速运动,所以 k 为常值,于是

$$\frac{\mathrm{d}r}{r} = \frac{-\cos q + k}{\sin q}\mathrm{d}q \qquad (4-17)$$

积分得

$$r = r_0 \frac{\tan^k \dfrac{q}{2}\sin q_0}{\tan^k \dfrac{q_0}{2}\sin q} \qquad (4-18)$$

令

$$c = r_0 \frac{\sin q_0}{\tan^k \dfrac{q_0}{2}} \qquad (4-19)$$

式中,(r_0, q_0) 为开始导引瞬时导弹相对目标的位置。

最后得到以目标为原点的极坐标形式表示的导弹相对弹道方程为

$$r = c\frac{\tan^k \dfrac{q}{2}}{\sin q} = c\frac{\sin^{(k-1)} \dfrac{q}{2}}{2\cos^{(k+1)} \dfrac{q}{2}} \qquad (4-20)$$

由方程(4-20)即可画出追踪法导引的相对弹道(又称追踪曲线)。步骤如下：

(1) 求命中目标时的 q_h 值。命中目标时 $r_h = 0$，当 $k > 1$，由式(4-20)得到 $q_h = 0$；

(2) 在 q_0 到 q_h 之间取一系列 q 值，由目标所在位置(M 点)相应引出射线；

(3) 将一系列 q 值分别代入式(4-20)中，可以求得对应的 r 值，并在射线上截取相应线段长度，则可求得导弹的对应位置；

(4) 逐点描绘即可得到导弹的相对弹道。

2. 直接命中目标的条件

从方程组(4-15)的第二式可以看出：$\dot{q}$ 总与 q 的符号相反。这表明不管导弹开始追踪瞬时的 q_0 为何值，导弹在整个导引过程中 $|q|$ 是在不断减小的，即导弹总是绕到目标的正后方去命中目标(图 4-5)。因此，命中目标，$q \to 0$。

由式(4-20)可得：

若 $k > 1$，且 $q \to 0$，则 $r \to 0$；

若 $k = 1$，且 $q \to 0$，则 $r \to r_0 \dfrac{\sin q_0}{\tan^k \dfrac{q_0}{2}}$；

若 $k < 1$，且 $q \to 0$，则 $r \to \infty$。

显然，只有导弹的速度大于目标的速度时，导弹才有可能直接命中目标；若导弹的速度等于或小于目标的速度，则导弹与目标最终将保持一定的距离或距离越来越远而不能直接命中目标。由此可见，导弹直接命中目标的必要条件是导弹速度大于目标速度(即 $k > 1$)。

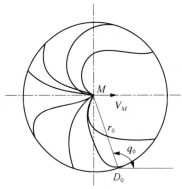

图 4-5　追踪法导引的相对弹道族

3. 导弹命中目标所需的飞行时间

导弹命中目标所需的飞行时间直接关系着控制系统及弹体参数的选择，它是导弹武器系统设计的必要数据。

方程组(4-15)中的第一式和第二式分别乘以 $\cos q$ 和 $\sin q$，然后相减，经整理得

$$\cos q \frac{\mathrm{d}r}{\mathrm{d}t} - r\sin q \frac{\mathrm{d}q}{\mathrm{d}t} = V_M - V_D\cos q \qquad (4-21)$$

方程组(4-15)的第一式可改写为

$$\cos q = \frac{\dfrac{\mathrm{d}r}{\mathrm{d}t} + V_D}{V_M}$$

将上式代入式(4-21)中，整理后得

$$(k + \cos q)\frac{\mathrm{d}r}{\mathrm{d}t} - r\sin q \frac{\mathrm{d}q}{\mathrm{d}t} = V_M - kV_D$$

$$\mathrm{d}\big[r(k + \cos q)\big] = (V_M - kV_D)\mathrm{d}t$$

积分得

$$t = \frac{r_0(k + \cos q_0) - r(k + \cos q)}{kV_D - V_M} \qquad (4-22)$$

将命中目标的条件(即 $r \to 0, q \to 0$)代入式(4-22)中,可得到导弹从开始追踪至命中目标所需的飞行时间为

$$t_k = \frac{r_0(k + \cos q_0)}{kV_D - V_M} = \frac{r_0(k + \cos q_0)}{(V_D - V_M)(1 + k)} \qquad (4-23)$$

由式(4-23)可以看出:

迎面攻击 $(q_0 = \pi)$ 时, $t_k = \dfrac{r_0}{V_D + V_M}$;

尾追攻击 $(q_0 = 0)$ 时, $t_k = \dfrac{r_0}{V_D - V_M}$;

侧面攻击 $\left(q_0 = \dfrac{\pi}{2}\right)$ 时, $t_k = \dfrac{r_0 k}{(V_D - V_M)(1 + k)}$。

因此,在 r_0、V_D 和 V_M 相同的条件下,q_0 在 $0 \sim \pi$ 范围内,随着 q_0 的增加,命中目标所需的飞行时间将缩短。当迎面攻击 $(q_0 = \pi)$ 时,所需飞行时间为最短。

4. 导弹的法向过载

自寻的制导规律所确定理想弹道需求的导弹法向过载大小是评定其优劣的重要标志之一。过载的大小直接影响制导系统的工作条件和导引误差,也是计算导弹弹体结构强度的重要条件。沿导引弹道飞行所需的法向过载必须小于可用法向过载,否则导弹的飞行将脱离追踪曲线,沿着可用法向过载所决定的弹道曲线飞行,在这种情况下,直接命中目标已是不可能。

法向过载定义为法向加速度与重力加速度之比,即

$$n = \frac{a_n}{g} \qquad (4-24)$$

式中, a_n 为作用在导弹上所有外力(包括重力)合力所产生的法向加速度。

追踪法导引导弹的法向加速度为

$$a_n = V_D \frac{\mathrm{d}\sigma}{\mathrm{d}t} = V_D \frac{\mathrm{d}q}{\mathrm{d}t} = -\frac{V_D V_M \sin q}{r} \qquad (4-25)$$

将式(4-18)代入上式得

$$a_n = \frac{V_D V_M \sin q}{r_0 \dfrac{\tan^k \dfrac{q}{2} \sin q_0}{\tan^k \dfrac{q_0}{2} \sin q}} = -\frac{V_D V_M \tan^k \dfrac{q_0}{2}}{r_0 \sin q_0} \frac{4\cos^k \dfrac{q}{2}\sin^2 \dfrac{q}{2}\cos^2 \dfrac{q}{2}}{\sin^k \dfrac{q}{2}}$$

$$= -\frac{4V_D V_M}{r_0}\frac{\tan^k \frac{q_0}{2}}{\sin q_0}\cos^{(k+2)}\frac{q}{2}\sin^{(2-k)}\frac{q}{2} \qquad (4-26)$$

再将上式代入式(4-24)中,且法向过载只考虑其绝对值,则法向过载可表示为

$$n = \frac{4V_D V_M}{gr_0}\left|\frac{\tan^k \frac{q_0}{2}}{\sin q_0}\cos^{(k+2)}\frac{q}{2}\sin^{(2-k)}\frac{q}{2}\right| \qquad (4-27)$$

导弹命中目标时, $q \rightarrow 0$, 由式(4-27)可以看出:

当 $k > 2$ 时, $\lim\limits_{q \rightarrow 0} n = \infty$;

当 $k = 2$ 时, $\lim\limits_{q \rightarrow 0} n = \frac{4V_D V_M}{gr_0}\left|\frac{\tan^k \frac{q_0}{2}}{\sin q_0}\right|$;

当 $k < 2$ 时, $\lim\limits_{q \rightarrow 0} n = 0$ 。

由此可见:追踪法导引,考虑到命中点的法向过载,只有速度比 $1 < k \le 2$ 时,导弹才有可能直接命中目标。

5. 允许攻击区

所谓允许攻击区是指导弹在此区域内以追踪法导引飞行,其飞行弹道上所需的法向过载均不超过可用法向过载。

由式(4-25)得

$$r = -\frac{V_D V_M \sin q}{a_n} \qquad (4-28)$$

将式(4-24)代入上式,如果只考虑其绝对值,则上式可改写为

$$r = \frac{V_D V_M}{gn}\left|\sin q\right| \qquad (4-29)$$

在 V_D 、 V_M 和 n 给定的条件下,在由 r 、 q 所组成的极坐标系中,式(4-29)是一个圆的方程,即追踪曲线上过载相同点的连线(简称等过载曲线)是个圆。圆心在 $(V_D V_M/2gn, \pm\pi/2)$ 上,圆的半径等于 $V_D V_M/2gn$ 。在 V_D 、 V_M 一定时,给出不同的 n 值,就可以绘出圆心在 $q = \pm\pi/2$ 上,半径大小不同的圆族,且 n 越大,等过载圆半径越小。这圆族正通过目标,与目标的速度相切(图4-6)。

假设可用法向过载为 n_p ,相应有一等过载圆,现

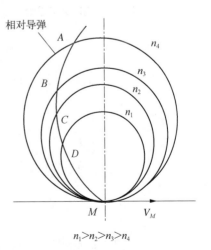

$n_1 > n_2 > n_3 > n_4$

图 4-6　等过载圆族

在要确定追踪导引起始瞬时导弹相对目标的距离 r_0 为某一给定值的允许攻击区。

设导弹的初始位置分别在 D_{01}、D_{02}^*、D_{03} 点,各自对应的追踪曲线为 1、2、3(图 4-7)。追踪曲线 1 不与 n_p 决定的圆相交,因而追踪曲线 1 上任意一点的法向过载 $n < n_p$;追踪曲线 3 与 n_p 决定的圆相交,因而追踪曲线 3 上有一段的法向过载 $n > n_p$,显然,导弹从 D_{03} 点开始追踪导引是不允许的,因为它不能直接命中目标。追踪曲线 2 与 n_p 决定的圆正好相切,切点 E 的过载最大,且 $n = n_p$,追踪曲线 2 上任意一点均满足 $n \leqslant n_p$。因此,D_{02}^* 点是追踪法导引的极限初始位置,它由 r_0 和 q_0^* 确定。于是 r_0 值一定时,允许攻击区必须满足:

$$| q_0 | \leqslant | q_0^* | \qquad (4-30)$$

由图可见,(r_0, q_0^*) 对应的追踪曲线把攻击平面分成两个区域,$| q_0 | < | q_0^* |$ 的区域就是由导弹可用法向过载所决定的允许攻击区,如图 4-8 中阴影线所示的区域。因此,要确定允许攻击区,在 r_0 值一定时,首先必须确定 q_0^* 的值。

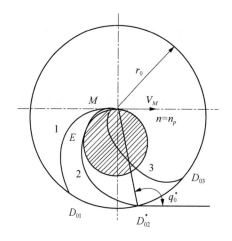

图 4-7 确定极限起始位置

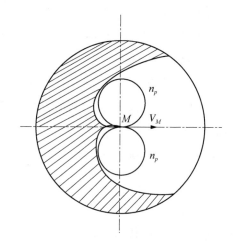

图 4-8 追踪法导引的允许攻击区

在追踪曲线 2 上,E 点过载量大,此点所对应的坐标为 (r^*, q^*)。q^* 值可以由 $\dfrac{\mathrm{d}n}{\mathrm{d}q} = 0$ 求得。由式(4-24)可得

$$\frac{\mathrm{d}n}{\mathrm{d}q} = \frac{2V_D V_M}{\dfrac{r_0 g}{\tan^k \dfrac{q_0}{2}} \sin q_0} \left[(2-k) \sin^{(1-k)} \frac{q}{2} \cos^{(k+3)} \frac{q}{2} - (2+k) \sin^{(3-k)} \frac{q}{2} \cos^{(k+1)} \frac{q}{2} \right]$$

$$= 0 \qquad (4-31)$$

$$(2-k) \sin^{(1-k)} \frac{q^*}{2} \cos^{(k+3)} \frac{q^*}{2} = (2+k) \sin^{(3-k)} \frac{q^*}{2} \cos^{(k+1)} \frac{q^*}{2} \qquad (4-32)$$

整理后可得

$$(2 - k)\cos^2 \frac{q^*}{2} = (2 + k)\sin^2 \frac{q^*}{2} \tag{4-33}$$

又可以写成:

$$2\left(\cos^2 \frac{q^*}{2} - \sin^2 \frac{q^*}{2}\right) = k\left(\cos^2 \frac{q^*}{2} + \sin^2 \frac{q^*}{2}\right) \tag{4-34}$$

于是

$$\cos q^* = \frac{k}{2} \tag{4-35}$$

由上式可知,追踪曲线上法向过载最大值处的目标线角 q^* 仅取决于速度比 k 的大小。

因 E 点在 n_p 的等过载圆上,且所对应的 r^* 值满足式(4-29),于是

$$r^* = \frac{V_D V_M}{g n_p} \mid \sin q^* \mid \tag{4-36}$$

因为

$$\sin q^* = \sqrt{1 - \frac{k^2}{4}} \tag{4-37}$$

所以

$$r^* = \frac{V_D V_M}{g n_p}\left(1 - \frac{k^2}{4}\right)^{\frac{1}{2}} \tag{4-38}$$

E 点在追踪曲线 2 上,r^* 也同时满足弹道方程式(4-18),即

$$r^* = r_0 \frac{\tan^k \frac{q^*}{2}\sin q_0^*}{\tan^k \frac{q_0^*}{2}\sin q^*} = \frac{r_0 \sin q_0^* \, 2(2 - k)^{\frac{k-1}{2}}}{\tan^k \frac{q_0^*}{2}(2 + k)^{\frac{k+1}{2}}} \tag{4-39}$$

r^* 同时满足式(4-38)和式(4-39),于是有

$$\frac{V_D V_M}{g n_p}\left(1 - \frac{k}{2}\right)^{\frac{1}{2}}\left(1 + \frac{k}{2}\right)^{\frac{1}{2}} = \frac{r_0 \sin q_0^* \, 2(2 - k)^{\frac{k-1}{2}}}{\tan^k \frac{q_0^*}{2}(2 + k)^{\frac{k+1}{2}}} \tag{4-40}$$

显然,当 V_D、V_M、n_p 和 r_0 给定时,由式(4-40)解出 q_0^* 的值,那么,允许攻击区也就相应确定了。如果导弹发射时刻就开始实现追踪法导引,那么 $\mid q_0 \mid \leqslant \mid q_0^* \mid$ 所确定的范围也就是允许发射区。

追踪法是最早提出的一种制导规律,技术上实现追踪法导引是比较简单的。例如,只要在弹内装一个"风标"装置,再将目标位标器安装在风标上,使其轴线与风标指向平行,由于风标的指向始终沿着导弹速度矢量的方向,只要目标影像偏离了位标器轴线,这时,导弹速度矢量没有指向目标,制导系统就会形成制导指令,以消除偏差,实现追踪法导引。由于追踪法导引在技术实施方面比较简单,部分空-地导弹、激光制导炸弹采用了这种制导规律。但是,这种制导规律的弹道特性存在着严重缺点。因为导弹的绝对速度始终指向目标,相对速度总是落后于目标线,不管从哪个方向发射,导弹总是要绕到目标的后方去命中目标,这样导致导弹弹道较弯曲(特别在命中点附近),所需法向过载较大,要求导弹具有很高的机动性。由于可用法向过载的限制,不能实现全向攻击。同时,追踪法导引考虑到命中点的法向过载,速度比受到严格的限制,$1 < k \leqslant 2$。因此,追踪法目前应用很少。

4.3.4 平行接近法

平行接近法要求在制导过程中始终能保持目标视线在空间沿给定方向平行移动,即视线角速度为零,如图4-9所示。为此,要求导弹速度矢量和目标速度矢量在与目标视线垂直方向上的投影必须始终保持相等。或者说,在任意瞬时,导弹的速度矢量必须指向瞬时遭遇点。所谓瞬时遭遇点,指的是在任意瞬时,假设目标和导弹由此开始均保持等速直线运动时弹与目标的相遇点。而为了满足这个要求,导弹速度矢量相对目标视线的指向,在任意时刻,必须达到该时刻所要求的前置角(即速度矢量超前于目标视线的角度)[22]。

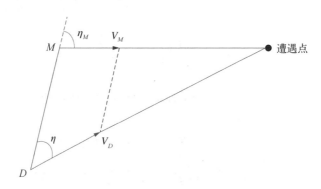

图4-9 平行接近示意图

平行接近法导引方程的表达形式如下。

(1)根据平行接近的含义:

$$V_D \sin \eta = V_M \sin \eta_M \tag{4-41}$$

其中,η_M为目标速度矢量与目标视线的夹角;η为导弹速度矢量与目标视线的夹角。

(2)根据视线角速度为零的含义:

$$q = \text{const} \qquad \dot{q} = 0 \tag{4-42}$$

（3）根据瞬时前置角的含义：

$$\eta = \arcsin\left[\, (V_M \sin \eta_M)/V_D \,\right] \tag{4-43}$$

由式（4-41）可以看出，当目标、导弹都作等速直线运动时，导弹、目标将同时飞行到空间某一点，即遭遇点；当目标机动运动、导弹速度也变化时，假设目标从某时刻 t^* 开始停止机动运动，作等速直线运动，导弹也同时开始作等速直线运动，运动方向指向与目标相遇点 $B(t^*)$，即瞬时遭遇点。导弹向瞬时遭遇点运动的方向满足下面的方程：

$$\sin \eta(t^*) = \frac{V_M(t^*)}{V_D(t^*)} \sin \eta_M(t^*) \tag{4-44}$$

因目标作机动运动，导弹速度也在发生变化，所以每瞬时 t 都有一个瞬时遭遇点 $B(t)$，瞬时遭遇点在空间的位置不断变化。导弹向瞬时遭遇点运动的方向，每一时刻都按下面条件变化：

$$\sin \eta(t) = \frac{V_M(t)}{V_D(t)} \sin \eta_M(t) \tag{4-45}$$

即按平行接近法导引时，由于保持目标视线与基准线的夹角为常数，所以保持导弹速度矢量前置角 η 不变，则导弹的弹道就为一条直线。由式（4-43）不难看出，只要满足速度比 $k = V_D/V_M$，η_M 为常数，η 便为常数。所以在目标作直线运动的情况下，用平行接近法导引时，只要速度比保持常数（$k > 1$），导弹从任意方向攻击目标，都能得到直线弹道。

当目标作机动运动，导弹速度发生变化时，前置角 η 必须相应变化，此时理想弹道是弯曲的。但用平行接近法导引时，导弹所需法向过载总是比目标的法向过载小。设目标、导弹速度的大小不变，目标在方向上机动，对式（4-41）求时间的导数可得

$$a_{nm} \cos \eta_M = a_{nd} \cos \eta \tag{4-46}$$

式中，a_{nm} 为目标的法向加速度，$a_{nm} = V_M \dot{\sigma}_M$；$a_{nd}$ 为导弹的法向加速度，$a_{nd} = V_D \dot{\sigma}_M$，即

$$a_{nd} = \frac{a_{nm} \cos \eta_M}{\cos \eta} \tag{4-47}$$

又知：

$$\cos \eta = \sqrt{1 - \sin^2 \eta} \tag{4-48}$$

其中，$\sin^2 \eta = \dfrac{1}{k^2} \sin^2 \eta_M$ [见式（4-41）]，将上式代入式（4-48），整理后可得

$$a_{nd} = \frac{a_{nm} \cos \eta_M}{\sqrt{1 - \dfrac{1}{k^2} \sin^2 \eta_M}} \tag{4-49}$$

式中, $a_{nm} = \dfrac{a_{nd}\cos\eta}{\cos\eta_M}$, 根据式(4-41)知 $V_D > V_M$ 时, $\eta < \eta_M$, 在 $a_{nd} = a_{nm}\left(\dfrac{\cos\eta_M}{\cos\eta}\right)$ 中 $\dfrac{\cos\eta_M}{\cos\eta} < 1$, 所以 $a_{nd} < a_{nm}$, 即按平行接近法导引时, 导弹的法向过载总是小于目标的法向过载。

可见, 只要 $k > 1$, 导弹的法向加速度总小于目标的法向加速度, 即导弹的弹道曲率总比目标航迹曲率要小。

各种制导规律中, 平行接近法是比较理想的制导规律, 与其他制导规律相比, 导弹飞行弹道比较平直、曲率比较小; 当目标保持等速直线运动、导弹速度保持常值时, 导弹的飞行弹道将成为直线; 当目标机动、导弹变速飞行时, 导弹的飞行弹道曲率较其他方法小, 且弹道所需法向加速度不超过目标机动的法向加速度, 即受目标机动的影响较小。但是, 保持这些优点的前提是, 在制导过程中, 任何时刻都必须严格准确地实现导引方程, 例如保证前置角达到要求的数值。从上面所列出的导引方程可以看出, 实现制导规律所需测量的参量不易测量, 制导系统比较复杂, 成本高, 因此, 这种方法在实际应用上存在一定的困难。

4.3.5　比例导引法

比例导引法要求导弹飞行过程中, 保持速度矢量的转动角速度与目标视线的转动角速度成给定的比例关系。比例导引法的导引方程为[22]

$$\dot{\sigma} = K\dot{q} \tag{4-50}$$

将上式两边积分可得

$$\sigma = K(q - q_0) + \sigma_0 \tag{4-51}$$

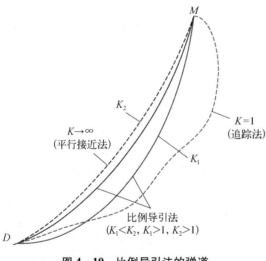

式中, K 为导引系数, 也称导航比; q_0 为导引开始时目标视线与基准线的夹角。

由导引方程可以看出, $K = 1$, $q_0 = \eta$ 时为追踪法的弹道; $K = \infty$, $\dot{\sigma}$ 为有限量, 因而 $\dot{q}_0 = 0$, 则为平行接近法的弹道, $1 < K < \infty$ 时为比例导引法的弹道。如图 4-10 所示, 追踪法导引时弹道曲率最大, 导弹的速度矢量时刻指向目标, 最后导致追尾; 采用平行接近法导引时, 导弹的速度矢量时刻指向目标前方瞬时遭遇点, 并保持目标视线平行移动; 采用比例导引法时, 导弹的理想弹道的曲率, 介于平行接

图 4-10　比例导引法的弹道

88

近法和追踪法之间。这是因为,采用比例导引法时导弹速度矢量虽然也指向目标前方,但前置角比采用平行接近法时小,允许目标视线有一定的角速度 $\dot{q}$。$\dot{q}$ 的大小与导引系数有关,K 越大,$\dot{q}$ 越小。当 K 值确定后目标视线角速度开始增大,随着导弹与目标的接近,$\dot{q}$ 逐渐减小。因为导引开始时,导弹速度矢量的角速度 $\dot{\sigma}$ 为目标视线角速度 $\dot{q}$ 的 K 倍,自动建立起前置角 q,导致目标视线角速度 $\dot{q}$ 逐渐减小,所以,采用比例导引法时,导弹初始段和追踪法相近,弹道末端和平行接近法相近。但 K 值不是越大越好,如果 K 值很大,即使 $\dot{q}$ 值不大,也可能使弹道所需过载很大。因此,导弹的可用过载限制了 K 的上限值。K 值过大还可能导致制导系统的稳定性变差,因为 $\dot{q}$ 很小的变化,将引起 $\dot{\sigma}$ 较大的变化。比例导引法在各种导弹中得到了广泛的应用,因为从对快速机动目标的响应能力来看,比例导引法都有明显的优点,且比例导引法在工程上易于实现。

4.4　先进制导规律

4.4.1　最优制导规律

前面讨论的各种制导规律都是经典的制导规律。一般来说,经典的制导规律需要的信息量少,结构简单,易于实现,因此,现役的战术导弹大多数使用经典的制导规律或其改进形式。但是对于高性能的大机动目标,尤其在目标采用各种干扰措施的情况下,经典的制导规律就很不适用了。随着计算机技术的迅速发展,基于现代控制理论的最优制导规律、自适应制导规律及微分对策制导规律(统称为现代制导规律)得到了迅速的发展。与经典制导规律相比,现代制导规律有许多优点,如脱靶量小,导弹命中目标时姿态角满足需要,抗目标机动或其他随机干扰能力强,弹道平直,弹道所需法向过载分布合理,可扩大作战空域等。因此,用现代制导规律制导导弹以截击未来战场上出现的高速度、大机动、带有施放干扰能力的目标是有效的。但是,现代制导规律结构复杂,需要测量的参数较多,致使制导规律的实现带来了困难,随着微型计算机的出现和发展,现代制导规律的应用是可以实现的。

最优制导规律的优点是可以考虑导弹-目标的动力学问题,并可考虑起点或终点的约束条件或其他约束条件,根据给出的性能指标(泛函)寻求最优制导规律。根据具体要求的性能指标可以有不同的形式,战术导弹考虑的性能指标主要是导弹在飞行中付出的总的法向过载最小、终端脱靶量最小、最小控制能量、最短时间、导弹和目标的交会角具有特定的要求等。但是因为导弹的制导是一个变参数并受到随机干扰的非线性问题,其求解非常困难。所以,通常只好把导弹拦截目标的过程作线性化处理,这样可以获得系统的近似最优解,在工程上也易于实现,并且在性能上接近于最优制导规律。下面介绍二次型线性[32]最优制导问题。

如图 4－11 所示,假设把导弹、目标看成质点,它们在同一固定平面内运动,以分析导弹的运动状态方程。在此平面内任选固定坐标系 Oxy。导弹速度矢量 V_D 与 Oy 轴的夹角为 σ。目标速度矢量 V_M 与 Oy 轴的夹角为 σ_M,导弹与目标的连线 $\overline{MD}$ 与 Oy 轴的夹角为 q。假设 σ、σ_M 和 q 都比较小,并且假定导弹和目标都作等速飞行,即 V_D、V_M 都是常值。

设导弹与目标在 Ox 轴方向和 Oy 轴方向上的距离偏差分别为

$$x = x_M - x_D$$
$$y = y_M - y_D \qquad (4-52)$$

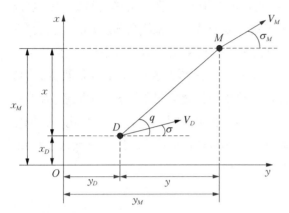

图 4－11 导弹与目标运动关系图

式(4－52)对时间 t 求导,并根据导弹相对目标运动关系得

$$\dot{x} = \dot{x}_M - \dot{x}_D = V_M \sin \sigma_M - V_D \sin \sigma \qquad (4-53)$$
$$\dot{y} = \dot{y}_M - \dot{y}_D = V_M \cos \sigma_M - V_D \cos \sigma$$

式中,σ、σ_M 很小,因此 $\sin \sigma \approx \sigma, \sin \sigma_M \approx \sigma_M, \cos \sigma \approx 1, \cos \sigma_M \approx 1$,于是

$$\dot{x} = V_M \sigma_M - V_D \sigma \qquad (4-54)$$
$$\dot{y} = V_M - V_D$$

令 x_1 表示 x,x_2 表示 $\dot{x}$(即 $\dot{x}_1$),则

$$\dot{x}_1 = x_2 \qquad (4-55)$$
$$\dot{x}_2 = \ddot{x} = V_M \dot{\sigma}_M - V_D \dot{\sigma}$$

式中,$V_M \dot{\sigma}_M$、$V_D \dot{\sigma}$ 分别为目标、导弹的法向加速度,以 a_M、a 表示,则

$$\dot{x}_2 = a_M - a \qquad (4-56)$$

导弹的法向加速度 a 为控制量,一般作为控制信号加给舵机,舵面偏转后弹体产生攻角 α,而后产生法向过载。如果忽略舵机的惯性及弹体的惯性,设控制量的量纲与加速度的量纲相同,则可用控制量 u 来表示 $-a$,即令 $u = -a$,于是式(4－56)变成:

$$\dot{x}_2 = a_M + u \qquad (4-57)$$

这样可得下述的导弹运动状态方程:

$$\dot{x}_1 = x_2 \qquad (4-58)$$
$$\dot{x}_2 = a_M + u$$

设目标不机动,则 $a_M = 0$,导弹运动状态方程可简化为

$$\dot{x}_1 = x_2 \qquad (4-59)$$
$$\dot{x}_2 = u$$

用矩阵简明地表示为

$$\begin{bmatrix} \dot{x}_1 \\ \dot{x}_2 \end{bmatrix} = \begin{bmatrix} 0 & 1 \\ 0 & 0 \end{bmatrix} \begin{bmatrix} x_1 \\ x_2 \end{bmatrix} + \begin{bmatrix} 0 \\ 1 \end{bmatrix} u \qquad (4-60)$$

令 $x = (x_1, x_2)^T$,$A = \begin{bmatrix} 0 & 1 \\ 0 & 0 \end{bmatrix}$,$B = (0, 1)^T$,则以 x_1、x_2 为状态变量,u 为控制变量的导弹运动状态方程为

$$\dot{x} = Ax + Bu \qquad (4-61)$$

对于自寻的制导系统通常选用二次型性能指标以设计最优制导规律,所以,最优自寻的制导系统通常是基于二次型性能指标的最优控制系统。

根据式(4-53)的第二式,导弹的纵向运动可表示为

$$\dot{y} = -(V_D - V_M) = -V_c \qquad (4-62)$$

式中,V_c 为导弹对目标的接近速度。

设 t_k 为导弹与目标的遭遇时刻(在此时刻导弹与目标相碰撞或两者间距离最小),则在某一瞬时 t,导弹与目标在 Oy 轴方向上的距离偏差为

$$y = V_c(t_k - t) = (V_D - V_M)(t_k - t) \qquad (4-63)$$

二次型性能指标的一般形式如下所示:

$$J = \int_0^T G(c, u, r, t)\,\mathrm{d}t \qquad (4-64)$$

式中,c 为系统的输出;u 为控制量;r 为系统的输入。被积函数 $G(c, u, r, t)$ 称为损失函数,它表示了系统实际性能对理想性能随时间变化的变量。最优控制问题,就是确定控制输入 u^*,使在 u 和 x 受约束时,性能指标 J 最小。

如果损失函数为二次型,它应首先含有制导误差的平方项,还要含有控制所需的能量项。对任何制导系统,最重要的是期望在导弹与目标遭遇时刻 t_k 时的脱靶量极小。由于选择的指标为二次型,故应以脱靶量的平方表示,即

$$[x_M(t_k) - x_D(t_k)]^2 + [y_M(t_k) - y_D(t_k)]^2 \qquad (4-65)$$

为简化分析,通常选用 $y = 0$ 时的 x 值作为脱靶量。于是,要求 t_k 时 x 的值尽可能小。由于舵偏角受限,导弹的可用过载有限,导弹结构能承受的最大载荷也受到限制,所以控

制量 u 也应受到约束。因此,选择下列形式的二次型性能指标函数:

$$J = \frac{1}{2} x^{\mathrm{T}}(t_k) C x(t_k) + \frac{1}{2} \int_{t_0}^{t_k} (x^{\mathrm{T}} Q x + u^{\mathrm{T}} R u) \, \mathrm{d}t \qquad (4-66)$$

式中, C、Q、R 为正对角线矩阵,它保证了指标为正数,在多维情况下还保证了性能指标为二次型。例如,对讨论的二维情况,则

$$C = \begin{bmatrix} c_1 & 0 \\ 0 & c_2 \end{bmatrix} \qquad (4-67)$$

这样,对于二维情况,由式 $(4-59)$ 可得,性能指标函数中首先含有 $c_1 x_1^2(t_k)$ 和 $c_2 x_2^2(t_k)$。 如果不考虑导弹相对运动速度项 $x_2(t_k)$,则令 $c_2 = 0$,$c_1 x_1^2(t_k)$ 便表示了脱靶量。积分项中 $u^{\mathrm{T}} R u$ 为控制能量项,对控制矢量为一维的情况,则可表示为 $R u^2$。 R 根据对过载限制的大小来选择,R 小时,对导弹过载的限制小,过载就可能较大,但计算出来的最大过载不能超过导弹的可用过载;R 大时,对导弹过载的限制大,过载就可能较小,为充分发挥导弹的机动性能,过载也不能太小。因此,应按导弹的最大过载恰好与可用过载相等这个条件来选择 R。 积分项中的 $x^{\mathrm{T}} Q x$ 为误差项,由于主要是考虑脱靶量 $x(t_k)$ 和控制量 u,因此,该误差项不予考虑。这样,用于自寻的制导系统的二次型性能指标函数可简化为

$$J = \frac{1}{2} x^{\mathrm{T}}(t_k) C x(t_k) + \frac{1}{2} \int_{t_0}^{t_k} R u^2 \, \mathrm{d}t \qquad (4-68)$$

给定导弹的运动状态方程为

$$\dot{x} = A x + B u$$

应用最优控制理论,可得最优制导规律为

$$u = - R^{-1} B^{\mathrm{T}} P x \qquad (4-69)$$

其中, P 根据下述的里卡蒂(Riccati)方程解得

$$A^{\mathrm{T}} P + P A - P B R^{-1} B^{\mathrm{T}} P + Q = P$$

这里 $Q = 0$。P 的终端条件:

$$P(t_k) = c$$

当求得 P 后,仍不考虑速度项 x_2,即 $c_2 = 0$,则可得最优制导规律为

$$u = - \frac{(t_k - t) x_1 + (t_k - t)^2 x_2}{\dfrac{R}{c_1} + \dfrac{(t_k - t)^3}{3}} \qquad (4-70)$$

为了使脱靶量最小,应选取 $c_1 \to \infty$,则有

$$u = -3\left[\frac{x_1}{(t_k - t)^2} + \frac{x_2}{t_k - t}\right] \tag{4-71}$$

根据图 4-11 可得

$$\tan q = \frac{x}{y} = \frac{x_1}{V_c(t_k - t)} \tag{4-72}$$

当 q 比较小时, $\tan q \approx q$,则

$$q = \frac{x_1}{V_c(t_k - t)} \tag{4-73}$$

$$\dot{q} = \frac{x_1 + (t_k - t)\dot{x}_1}{V_c(t_k - t)^2} = \frac{1}{V_c}\left[\frac{x_1}{(t_k - t)^2} + \frac{x_2}{t_k - t}\right] \tag{4-74}$$

将式(4-74)代入式(4-72)中,可得

$$u = -3V_c\dot{q} \tag{4-75}$$

在上式中, u 的量纲是加速度的量纲($\mathrm{m/s^2}$),把 u 与导弹速度矢量 V_D 的旋转角速度 $\dot{\sigma}$ 联系起来,则

$$u = -a = -V_D\dot{\sigma}$$
$$\dot{\sigma} = -\frac{u}{V_D} \tag{4-76}$$
$$\dot{\sigma} = \frac{3V_c}{V_D}\dot{q}$$

从式(4-75)和式(4-76)可看出,不考虑弹体惯性时,自动瞄准制导的最优导引规律是比例导引,其比例系数为 $3V_c/V_D$,这也证明比例导引是一种很好的导引方法。

4.4.2　模糊制导律

尽管传统的比例导引律需要的信息量少,结构简单,且对发射初始条件的要求不是很严格,因此在实践中应用最为广泛,但其本质上是一种针对不机动目标,并且可用过载不受限制的最优导引律,对拦截大机动目标并不适用,脱靶量较大。另一方面,虽然现代导引律制导精度高、性能好,但所需测量的信息量大,技术上难以实现。因此,在有限的探测信息下寻求一种高精度导引律是急需解决的问题。

导弹制导系统是典型的非线性时变系统,工作环境复杂,模糊逻辑具有不依赖对象精确数学模型的特点,所以在导引律的设计中受到广泛关注。将模糊逻辑应用到导引律的

设计当中,将制导问题转化为误差反馈控制问题,可提高制导精度,同时不需要更多测量信息,工程上易于实现。

比例导引律是在导弹追击目标的过程中其法向加速度的大小正比于目标视线的转动角速度的制导规律。基本思想是通过导引信号的作用抑制目标视线角速率的变化,来实现视线角速率趋于零,最终拦截目标。比例导引指令计算公式如下:

$$a = K|V_c|\dot{q} \tag{4-77}$$

其中,K 是比例系数,一般取值范围为 $2\sim6$;V_c 为导弹对目标的接近速度,$V_c = V_D - V_M$;$\dot{q}$ 是视线角速率。在比例导引律中,比例导引系数 K 的选择对弹道的影响非常明显,K 的选择应该满足如下条件:

(1)K 的最小值应该保证 $\dot{q}$ 收敛;

(2)K 的最大值应该保证小于可用过载;

(3)K 的选取应当保证系统的稳定性。

上述的比例导引方法具有导弹制导系统结构简单、可靠性高和对匀速目标射击时精度高等特点。但是导弹导引和控制系统相当复杂并且是典型非线性的,另一方面需要在变量大范围变化的情况下拦截和摧毁目标。为了完成高质量的导引过程,获得小的导引误差,将模糊逻辑与比例导引相结合,通过相对简单的改进和可靠的模糊推理机获得导引律的参数不失为一种好的方法。一方面这可以减少导引系统中的传感器数量,另一方面这可以获得导弹的高机动能力的潜力。在进行模糊制导律[33,34]的设计之前,首先给出如图4-12所示的模糊制导系统结构图。

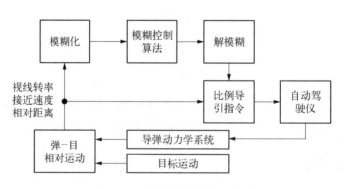

图 4-12 模糊制导系统结构图

模糊控制[35]是以模糊集合论、模糊语言变量及模糊推理为基础的一种计算机数字控制。根据模糊控制器特点可知,模糊逻辑对于不确定的运行环境和不精确的测量信息具有较强的鲁棒性,下面给出三输入一输出模糊控制器的设计过程。

1. 模糊量化处理

如果精确量 x 的实际变化范围为 $[c_1, c_2]$,采用下式将区间上 $[c_1, c_2]$ 的精确量转换到 $[-N, N]$ 上的模糊量:

$$X_x = \frac{2N}{c_2 - c_1}\left(x - \frac{c_1 + c_2}{2}\right) \tag{4-78}$$

模糊论域根据经验以及需要进行划分,一般的工业生产过程控制划分 7 个等级,正大(PB),正中(PM),正小(PS),零(ZE),负小(NS),负中(NM),负大(NB)。模糊子集隶属度函数常用的有三角形、倒钟形和梯形等。

此处使用三维模糊控制器的输入为导引头能获取的相对距离、相对速率和视线转动速率,输出为指令加速度。因为末制导过程中相对距离始终为正,模糊词集为 PB(正大),PM(正中),PS(正小),相对速率也始终为正,模糊词集为 PB(正大),PM(正中),PS(正小),视线转动速率和指令加速度正负均有值,模糊词集为 PB(正大),PM(正中),PS(正小),ZE(零),NS(负小),NM(负中),NB(负大)。

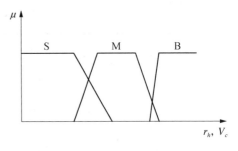

图 4-13 r_h 和 V_c 的隶属度函数

对模糊变量距离 r_h 和接近速度 V_c,选用梯形隶属度函数,如图 4-13 所示。

对模糊变量 $\dot{q}$ 和 a 选择三角形隶属度函数,如图 4-14 所示。

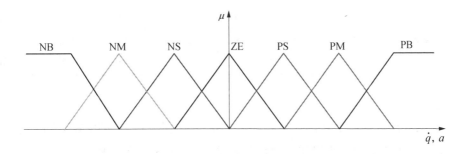

图 4-14 $\dot{q}$ 和 a 的隶属度函数

2. 模糊规则

模糊规则根据最优控制经验制定,此处三个输入一个输出的模糊集数可分别取为 3,3,7,对应的模糊控制器规则数为 63 条,每条模糊规则的形式表示如下:

$$R^j : if\ E_1 = A_{i_1}\ And\ E_2 = B_{i_2}\ And\ E_3 = C_{i_3}\ Then\ Y = D_{i_3} \tag{4-79}$$

其中,$j = 1, 2, 3, \cdots, 63$,$i_1 = 1, 2, 3$,$i_2 = 1, 2, 3$,$i_3 = 1, 2, 3, \cdots, 7$,其中 A_{i_1}、B_{i_2}、C_{i_3} 和 D_{i_3} 分别为由论域 X 和 Y 上的模糊集合定义的语言值。

根据制导过程中的一般经验可知,当相对距离、相对速率大时,即制导初期,指令加速度应该取中,以便节约能量,并迅速减小相对距离,加快视线转动速率的收敛和稳定。随着距离的减小,如果相对速率变小,则减小指令加速度,如果目标采取机动使得相对速率和视线转动速率增大,则需加大指令加速度,跟踪目标机动,抑制视线转动速率的增大。当相对距离很小时,即制导末段,导弹和目标处于激烈的追逃交战状态,无论相对速度如何变化,只要视线转动速率增大,则指令加速度必须取大来迅速抑制视线的旋转,直到视线转动速率趋近于零时,才减小指令加速度。当相对距离到达盲区时,导引头无法获取相对运动信息,则中断制导回路,拦截弹按惯性飞行,不再施加任何控制。按照上述经验,给出模糊规则库。如表4-1所示,共63条模糊规则。

表4-1 模糊制导律规则库

r	a V_c	$\dot{q}$ NB	NM	NS	ZE	PS	PM	PB
B	B	NM	NM	NS	ZE	PS	PM	PM
	M	NM	NM	NS	ZE	PS	PM	PM
	S	NM	NS	NS	ZE	PS	PS	PM
M	B	NB	NM	NS	ZE	PS	PM	PB
	M	NM	NM	NS	ZE	PS	PM	PM
	S	NM	NS	NS	ZE	PS	PS	PM
S	B	NB	NB	NM	ZE	PM	PB	PB
	M	NB	NM	NS	ZE	PS	PM	PB
	S	NM	NS	NS	ZE	PS	PS	PM

3. 模糊推理

Mamdani 推理算法由于其计算简单有效得到广泛使用,此处采用 Mamdani 推理算法进行模糊推理,采用最大最小操作处理重叠区域以产生最有可能的解。

4. 去模糊

去模糊法包括重心法、面积重心法、左取最大法,其中重心去模糊法具有良好的稳态性能,所以此处选用该方法。去模糊的作用是将推理机制得到的输出变换到精确值。重心去模糊法表示为

$$a = \frac{\sum_{i=1}^{n}\mu_i(a_i)a}{\sum_{i=1}^{n}\mu_i(a_i)} \tag{4-80}$$

式中,a_i 是离散化的点;$\mu_i(a_i)$ 是 a_i 的隶属度;n 是离散化点的个数。

在模糊比例导引中,比例导引系数 K 的选择隐含在模糊推理中,K 的取值大小就反映了输出过载指令的大小。模糊制导律规则库如表4-1所示。模糊控制器有三个输

入量：导弹目标相对距 r，相对速度 V_c 和视线角速率 $\dot{q}$，导引律的输出为 a。 将 a 改为 K，当 $K = \text{PB}(\text{NB})$ 时，$K = 6$；当 $K = \text{PM}(\text{NM})$ 时，$K = 4$；当 $K = \text{PS}(\text{NS})$ 时，$K = 2$；当 $K = \text{ZE}$ 时，$K = 0$，从而得到表 4 – 2 所示模糊比例导引规则库。

表 4 – 2　模糊比例导引规则库

K		$\dot{q}$						
r	V_c	NB	NM	NS	ZE	PS	PM	PB
B	B	4	4	2	0	2	4	4
	M	4	4	2	0	2	4	4
	S	4	2	2	0	2	2	4
M	B	6	4	2	0	2	4	6
	M	4	4	2	0	2	4	4
	S	4	2	2	0	2	2	4
S	B	6	6	4	0	4	6	6
	M	6	4	2	0	2	4	6
	S	4	2	2	0	2	2	4

思考题

（1）选择导引方法的依据是什么？设计导引方法的要求有哪些？

（2）常用的导引方法有哪些分类？

（3）平行接近法在什么条件下可以保证直线弹道？

（4）采用比例导引法时，视线角速率 $\dot{q}$ 的变化对过载有什么影响？

（5）比例导引法中的比例系数与制导系统有什么关系？

（6）最优制导律有哪些缺点？

（7）什么叫法向过载？怎么计算导弹允许攻击区？

（8）模糊制导律与其他制导律的区别有哪些？

（9）模糊制导系统的组成结构有哪些？

第5章
测量装置

5.1 测量装置的特性

导弹是一种精确的制导武器,需要根据测得的信号对导弹进行控制,因此,离不开测量装置。利用测量装置对测量对象进行测量时,需要综合考虑诸多因素,如被测对象待测量的变化特点、变化范围、测量精度要求等,然而对测量结果具有决定作用的因素是测量系统。无论是自行设计还是选用已有的测量系统,都必须满足测量要求。通过分析测量系统的基本特性可以判断该系统是否符合所需的测量要求。

在测量时,当测量系统的输入输出信号不随时间变化时,这样的测量称为静态测量。静态测量时,测量系统表现出的响应特性称为静态响应特性。在静态测量中,静止的或随时间缓慢变化的被测物理量称为静态量。动态量是指随时间快速变化的物理量。对动态物理量的测量称为动态测量,此时测量系统反映的是其动态特性。为分析方便,一般将测量系统的静态特性[36]和动态特性分开讨论。

5.1.1 测量装置的静态特性

1. 基本指标

1) 测量范围

在测量系统规定的精度下,测量被测变量所允许的范围即为测量范围。测量范围的最大值和最小值分别称为测量上限和测量下限,简称上限和下限,这两者的代数差则用来表示测量系统的量程。例如,某温度测量系统的下限值为-20℃,上限值是80℃,则其量程为|80℃-(-20℃)|=100℃。因此,给出测量系统的上、下限即可知其量程。反之,若给出测量系统的量程却无法得到测量系统的上下限(即测量范围)。

2) 灵敏度

测量系统在稳态条件下,输出的变化量和与之对应的输入变化量之比表示测量系统的灵敏度,用 S_l 表示,则可写为

$$S_l = \lim_{\Delta X_l \to 0} \left(\frac{\Delta Y_l}{\Delta X_l} \right) = \frac{\mathrm{d} Y_l}{\mathrm{d} X_l} \tag{5-1}$$

式中,$\Delta X_l = X_l - X_{l0}$;$\Delta Y_l = Y_l - Y_{l0}$。

对于线性系统,灵敏度 K 可表示为

$$K = \frac{Y_l - Y_{l0}}{X_l - X_{l0}} = \frac{\Delta Y_l}{\Delta X_l} \qquad (5-2)$$

式(5-2)中的量如图 5-1(a)所示,由该图不难看出线性测量系统的灵敏度 K 是常数,可由静态特性曲线的斜率来求得。式(5-1)中的量如图 5-1(b)所示,对非线性测量系统,其灵敏度 S_l 由静态特性曲线上各点的斜率决定。因此,非线性测量系统的灵敏度是变化的。

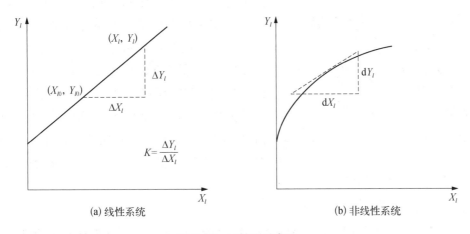

图 5-1 灵敏度示意图

3)分辨力

能引起输出量发生变化的所对应的输入量的最小变化量 ΔZ_f 称为测量系统的分辨力。分辨力可以用绝对值 Δ_f 表示,也可以用满刻度的百分比 δ_f 表示,例如许多测量系统在全量程范围内各测量点的分辨力并不相同,这时通常用能引起输出变化的全量程各点最小输入量中的最大值 $\Delta X_{f\max}$ 相对于满量程输出值 $Y_{F,S}$ 的百分数来表示系统的分辨力。

2. 质量指标

1)迟滞

迟滞又称回程误差或滞后误差,表征了在正向(输入量增大)和反向(输入量减小)期间系统输出与输入特性曲线的不一致的程度,如图 5-2 所示。亦即在外界条件不变的情况下,对应于同一大小的输入信号,测量系统在正、反行程中的输出信号的数值不相等。这是由于测量系统中的弹性元件、机械传动中的间隙和内摩擦、磁性材料的磁滞

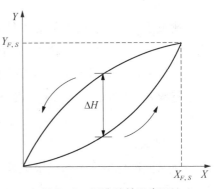

图 5-2 迟滞特性示意图

等引起的。回程误差一般由实验确定,其值由同一输入量对应正、反行程输出量的最大差值 $|\Delta H_{max}|$ 与满量程的 $Y_{F,S}$ 百分比来表征。

2) 重复性

重复性表示由同一观测者采用相同的测量条件、测量方法及测量仪器对同一被测量对象按正、反行程在全程内进行连续重复测量而得到的各特性曲线的重复程度,如图 5 - 3 所示,其中, δ_R 为同一输入量对应正、反行程输出量的差值。所得的这些特性曲线越重合,说明重复性越好,误差也越小。重复特性的好坏与许多随机因素有关,产生原因与产

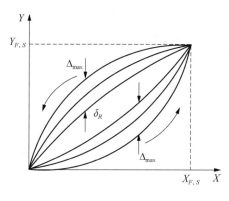

图 5 - 3　重复性示意图

生迟滞现象的原因相同。对应于同一输入量,在多次循环的同向行程中,用输出量之间的最大偏差 Δ_{max} 与满量程 $Y_{F,S}$ 的百分比表示重复性误差 δ_R。重复性误差也常用绝对误差表示。在测量时,对应一个测试点多次从同一方向(正行程或反行程)趋近,获得系列输出值,取其中最大值与最小值之差作为重复性偏差。选取几个测试点,从而得到与这几个测试点对应的重复性偏差,然后在这几个重复性偏差中取出最大值作为该测量系统的重复性误差。

3. 线性度

线性度是指测量系统的输出量与输入量之间的线性程度。理想的测量系统静态特性曲线是一条直线。但实际测量系统的输入与输出曲线并不是一条理想的直线。线性度就是反映测量系统实际输出、输入关系曲线与根据实际测量系统的输入输出值拟合的理想直线偏离程度。通常用相对误差 δ_L 表示:

$$\delta_L = \frac{\Delta L_m}{Y_{F,S}} \times 100\% \qquad (5-3)$$

式中, ΔL_m 为实际曲线和拟合直线间的最大偏离量; $Y_{F,S}$ 为系统量程满度值。

4. 准确度

测量系统的准确度也可用精度来表征。一般通过准确度等级指数、不确定度以及简化表示等方式来描述。准确度等级指数越小表示准确度越高。不确定度是指测量系统在规定条件下测量时所得测量结果的不确定度。通常精度 A 可以由线性度 δ_L、迟滞 ΔH 以及重复性 δ_R 之和得到。值得一提的是,以此表征测量系统准确度是一种粗略的简化方式。

5. 可靠性

在保持运行指标不超过限定范围的前提下,测量系统在规定时期内执行其功能的性能称为可靠性。衡量测量系统可靠性的指标主要包括:

（1）平均无障碍时间：在正常工作条件下，测量系统开始连续不断工作，直至因系统本身发生故障丧失正常工作能力时为止的这一段时间即为平均无障碍时间，单位一般取小时或天。

（2）可信任概率：在正常工作条件下，测量系统在给定时间内保持技术指标在规定限度以内的概率即为可信任概率。可信任概率值越大，测量系统的可靠性就越高，维持费用越节省，但会增加测量系统的研制成本。

（3）故障率：故障率也称为失效率，是平均无故障时间的倒数。

（4）有效度：有效度被定义为测量系统的平均无故障时间与平均故障修复时间和平均无故障时间之和的比值。该比值越接近 1，测量系统的工作就越可靠。该性能指标是衡量测量系统可靠性的综合指标。

6. 稳定性

在规定工作条件范围内，测量系统在规定时间内保持其性能不变的能力称为稳定性。其中，规定的时间根据使用要求的不同可以有很大的差别，如从几分钟到一年不等。有时也采用给出规定的有效期来表示其稳定性。例如，一个月当中，若测量系统输出值的变化不超过 0.8% 满量程，该系统的稳定性则表示为 0.8% 满量程/月。

此外，测量系统还有经济方面的指标，如功耗、价格、使用寿命等；测量系统使用方面的指标，如质量、体积的大小等。

5.1.2　测量装置的动态特性

动态特性是指测量装置在输入发生变化时的输出特性。当测量装置的输入信号变化缓慢时输出的特性很容易检测，随着输入信号变化加快，输出特性就会很难准确地反映输入信号的变化，波形的再现能力下降。一个动态特性好的测量装置，其输出将再现输入量的变化规律，即具有相同的时间函数。实际上除了具有理想的比例特性外，输出信号将不会与输入信号具有相同的时间函数，这种输出与输入间的差异就是所谓的动态误差。

虽然测量装置的种类和形式很多，但它们一般可以简化为一阶或二阶系统（高阶可以分解成若干个低阶环节），因此一阶和二阶测量装置是最基本的。测量装置的输入量随时间变化的规律是各种各样的，在对测量装置动态特性进行分析时，采用最典型、最简单、易实现的正弦信号和阶跃信号作为标准输入信号。

对于正弦输入信号，测量装置的稳态响应称为频率响应，是指测量装置在振幅不变的正弦信号作用下的响应特性。在工程中所有的信号都不是正规的正弦信号，但是都可以经过傅里叶变换或者展开成傅里叶级数的形式，即可以把原曲线用一系列的正弦曲线叠加得到。因此，各个复杂变化的曲线的响应，可以用正弦信号的响应特性判断。

对于阶跃输入信号，测量装置的时间响应称为测量装置的阶跃响应。在研究测量装置的动态特性时,有时需要从时域中对测量装置的响应和过渡过程进行分析,这种分析方法是时域分析法。从阶跃响应中可获得它在时间域内的瞬态响应特性,反映测量装置的固有特性,和激励的初始状态无关。瞬态响应的存在说明测量装置的响应有一个过渡过程。

1. 测量装置动态特性的数学模型

测量装置的动态特性比静态特性要复杂得多,必须根据测量装置结构与特性,建立与之相应的数学模型,从而利用逻辑推理和运算方法等已有的数学成果,对测量装置的动态响应进行分析和研究。最广泛使用的数学模型是线性常系数微分方程。只要对微分方程求解,即可得到动态性能指标。线性常系数微分方程一般形式如下所示:

$$a_n \frac{\mathrm{d}^n y(t)}{\mathrm{d}t^n} + a_{n-1} \frac{\mathrm{d}^{n-1} y(t)}{\mathrm{d}t^{n-1}} + \cdots + a_1 \frac{\mathrm{d}y(t)}{\mathrm{d}t} + a_0 y(t)$$

$$= b_m \frac{\mathrm{d}^m x(t)}{\mathrm{d}t^m} + b_{m-1} \frac{\mathrm{d}^{m-1} x(t)}{\mathrm{d}t^{m-1}} + \cdots + b_1 \frac{\mathrm{d}x(t)}{\mathrm{d}t} + b_0 x(t) \tag{5-4}$$

式中,$x(t)$ 为系统的输入;$y(t)$ 为系统的输出;a_n,a_{n-1},$\cdots$,a_0 和 b_m,b_{m-1},$\cdots$,b_0 为测量装置的物理参数。理论上讲,式(5-4)描述测量装置的输入与输出的关系,但是对于一个复杂的系统和复杂的输入信号,采用式(5-4)求解很困难。因此,在信息论和控制论中,通常采用一些足以反映系统动态特性的函数,将系统的输出与输入联系起来。这些函数有传递函数、频率响应函数和脉冲响应函数等。

2. 传递函数

传递函数的概念在测量装置的分析、设计和应用中十分有用。利用这些概念,可以用代数式的形式表征系统本身的传输、转换特性,它与激励和系统的初始状态无关。因此,如两个完全不同的物理系统由同一个传递函数来表征,那么说明这两个系统的传递特性是相似的。对式(5-4)所描述的常系数微分方程两端作零初始条件下的拉氏变换,系统输出量的拉氏变换 $y(s)$ 与输入量 $x(s)$ 的拉氏变换之比为测量装置的传递函数 $H(s)$,其表达式为

$$H(s) = \frac{y(s)}{x(s)} = \frac{b_m s^m + b_{m-1} s^{m-1} + \cdots + b_1 s + b_0}{a_n s^n + a_{n-1} s^{n-1} + \cdots + a_1 s + a_0} \tag{5-5}$$

系统时域输出 $y(t)$ 为 $y(s)$ 的拉氏反变换,即 $y(t) = \mathrm{L}^{-1}[y(s)] = \mathrm{L}^{-1}[H(s)x(s)]$。此外,传递函数的特性如下:

(1)传递函数不因输入的改变而改变,它仅表达测量装置的特性;

(2)由传递函数所描述的一个测量系统对于任一具体的输入都明确地给出了相应的输出;

（3）传递函数中的各系数 a_n，a_{n-1}，$\cdots$，a_0 和 b_m，b_{m-1}，$\cdots$，b_0 是由测量系统本身结构特性所唯一确定的常数。

引入传递函数概念之后，在 $y(s)$、$x(s)$ 与 $H(s)$ 三者之中，知道任意两个，第三个便可以容易求得。这样就为了解一个复杂的系统传递信息特性创造了方便条件，这时不需要了解复杂系统的具体内容，只要给系统一个激励信号 $x(t)$，得到系统对 $x(t)$ 的响应 $y(t)$，系统特性就可以确定了。

3. 频率响应函数

对于稳定的常系数线性系统，可用傅里叶变换代替拉普拉斯变换，此时对式（5-4）所描述的常系数微分方程的两边作单边傅里叶变换。系统输出量的傅氏变换 $Y(j\omega)$ 与输入量的傅氏变换 $X(j\omega)$ 之比为频率响应函数 $H(j\omega)$：

$$H(j\omega) = \frac{Y(j\omega)}{X(j\omega)} = \frac{b_m(j\omega)^m + b_{m-1}(j\omega)^{m-1} + \cdots + b_1(j\omega) + b_0}{a_n(j\omega)^n + a_{n-1}(j\omega)^{n-1} + \cdots + a_1(j\omega) + a_0} \tag{5-6}$$

傅里叶变换之比，是在"频域"对系统传递信息特性的描述。输出量的幅值与输入量幅值之比称为测量装置的幅频特性。输出量与输入量的相位差称为测量装置的相频特性。

4. 传递函数和频率响应函数的异同

传递函数和频率响应函数均可描述一个测量系统对正弦激励信号的响应，均可表达系统的传递特性。其中，传递函数表示由激励所引起的、反映系统固有特性的瞬态输出，以及与该激励所对应的系统稳态输出，并且反映了测量系统对正弦激励信号响应的全过程。在控制技术中，常用来描述从起始的瞬态变化到最终达到稳定状态整个过程的全部特性。而频率响应函数表达的仅仅是系统对简谐输入信号的稳态输出，不能反映过渡过程。在测量工作中常常用频率响应函数来描述系统的动态特性。

5.2　陀螺仪

陀螺仪[37]是敏感角运动的一种装置，它的基本原理是刚体定点转动的力学原理。一般来说质量轴对称分布的刚体当它绕对称轴高速旋转时，都可以称为陀螺。陀螺自转的轴称为陀螺的主轴或转子轴。把陀螺转子装在一组框架上，使其有两个或三个自由度，这种装置就称为陀螺仪（实际工作中常把陀螺仪简称为陀螺），如图 5-4 中的陀螺转子装在两个环架上，它能绕 Ox、Oy、Oz 三个互相垂直的轴旋转，称为三自由度陀螺仪，如果将三自由度陀螺仪的外环固定，陀螺转子便失去了一个自由度，这时就变成了二自由度陀螺仪。

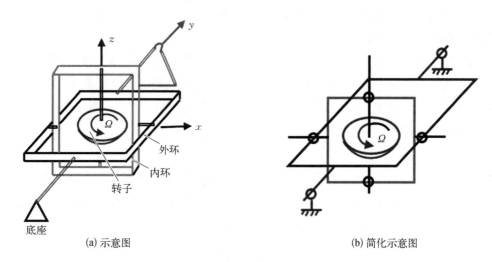

(a) 示意图　　　　　　　　　　　　　　　　　(b) 简化示意图

图 5-4　三自由度陀螺仪

5.2.1　陀螺仪的基本特征

陀螺仪的基本特征是转子绕主轴高速旋转而具有动量矩,正是由于陀螺仪具有动量矩,使它的运动规律与一般的刚体有所不同,这就是通常所称的陀螺仪的特性,即陀螺仪的定轴性和进动性。

1. 陀螺仪的定轴性

陀螺仪的转子绕主轴高速转动,即具有动量矩 H,如果不受任何外力矩的作用,陀螺仪主轴将相对惯性空间保持方向不变,这种特性称为陀螺仪的定轴性。定轴性是三自由度陀螺仪的一个基本特征。如图 5-4 中三自由度陀螺仪的基座无论如何转动,只要不使陀螺仪受外力矩作用,转子在惯性空间的方向保持不变。也可以说,由内、外框架组成的框架装置在角运动方面起隔离作用,将基座的角运动与转子的角运动隔离开来,这样如果陀螺自转轴稳定在某个方向上,那么基座转动时它仍然稳定在原来的方向上。

定轴性是刚体运动的惯性现象。陀螺仪的定轴性可以用动量矩守恒定律来加以说明。由动量矩守恒定律可知,当刚体所受的合外力矩为零时,刚体的动量矩保持不变,表明陀螺仪动量矩 H 在惯性空间中既无大小的改变也无方向的改变,也就是陀螺仪主轴保持原来的方向不变。

实际上陀螺仪不受任何外力矩作用的情况是不存在的,由于结构和工艺的不尽完善(如陀螺仪的转子质心与框架中心不完全重合,轴承中不会完全没有摩擦),陀螺仪不可避免地要受外力矩的作用,陀螺仪转子轴的方向就不可能在惯性空间绝对不变。如果上述因素的影响很小,转子轴在惯性空间的方向改变得并不显著,在这种情况下,仍可认为陀螺仪有定轴性。

2. 陀螺仪的进动性

当陀螺仪的转子绕主轴高速旋转时,若其受到与转子轴垂直的外力矩作用,则转子轴并不按外力矩的方向转动,而是绕垂直于外力矩的第三个正交轴转动。陀螺仪的动量矩相对惯性空间转动的特性称为陀螺仪的进动性,也称受迫进动。进动性是三自由度陀螺仪的又一个基本特性。为了同一般刚体的转动相区别,把陀螺仪绕着与外力矩矢量垂直方向的转动称为进动,其转动角速度称为进动角速度[22]。

根据动量矩定理,作用在刚体上的冲量矩等于刚体的动量矩增量。动量矩为 H_z 的陀螺仪受到外力矩 M_x 作用,则在 Δt 时间内作用在刚体上的冲量矩为 $M_x \Delta t$,如图 5-5 所示,动量矩的增量 $\Delta H_z = H_z \tan \Delta \phi \approx H_z \Delta \phi$,则有

$$H_z \Delta \phi = M_x \Delta t \tag{5-7}$$

取极限得出进动角速度为

$$\omega_j = \frac{\mathrm{d}\phi}{\mathrm{d}t} = \frac{M_x}{H_z} \tag{5-8}$$

其中,陀螺仪动量矩等于转子绕自转轴的转动惯量 J_z 与转子自转角速度 Ω_z 的乘积,这样上式也可以写成:

$$\omega_j = \frac{M_x}{J_z \Omega_z} \tag{5-9}$$

由上式可知,当动量矩 H_z 为一定值时,进动角速度 ω_j 的大小与外力矩的大小成正比;进动外力矩为一定时,进动角速度 ω_j 的大小与动量矩的大小成反比。若动量矩和外力矩均为一定值时,则进动角速度也保持一定值。

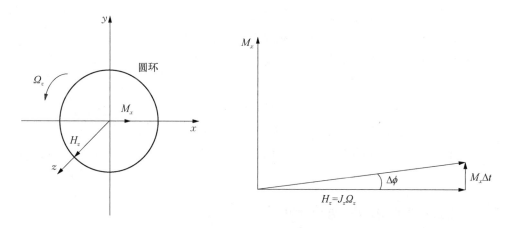

图 5-5　高速旋转圆环的进动

陀螺仪进动角速度的方向取决于动量矩 H_z 和外力矩的方向。在进动过程中,动量矩 H_z 沿最短路径趋向外力矩的方向,就是进动方向。进动角速度矢量、动量矩矢量和外力矩

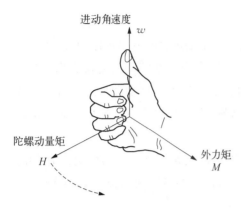

进动角速度

ω

陀螺动量矩

H

外力矩
M

图 5 - 6　陀螺仪进动的方向

矢量三者的方向可以用右手螺旋定则确定：将四指伸向动量矩方向，然后以最短路径握向外力矩的右手旋进方向（拇指指向），就是进动角速度方向，如图 5 - 6 所示。

陀螺仪进动的根本原因是转子受外力矩的作用，外力矩作用于陀螺仪的瞬间，它就立即出现进动，外力矩除去的瞬间，它就立即停止进动；外力矩的大小、方向改变，进动角速度的大小、方向也立即发生相应的改变，也就是说，陀螺仪的进动是没有惯性的。但是，完全的无惯性是不存在的，这里只是因为陀螺仪的动量矩较大，它的惯性表现得不明显。

从三自由度陀螺仪的基本组成可知，内环的结构保证了自转轴与内环轴的垂直关系；外环的结构保证了内环轴与外环轴的垂直关系；而自转轴与外环轴的几何关系，则要根据两者间的相对转动情况而定。当作用在外环轴上的外力矩使陀螺转子（连同内环）绕内环轴进动时，自转轴与外环轴就不能保持垂直关系。设自转轴偏离它原来的位置一个 θ_l 角时，如图 5 - 7 所示，则陀螺仪动量矩在垂直外环轴方向的有效分量为 $H_l \cos\theta_l$，此时进动角速度的大小变为

$$\omega_j = \frac{M}{H_l \cos\theta_l} \qquad (5 - 10)$$

由上式可知，当自转轴与外环轴垂直，即 $\theta_l = 0$（$\cos\theta_l = 1$）时，陀螺转子动量矩的有效分量最大；当自转轴相对于垂直位置的偏转角逐渐增大，陀螺转子动量矩的有效分量随之减小，如果自转轴绕内环轴的进动角度达到 90°，那么自转轴就与外环轴重合，即陀螺仪失去一个自由度，陀螺转子动量矩垂直于外环轴的有效分量为零，这时，作用在外环轴上的外力矩将使转子连同内环一起绕外环轴转动起来，这时陀螺仪变成了二自由度陀螺仪，这种现象叫环架自锁。一旦出现环架自锁，陀螺仪就没有绕外框架轴的进动性了。

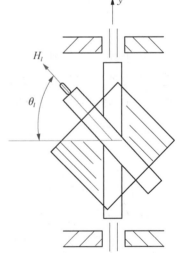

图 5 - 7　自转轴与外环轴
不垂直的情况

5.2.2　三自由度陀螺仪在导弹上的应用

三自由度支承能使陀螺仪在空间保持主轴的方向不变，用这种方法支承，陀螺仪是自由的。三自由度陀螺仪应用于导弹上，其基本功能是敏感角位移，因此三自由度陀螺仪也称自由陀螺仪或位置陀螺仪。根据三自由度陀螺仪在导弹上安装方式的不同，可分为垂

直陀螺仪和方向陀螺仪[22]。

1. 垂直陀螺仪

垂直陀螺仪的功能是测量弹体的俯仰角和滚转角。安装方式:陀螺仪主轴与弹体坐标系 Oy_1 轴重合,内环轴与弹体纵轴 Ox_1 重合,外环轴与弹体坐标系 Oz_1 轴重合。俯仰角输出电位器的滑臂装在外环轴上,电位器绕组与弹体固连,如图 5-8 所示。

陀螺仪测角的原理:导弹发射的瞬间,陀螺仪的内环轴与 Ox_1 轴重合,外环轴与 Oz_1 轴重合,导弹在飞行过程中,电位器绕组与弹体一起运动,这时,不会有外力矩作用到陀螺仪上,由于陀螺仪的定轴性,其转子轴(主轴)在空间的方向不变,转子轴绕陀螺仪内、外环轴的转角皆为零,因此电位器的滑臂在空间方位不变。当弹体滚转或做俯仰运动时,电位器的滑臂与绕组间的相对转动,使电位器产生输出电压,其幅值与弹体转动的角度成线性关系。

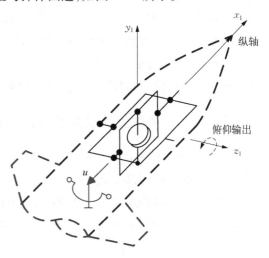

2. 方向陀螺仪

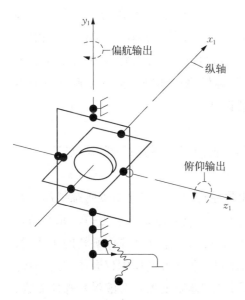

图 5-8　垂直(滚动、俯仰)陀螺仪原理图

方向陀螺仪的功能是测量弹体的偏航角和俯仰角。安装方式:陀螺仪主轴与弹体坐标系 Ox_1 轴重合,内环轴与弹体纵轴 Oz_1 重合,外环轴与弹体坐标系 Oy_1 轴重合。俯仰角输出电位器的滑臂装在内环轴上,电位器绕组与外环固连,偏航角输出电位器的滑臂装在外环轴上,电位器绕组与弹体固连,如图 5-9 所示。方向陀螺仪的测角原理与垂直陀螺仪相同。当弹体做偏航运动时,方向陀螺仪就输出与弹体的转动角度成比例的电压信号。

基于位置陀螺仪测角的功能不同,垂直陀螺仪常用于地对空导弹和空对空导弹,方向陀螺仪用于地对地导弹。位置陀螺仪应安装在靠近导弹重心的部位,以保证测量的准确性。

3. 三自由度陀螺仪在弹上的安装方式与测角精度

弹体可以绕外环轴和转子轴任意转动而不会破坏陀螺仪三个轴原来的正交性。以垂直陀螺仪为例,见图 5-8,在弹体有任意的偏航运动时,其结果仅仅是陀螺仪框架绕陀螺自转轴转动,弹体也可以绕滚动轴任意地转动。在这两种

图 5-9　方向(偏航、俯仰)陀螺仪原理图

情况下,两组框架都保持正交,因而能够正确地测出弹体的俯仰和滚转运动。然而弹体的俯仰运动会使两组框架趋向重合,在俯仰角达 90° 时两框架平面完全重合,陀螺仪失去一个自由度,在这种状态下,如果弹体有偏航运动,它将带着陀螺转子轴一起转动,这时陀螺的参考方向遭到破坏,将严重影响测量精度。

对于方向陀螺仪,见图 5－9,弹体可以绕滚动轴任意地转动,而三个轴的几何关系没有任何本质变化,只是绕陀螺自转轴转动,弹体的俯仰运动将使得内环轴与外环不再互相垂直。如果只关心弹体的滚动,陀螺仪自转轴有两种可能的方位,一种是图 5－8 所示的垂直陀螺仪,另一种安装方式是将陀螺仪主轴与弹体坐标系 Oz_1 轴重合,内环轴与弹体纵轴 Oy_1 重合,外环轴与弹体坐标系 Ox_1 轴重合,可以测量弹体的滚转角和偏航角。

5.2.3　二自由度陀螺仪及其在导弹上的应用

1. 二自由度陀螺仪的特性

将二自由度陀螺仪安装在带基座的支架上,转子绕 z 轴旋转的动量矩为 H_d。如图 5－10 所示,当基座绕陀螺仪自转轴或框架轴转动时,陀螺仪自转轴仍稳定在原来的方向不变,也可以说,对于基座绕这两个轴的转动,框架仍然起到隔离角运动的作用。但是当

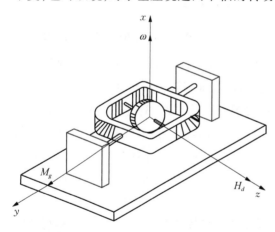

图 5－10　基座转动时的陀螺力矩

基座以角速度 ω 绕 x 轴转动时,由于陀螺仪绕该轴没有转动自由度,基座转动将通过框架轴上的一对轴承带动框架连同转子一起绕 x 轴转动,也称为"强迫进动",这时陀螺转子将产生 y 轴方向的陀螺力矩 M_g,其大小为 $H_d\omega$,在陀螺力矩作用下,陀螺仪将绕框架轴进动,进动角速度与基座的转动角速度成比例;若基座转动的方向相反,则陀螺力矩的方向也将改变到相反的方向,陀螺仪绕框架轴进动的角速度方向也随之改变[22]。

2. 二自由度陀螺仪在导弹上的应用

根据测量功能的不同,二自由度陀螺仪可分为测速陀螺仪、测速积分陀螺仪等。

1) 测速陀螺仪

测速陀螺仪又称速率陀螺仪、微分陀螺仪或阻尼陀螺仪。给二自由度陀螺仪加上弹性元件(弹簧片等)、阻尼器和角度传感器,从而成为一个测速陀螺仪。当弹性元件的弹性系数 K 很小时,输出量几乎与输入角速度成正比,就可以测量导弹弹体旋转的角速度,弹性元件与阻尼器的一端固定在框架轴的一端上,阻尼器另一端与陀螺仪壳体固连,兼起到框架轴一端支承的作用。阻尼器常用空气阻尼器或液体阻尼器。对液浮陀螺仪而言,浮子与壳体间隙内的液体黏性约束可以起到阻尼器的作用,因而不需要安装阻尼器。最

简单的常用角度传感器是电位器,电位器的电刷固定在框架轴的另一端(即安装在弹性元件与阻尼器的相对位置),电位器绕组与陀螺仪壳体固连。

在导弹上,框架轴的方向与弹体纵轴平行,如图 5-11 所示,当导弹以角速度 ω_{y_1} 绕 Oy_1 轴转动时,由陀螺仪进动的右手定则可知,陀螺仪将沿 Ox_1 轴反方向产生陀螺力矩 M_g,使陀螺仪绕 Ox_1 轴进动,如果没有弹性元件的约束作用,在进动过程中转子动量矩矢量将逐渐转向 Oy_1 轴方向,最终与 Oy_1 轴重合。由于陀螺仪在进动过程中弹性元件与阻尼元件将产生与进动方向相反的弹性力矩和阻尼力矩,所以当框架转到某一角度时,陀螺力矩与约束力矩平衡,此时角度传感器输出电压与陀螺力矩成正比,而陀螺力矩与弹体转动角速度成正比,因此角度传感器的输出电压与弹体转动角速度成正比。阻尼器的作用是对框架的起始转动引入阻尼力矩,消除框架转动过程中的振荡。

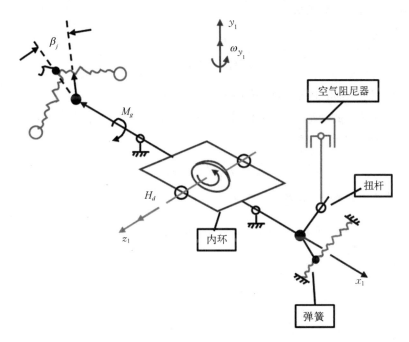

图 5-11 测速陀螺仪工作原理

接下来推导测速陀螺仪的传递函数。测速陀螺仪的输入信号是导弹的转动角速度 ω_{y_1},它的输出信号是电位计的电压 U_n。陀螺转子进动的过程,也就是陀螺力矩与弹簧的恢复力矩、阻尼器的阻尼力矩、惯性力矩、摩擦力矩等相平衡的过程。设陀螺转子进动角度为 β_j(β_j 也是电位计电刷偏转的角度),则陀螺力矩为

$$M_g = (H_d \cos \beta_j) \omega_{y_1} \qquad (5-11)$$

式中,H_d 为转子的动量矩。如果转子进动的角度 β_j 很小,上式可写成:

$$M_g = H_d \omega_{y_1} \qquad (5-12)$$

弹簧的恢复力与进动角度 β_j 成比例,弹簧的恢复力为

$$F_x = K_x L_1 \beta_j \tag{5-13}$$

式中, K_x 为弹簧的恢复系数; L_1 为长度系数。

弹簧的恢复力矩为

$$M_x = F_x L_1 = K_x L_1 \beta_j L_1 = K\beta_j \tag{5-14}$$

式中, $K = K_x L_1^2$ 为弹簧的力矩系数。

阻尼器的阻尼力矩与进动角速度 $\dot{\beta}_j$ 成比例,即

$$M_z = K_z \dot{\beta}_j \tag{5-15}$$

式中, K_z 为阻尼器的阻尼系数。

惯性力矩为

$$M_G = J_{x_1} \ddot{\beta}_j \tag{5-16}$$

式中, J_{x_1} 为框架、转子和轴等绕框架轴 x_1 的转动惯量。

如果不考虑轴承的摩擦力矩、电位计的反作用力矩等,对于小角度 β_j 的运动,沿框架轴 x_1 的力矩平衡方程可以写为

$$H_d \omega_{y_1} = J_{x_1} \ddot{\beta}_j + K_z \dot{\beta}_j + K\beta_j \tag{5-17}$$

对上式进行拉普拉斯变换,可得

$$H_d \omega_{y_1}(s) = J_{x_1} s^2 \beta_j(s) + K_z s \beta_j(s) + K\beta_j(s) \tag{5-18}$$

则测速陀螺仪的传递函数为

$$\frac{\beta_j(s)}{\omega_{y_1}(s)} = \frac{H_d}{J_{x_1} s^2 + K_z s + K} \tag{5-19}$$

写成一般形式为

$$G_{NT}(s) = \frac{\beta_j(s)}{\omega_{y_1}(s)} = \frac{K_{NT}}{T_{NT}^2 s^2 + 2\xi_{NT} T_{NT} s + 1} \tag{5-20}$$

式中, K_{NT} 为陀螺传递系数, $K_{NT} = H_d/K$; T_{NT} 为陀螺时间常数, $T_{NT} = \sqrt{J_{x_1}/K}$; ξ_{NT} 为相对阻尼系数, $\xi_{NT} = \dfrac{K_z}{2\sqrt{KJ_{x_1}}}$。 因此,测速陀螺仪是一个二阶振荡环节。

从测速陀螺仪的传递函数可以得出,该式的稳态值为

$$\beta_j = \omega_{y_1} H_d/K \tag{5-21}$$

上式表明,如果测速陀螺仪的输入为角速度 ω_{y_1},则输出量是一个正比于 ω_{y_1} 的角度 β_j。

设电位计的传递系数为 K_u，则电位计输出信号为

$$U = K_u\beta_j = K_u\omega_{y_1}H_d/K \tag{5-22}$$

2）测速积分陀螺仪

测速积分陀螺仪是在二自由度陀螺仪基础上增设阻尼器和角度传感器而构成的。与测速陀螺仪相比，它只缺少弹性元件，而阻尼器起了主要作用。实际中应用的测速积分陀螺仪都是液浮式结构，典型的液浮式积分陀螺仪的原理结构如图 5-12 所示。陀螺转子装在浮筒内，浮筒（即浮子）被壳体支承，浮筒与壳体间充有浮液，浮筒受的浮力与其重量相等，以保护宝石轴承。

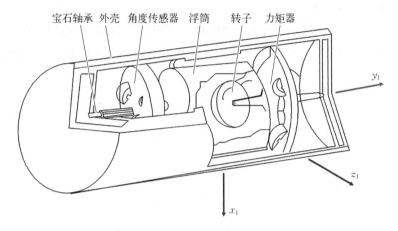

图 5-12　测速积分陀螺仪原理结构图

当陀螺仪壳体（与弹体固连）绕 Ox_1 轴以角速度 ω_x 转动时，陀螺仪产生一个和角速度 ω_x 成比例的陀螺力矩，这个力矩使浮筒绕 Oy_1 轴进动，悬浮液的黏性对浮筒产生阻尼力矩。设浮筒进动角速度为 $\dot{\beta}_j$，则阻尼力矩为

$$M_z = K_z\dot{\beta}_j \tag{5-23}$$

式中，K_z 为阻尼系数。

陀螺仪的陀螺力矩为

$$M_z = H_d\omega_x\cos\beta_j \tag{5-24}$$

式中，H_d 为陀螺转子的动量矩。

从角度传感器输出的电压为

$$U = k_c\beta_j \tag{5-25}$$

式中，k_c 为角速度传感器的传递系数；β_j 为平衡状态下进动角度值。

如果不考虑其他干扰力矩，对浮筒的小角度 β_j 的运动方程可写成：

$$J_y \ddot{\beta}_j + K_z \dot{\beta}_j = H_d \omega_x \cos \beta_j = H_d \omega_x \qquad (5-26)$$

式中，J_y 为浮筒、轴和转子绕 Oy_1 轴的转动惯量。

对上式进行拉普拉斯变换，可得

$$J_y s^2 \beta_j(s) + K_z s \beta_j(s) = H_d \omega_x(s) \qquad (5-27)$$

可得到积分陀螺仪的传递函数为

$$W(s) = \frac{\beta_j(s)}{\omega_x(s)} = \frac{H_d}{J_y s^2 + K_z s} = \frac{K_{NT}}{s(T_{NT}s + 1)} \qquad (5-28)$$

式中，$K_{NT} = H_d / K_z$；$T_{NT} = J_y / K_z$。

式（5-28）是由一个积分环节和一个惯性环节串联而成的，当阻尼系数 K_z 远远大于转动惯量 J_y 时，T_{NT} 是一个很小的量，这时测速积分陀螺仪的传递函数可近似表示为[22]

$$W(s) = \frac{\beta_j(s)}{\omega_x(s)} = \frac{K_{NT}}{s}$$

$$\beta_j(s) = \frac{K_{NT}}{s} \omega_x(s) \qquad (5-29)$$

即

$$\beta_j = K_{NT} \int \omega_x(t) \, \mathrm{d}t \qquad (5-30)$$

这个环节就变成一个纯积分环节，这时液浮式测速积分陀螺仪角度传感器的输出电压与输入角速度的积分成比例，这种陀螺仪也可以用来测量弹体的角速度。因为输出角速度与输入角速度成比例，有时亦称为比例陀螺仪。

5.3 导引头

导引头[38]是一种安装在导弹上的目标跟踪装置，它的作用是测量导弹偏离理想运动轨道的失调参数，利用失调参数形成制导指令，送给弹上控制系统，去操纵导弹飞行。采用不同的引导方法所要求测量的失调参数的类型不同。用直接法导引时失调参数是导弹的纵轴与目标视线之间的夹角；采用追踪法时，失调参数是导弹的速度矢量方向与目标视线之间的夹角；如果采用平行接近法或比例导引法导引时，失调参数则是目标视线转动的角速度。

5.3.1 导引头分类

导引头接收目标辐射或反射的能量，确定导弹与目标的相对位置及运动特性，形成引导指令。按导引头所接收能量的能源位置不同，导引头可分为：① 主动式导引头，接受目标反射的能量,照射能源在导引头内;② 半主动式导引头,接收目标反射的能量,照射能源不在导引头内;③ 被动式导引头,接收目标辐射的能量。按导引头接收能量的物理性质不同可分为雷达导引头和光电导引头。光电导引头又分为电视导引头、红外导引头和激光导引头。

按导引头测量坐标系相对于弹体坐标系是静止还是运动的关系,可分为固定式导引头和活动式导引头。活动式导引头又分为活动非跟踪式导引头和活动跟踪式导引头。下面介绍固定式和活动式导引头的工作原理及特征。

1. 固定式导引头

导引头的测量坐标系与弹体坐标系相重合,这种导引头称为固定式导引头。固定式导引头不跟踪目标的位移,而只测量目标视线与弹体纵轴之间的角偏差。如图 5 - 13 所示,根据测得的角偏差 φ_1,导引头形成相应的失调信号电压 $u_\varphi = K_\varphi \varphi_1$, K_φ 为传递系数。根据 u_φ 形成 Oy、Oz 方向的引导指令:

$$u_y = K_y \varphi_y$$
$$u_z = K_z \varphi_z \tag{5-31}$$

式中, K_y、K_z 为传递系数。引导指令通过控制系统操纵导弹飞行,使导弹在空间向失调参数(角偏差)接近于零的方向飞行,从而使目标位于导弹纵轴方向上,这种系统实现的是直接法。

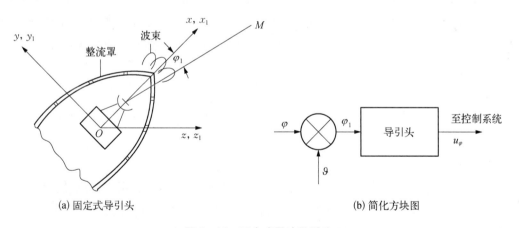

(a) 固定式导引头　　　　　　　　　(b) 简化方块图

图 5 - 13　固定式雷达导引头

采用固定式导引头的制导系统也能实现追踪法。其方法是在弹上增加测速装置,如风标器等,如图 5 - 14 所示。

由于导弹的速度比干扰风速大得多,因此风标器的指向可以认为是导弹速度的方向,这个方向和导弹纵轴间的夹角就是导弹的攻角 α,经角度传感器输出的电压为

$$u_\alpha = K_\alpha \alpha \tag{5-32}$$

式中, K_α 为传感器的传递系数。

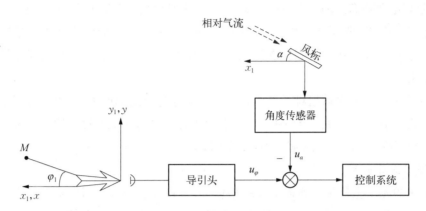

图 5‑14　装风标的固定导引头

导引头的输出电压为

$$u_\varphi = K_\varphi \varphi_1 \tag{5-33}$$

根据式(5‑33),弹上控制系统的输入控制电压为

$$u_k = u_\varphi - u_\alpha = K(\varphi_1 - \alpha) \tag{5-34}$$

式中,$K = K_\varphi = K_\alpha$。此电压信号经过放大变换,操纵导弹执行装置产生控制力,使 $\varphi_1 = \alpha$,即导弹向速度方向与目标视线重合的方向飞行,这样就实现了追踪法导引。采用固定式导引头,在导弹弹体振动时,导引头测量的角偏差值中包含弹体角振动分量,因而测量精度比较低,制导误差较大。

2. 活动式导引头

导引头坐标系与弹体坐标系的相对方位能够变化的导引头称为活动式导引头,一般分为活动式非跟踪导引头和活动式跟踪导引头两种[22]。

1)活动式非跟踪导引头

活动式非跟踪导引头可以改变导引头坐标系与弹体坐标系的相对方位,使导引头坐标轴瞄准目标,然后固定导引头坐标系相对弹体速度矢量的位置,可直接实现追踪法,不跟踪目标视线。这种导引头可用于追踪法和平行接近法引导的导弹。

2)活动式跟踪导引头

使导引头坐标系 Ox 轴连续跟踪目标视线的导引头,称为活动跟踪式导引头。下面以跟踪天线安装在陀螺稳定平台上的雷达导引头为例,说明活动式跟踪导引头的工作原理,如图 5‑15 所示。天线与稳定平台固连,稳定平台根据偏差方向做相应的转动,使天线对准目标方向。当天线中心线偏离目标视线时,接收机输出误差信号,该信号包含偏差的大小和方向信息,误差信号经放大后,驱动力矩电动机,使平台转动,直至误差信号为零。因此,导引头跟踪系统能够保证天线跟踪目标。由于天线始终跟踪目标转动,因而天线转动的角速度就是目标视线的转动角速度,而天线的转动角速度是可以测量的,这种导引头可用于实现平行接近法和比例导引法。

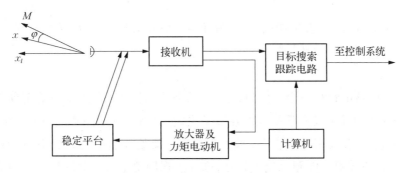

图 5‑15　带稳定平台的导引头简化原理框图

在采用比例导引法时,应满足:

$$\dot{\theta} = K\dot{\varphi} \tag{5-35}$$

式中,$\dot{\theta}$ 为导弹速度矢量转动角速度;$\dot{\varphi}$ 为目标视线转动角速度;K 为导引系数。

活动跟踪式导引头的输出信号与目标视线角速度成比例,可写为

$$u_{\dot{\varphi}} = K_{\varphi}\dot{\varphi} \tag{5-36}$$

式中,K_{φ} 为比例系数。

由于 $\dot{\theta} = a_y/V_D$,法向加速度 a_y 可用线加速度计测出,导弹速度 V_D 是已知的,这样根据线加速度计的输出可得到与导弹速度矢量角速度成比例的信号 $u_{\dot{\theta}}$,这样误差信号可由

$$\Delta\dot{\theta} = K\dot{\varphi} - \dot{\theta} \tag{5-37}$$

进一步可以得到如下表达式:

$$u_{\Delta\dot{\theta}} = \frac{K}{K_{\varphi}}u_{\dot{\varphi}} - u_{\dot{\theta}} \tag{5-38}$$

由此可得到制导指令。

5.3.2　对导引头的基本要求

导引头是自寻的系统的关键设备,导引头对目标高精度的观测和跟踪是提高导弹制导精度的前提条件,因此,导引头的基本参数应满足一定的要求。

1. 发现和跟踪目标的距离 R_m

发现和跟踪目标的距离 R_m,由导弹的最大发射距离(射程)来决定(这里指的是全程自寻的制导的导弹,如果是寻的末制导导弹,导引头跟踪距离与末制导段距离有关,而不

取决于最大射程），它应满足下式：

$$R_m \geqslant \sqrt{(d_{max} + v_m t_0)^2 + H_m^2} \qquad (5-39)$$

式中，R_m 为发现和跟踪目标的距离；d_{max} 为导弹的最大发射距离；v_m 为目标速度；H_m 为目标飞行高度；t_0 为导弹飞行时间。

2. 视场角

导引头的视场角 Ω 是一个立体角，导引头在这个范围内观测目标。在光学导引头中，视场角 Ω 的大小由导引头光学系统的参数来决定；对雷达导引头而言，视场角 Ω 由其天线的特性（如扫描，多波束等）与工作波长来决定。要使导引头的分辨率高，那么视场角应尽量小，而要使导引头能跟踪快速目标，则要求视场角增大。对固定式导引头而言，视场角应大于或等于这样一个值，当视场角等于这个角度值时，在系统延迟时间内，目标不会超出导引头的视场，即要求：

$$\Omega \geqslant \dot{\varphi}\tau \qquad (5-40)$$

式中，$\dot{\varphi}$ 为目标视线角速度；τ 为系统延迟时间。

若 $\dot{\varphi} = 5°/s \sim 10°/s$，而 $\tau = 1$ s，则得 $\Omega = 5° \sim 10°$。对于活动式跟踪导引头，视场角可以大大减小，因为在目标视线改变方向时，导引头的坐标轴 Ox 也随之改变自己的方向。

3. 中断自导引的最小距离

在自寻的系统中，随着导弹向目标逐渐接近，目标视线角速度随之增大，这时导引头接收的信号越来越强，当导弹与目标之间的距离缩小到某个值时，大功率信号将引起导引头接收回路饱和，从而不可能分离出关于目标运动参数的信号。这个最小距离，一般称为"死区"。在导弹进入导引头最小距离前，应当中断导引头自动跟踪回路的工作。

4. 导引头框架转动范围

导引头一般安装在一组框架上，相对弹体的转动自由度受到空间和机械结构的限制，一般限制±40°以内。

5.3.3 红外导引头

根据红外导引头[39-41]结构特点和工作原理，红外导引头可分为以下两类：同轴式红外导引头和伺服连接式红外导引头。

1. 同轴式红外导引头

同轴式红外导引头通常由红外光学系统、调制器、红外探测器（光电转换器）、误差信号放大器及陀螺角跟踪系统组成，如图 5-16 所示。

同轴式红外导引头将光学系统和调制器作为陀螺转子的一部分，直接固定在陀螺转子上，与转子一起旋转，并使光学系统轴与陀螺转子轴相重合，如图 5-17 所示。利用自

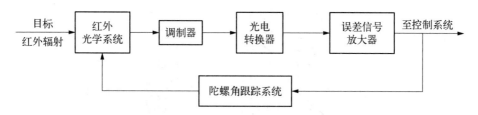

图 5-16　同轴式红外导引头原理图

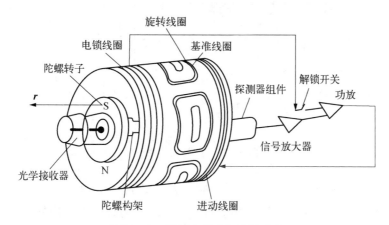

图 5-17　同轴安装式红外导引头

由陀螺仪的定轴性实现导弹视线的空间稳定。陀螺转子中有一块永久磁铁,导引头壳体上绕有轴向进动线圈,用以产生进动力矩。

在导弹跟踪目标过程中,如果目标视线与光轴间出现偏角,由红外探测器将相应的电信号输出给误差信号处理线路,这个信号经放大、滤波等处理,在陀螺进动线圈中产生相应的控制电流,此电流通过线圈产生的磁场与陀螺转子上的永久磁铁的磁场相互作用而产生进动力矩,在进动力矩的作用下,陀螺转子轴向目标方向进动,使光学系统轴不断地跟踪目标。下面介绍红外导引头的各组成部分[22]。

1) 红外光学系统

导引头采用折反式光学系统。由球形外罩、主反射镜、次反射镜(平面反射镜)、支撑玻璃板、光栏和色谱滤光片组成,如图 5-18 所示。在光学系统的焦平面上放有调制盘,滤光片之后放置红外线探测元件。这些元件是同轴的,也就是每一表面的曲率中心都在一条直线上,这条直线称为光轴。如果制造和安装时造成偏离,就会损害光学系统的性能。导引头工作时,球形外罩处于固定状态,探测元件处于可摆动状态,其余部件则和陀螺转子固定在一起,处于高速旋转又可摆动的状态。

(1) 球形外罩。

球形外罩是一个半球形的罩,位于导弹的最前端,用金属压环与弹体连在一起。作用是把整个导引头封闭起来,作为一个保护罩,并且用来得到良好的空气动力性能。由于目

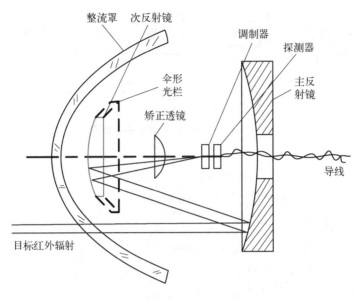

图 5‑18 红外光学系统

标辐射的红外线首先必须经此球形外罩折射到大反射镜上,因此选择材料时要求在所需的波长范围内透射率高,使透过此罩的能量损失最小。另外要求球形外罩的球心与自动导引头的旋转中心相重合,这样可以保证陀螺绕球心运动,而且还可以保证当陀螺转子处在任意位置时,系统的光学性能保持不变。

（2）主反射镜。

它为圆形球面反射镜,是红外光学系统的主要部件。为减少能量损失,在反射镜的凹形球面上可采取真空镀铝,以获得最大的反射率。目标红外线通过球形外罩后经主反射镜反射到平面反射镜上。

（3）次反射镜。

次反射镜位于主反射镜的反射光路中,主反射镜会聚的红外光束,经次反射镜反射回来,大大缩短了光学系统的轴向尺寸。

（4）滤光片。

光谱滤波是利用目标和背景辐射光谱分布的差别,使红外接收装置能在规定的光谱范围工作的技术。为了达到较好的光谱滤波效果,可根据红外接收装置光敏电阻(探测器)的光谱特性设计和加工滤光片,使它具有所希望的光谱特性,用以消除和减少杂散辐射及背景辐射的影响,从而保证对目标辐射的光谱波段有较高的透过率。滤光片装在调制盘之后,目的是不因加入滤光片而影响信号调制时的优良像质,使其尽量靠近调制盘是为使其尺寸减小。

支撑玻璃对次反射镜起支撑作用,它应透过红外线;光栏防止漫射光线的干扰。为了提高自动导引系统的性能,可以增加校正透镜,用来校正光学系统成像的像差,提高像质。

红外光学系统的工作过程如下：目标的红外辐射透过球形外罩，照射到主反射镜上，经主反射镜聚焦，反射到次反射镜上，再次反射并经光栏、校正透镜等进一步会聚，成像位于光学系统焦平面的调制器上。这样，光学系统把目标辐射的分散能量聚集成能量集中的像点，增强了系统的探测能力。

目标像点在调制器上的位置与目标在空间相对导引头光轴的位置相对应。为讨论方便，可以用一个与光学系统焦距相等的等效凸透镜来代替光学系统。设目标视线与光轴的夹角即偏差角用 $\Delta\varphi$ 来表示，如图 5 - 19 所示。

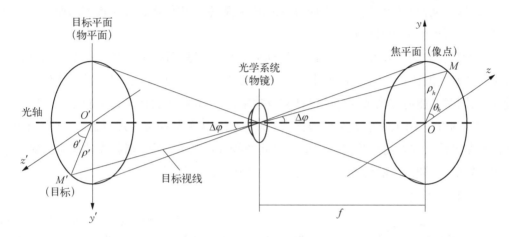

图 5 - 19　目标和像点位置关系

当偏差角 $\Delta\varphi = 0$ 时，目标成像于测量坐标系原点 O 点；当 $\Delta\varphi \neq 0$ 时，目标像点 M 偏离 O 点。设像点与测量坐标系原点距离 $OM = \rho_h$，由于 $\Delta\varphi$ 是个很小的角，则有

$$\rho_h = f \cdot \tan \Delta\varphi \approx f \cdot \Delta\varphi \qquad (5 - 41)$$

根据上式，距离 ρ_h 与偏差角的大小成比例，比例系数 f 为光学系统的焦距。图 5 - 19 中测量坐标系 yOz 与 $y'O'z'$ 相差 $180°$，目标位置 M' 与 $O'z'$ 轴的夹角为 θ'，目标像点 M 与 Oz 轴的夹角为 θ_h，由图可得 $\theta_h = \theta'$。即像点 M 的方位角反映了目标偏离光轴的方位角 θ'。由此可见，光学系统焦平面上的目标像点 M 的位置参数 ρ_h、θ_h，表示了目标偏离光轴的偏差角的大小和方向。

2）调制器

经光学系统聚焦后的目标像点，是强度随时间不变的热能信号，如直接进行光电转换，得到的电信号只能表明导引头视场内有目标存在，不能判定目标的方位，所以在光电转换前必须对目标像点进行调制，把接收到的恒定辐射能变换为随时间断续变化的辐射能，并使调制成的信号的幅值、频率、相位等随目标在空间的方位变化而变化。因此，调制器的作用如下：

（a）对所接收的目标信息进行调制以供鉴别目标偏离光轴的方位；

（b）对背景的辐射进行空间滤波；

（c）给出满足自动跟踪和控制系统稳定性及准确度要求的调制曲线。

所谓空间滤波，是利用目标和背景的空间辐射特性的差别即光学系统对目标和背景辐射所成的像的尺寸不同，突出目标信号，抑制背景，从而提高从背景中探测特定目标的能力。调制器是导引头的关键元件之一，广泛应用的调制器是调制盘。调制盘样式繁多，基本都是在一种合适的透明基片上用照相、光刻、腐蚀等方法制成特定图案。当目标像点和调制盘有相对运动时，调制盘就对目标像点进行调制，调制后的辐射能量是时间的周期性函数，即周期振荡的载波。如果使载波的振幅、频率或相位随目标位置不同而按一定规律变化，即可得到不同的调制波。

一般载波的频率取得比较高，以使目标的信号频带范围远小于载波频率。此时在传输中只涉及载波比较窄的频带范围，可以用选频放大器，放大载频调制信号，让信息方便地通过，同时也能适应光敏元件的最佳响应频率，采用高频载波还可以抑制噪声干扰。

按调制方式不同，调制盘分调幅式、调频式、调相式和脉冲编码式调制盘，其中调频方式的调制盘输入误差角与输出解调信号之间的线性度最好，而调幅方式的调制盘对小信号跟踪较好，早期研制的红外制导系统大多采用调幅式调制盘。

（1）旋转调幅式调制盘。

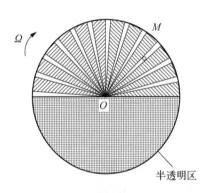

图5-20　一种调幅式调制盘图案

如图5-20所示的调制盘的图案，是一种调幅式调制盘。调制盘以其直径为分界线分成上下两部分，上半圆是辐射状的，分为黑白相间的十二等分，由透明与不透明的扇形组成，下半圆是呈半透明状的半透明区。黑色单元能全部吸收红外线，透明单元可全部透过红外线，半透明区的红外线透过率为50%。

当目标在导引头视场角范围之内时，它就成像于调制盘上，调制盘与陀螺转子固连，陀螺转子旋转时，调制盘随之一起旋转。当经光学系统聚焦后的目标像点落在调制盘上时，由于调制盘的旋转使目标像点的连续型的红外能量被调制成脉冲信号。脉冲信号包络的频率与陀螺转子的旋转频率相同，载波频率与调制盘图案及调制盘的旋转频率有关，当用图5-21中所示的调制盘调制时，其载波频率为$T/12$，T为调制盘旋转周期。

当目标成像于A点时，其面积为S_z，总面积中只有一部分辐射能透过调制盘，面积为S_1，辐射在黑色单元的部分则不能透过，其面积为S_2，如图5-21所示，假设目标像点的辐射照度是均匀分布的，则透过的能量F_1与S_1成正比，不能透过的能量F_2与S_2成正比。所以调制盘旋转时透过的能量在F_1与F_2之间周期性的变化。这里有用的调制信号为$|F_1-F_2|$，它与$|S_1-S_2|$成正比，当$S_1=S$而$S=0$时透过的能量最大，为表示信号调制

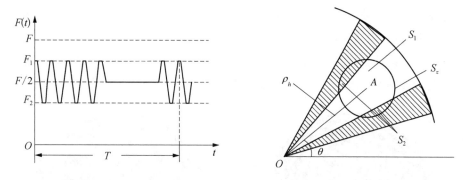

图 5 - 21　调制信号波形

的程度,引入调制深度的概念,即

$$D = \frac{|F_1 - F_2|}{F} = \frac{|S_1 - S_2|}{S_z} \qquad (5-42)$$

由上式可知,调制深度 D 越大,所得到的调制信号的幅值也越大。如果目标像点面积不变,偏离量 ρ_h 增大,则 S_1 增加,而 S_2 减小,所以调制深度 D 增大,此时调制信号幅值也随之增大。反之,S_1 减小,调制深度 D 值也减小,调制信号幅值也减小。因此这种调制盘在目标像点面积一定时所得调制信号的调制深度是像点在调制盘上的偏离量 ρ_h 的函数。

在调制盘所在的平面上设置一个固定的平面坐标系,就可以判定目标像点偏离光轴的方向,此方向就是目标偏离导引头方位的真实反映。令半透区与条纹区的分界线为基准线,并假定目标像点为一个几何点,则目标像点偏离的方位角不同时,得到的调制脉冲包络信号的初相角也不同。为了比较相位,引入初相角为零的基准信号,图 5 - 22 为目标在 A、B 两点所得的调制信号波形,其中调制信号包络与基准信号的相位差分别等于目标在空间的方位角 θ_a、θ_b。由于假定目标像点为几何点,调制信号的载波为矩形波,所以调制信号的初始相位反映了目标像点偏离光轴的方位。因此调制盘输出的调制信号可以反映目标像点偏离方位及大小。

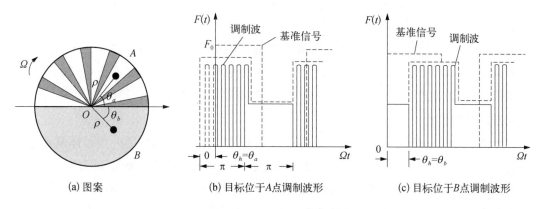

| (a) 图案 | (b) 目标位于 A 点调制波形 | (c) 目标位于 B 点调制波形 |

图 5 - 22　包络信号相位与目标方位角的关系

实际制导系统中使用的调幅式调制盘一般比图5‑20所示的要复杂,例如将上述调制盘再做径向分格,以减小透射与不透射的面积,如图5‑23(a)所示的棋盘格子状调制盘。棋盘格子的设计,应使每个小单元的面积基本相等。图5‑23(a)所示的调制盘还可进一步演变为如图5‑23(b)所示的阿基米德螺线辐射状调制盘。

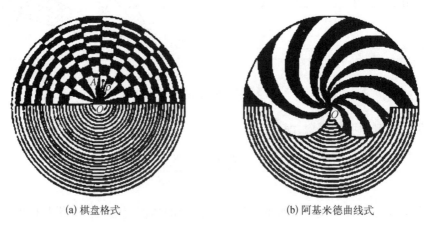

(a) 棋盘格式   (b) 阿基米德曲线式

图5‑23 两种典型的调幅式调制盘

调制盘的形状之所以做得这样复杂,其基本目的是消除背景干扰,实现空间滤波。对于棋盘格子式调制盘,若背景为均匀的辐射,则背景辐射经光学系统入射后成像于整个调制盘上,此时调制盘后面的探测元件接收的光能为一恒定值,故探测元件输出的信号亦为一恒定值;若背景出现大片云彩,云彩辐射成像于调制盘的调制区,可能盖上几条纬线和经线,盖上了几个格,其中透光的面积大致占有一半的面积,随着调制盘转到另一个位置,云彩成像仍然盖上相同数目的格,仍有一半的面积透光,透光面积基本不变,探测元件输出的信号几乎不变。又由于调制盘的半透区部分的透光量为入射到调制盘上的能量的一半,而整个格纹区的辐射能量也为入射到调制盘的能量的一半,故在360°的范围内均不产生调制信号[22]。

一般背景的尺寸比真实目标大得多,它们在调制盘上形成的像点也就比真实目标的像点大得多,因此调制盘仅对目标的热辐射进行调制,对背景不产生调制。当有个别不均匀的背景存在时,这种背景辐射到调制盘上也能引起微弱调制,但由于背景上真实目标的辐射被调制后能得到调制度更大的脉冲,系统将对它优先响应。而对于图5‑20所示的调幅调制盘,当背景辐射面积较小,又成像于调制盘边缘时,仍会有调制信号,不能完全达到空间滤波的目的。

下面讨论调制曲线。由$\rho_h = f \cdot \tan \Delta\varphi \approx f \cdot \Delta\varphi$可知,目标的偏离量$\rho_h$与目标偏离光轴的角度$\Delta\varphi$呈线性关系,目标偏离光轴的角度$\Delta\varphi$与调制脉冲信号的幅值$u$间的关系曲线称为调制盘的调制曲线,棋盘格式调制盘的调制特性曲线如图5‑24所示,其中,OE段对应像点离光轴很近,u很小(小于噪声),表现为调制曲线比较平缓,该区域称为调制盘盲区。随着 $\Delta\varphi$ 的增加,调制深度增加,有用信号也增加,调制曲线表现为 EF 上升区。当 $\Delta\varphi$ 继续增大,目标像点进入棋盘格区域,由于棋盘格区域每一环带宽度随 $\Delta\varphi$ 增加逐渐变窄,则调制深度明显下降,有用信号也下降,调制曲线表现为 FG_φ 下降区。

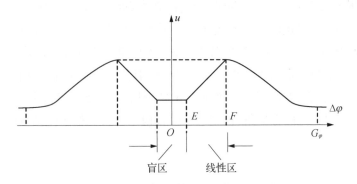

图 5 - 24　棋盘格式调制盘的调制特性曲线

调制曲线的纵轴表示脉冲信号的幅值,横轴表示目标偏离光轴的角度。当 $\Delta\varphi$ 角等于零时,目标成像于光轴上,调制盘输出信号是一个常值,有用调制信号接近零值,系统输出取决于噪声信号。当目标偏离光轴角度很小时,调制盘输出信号调制深度很小,有用信号小于噪声信号,调制信号随目标偏离光轴角度的增大,变化较平缓,处于不能产生正常跟踪信号的区域,这个区域称为调制盘的盲区。随着 $\Delta\varphi$ 角增大,目标像点越出盲区,调制盘输出信号调制深度迅速增加,调制脉冲信号的幅值随 $\Delta\varphi$ 角线性上升,此区域称为线性区域。$\Delta\varphi$ 角继续增加;当它大于某一定值后,目标像点进入棋盘格区,如目标像点直径大于格子径向宽度,应随 $\Delta\varphi$ 角增加环带宽度变窄,调制深度随 $\Delta\varphi$ 角增加而逐渐减小。

调制特性曲线的线性部分保证导引头正常跟踪目标,当 $\Delta\varphi$ 角大于线性区域时,信号幅值与 $\Delta\varphi$ 角不成线性关系,但仍能形成反映目标位置的误差信号,称为捕获区。当 $\Delta\varphi = \Delta\varphi_{max}$ 时,像点越出调制盘边缘,输出信号为零,$2\Delta\varphi_{max}$ 称为导引头的视场角。调制曲线与导引头工作状态的关系如下:当目标像点落到盲区时,没有有用信号输出,即此时导弹处于不控状态,当像点大小变化时,盲区大小也随之变化,盲区的大小是决定系统跟踪精度的一个重要因素。提高系统的信噪比,将会使盲区减小[22]。

导弹在调制曲线的线性段是处于跟踪状态,这一段曲线的形状对控制系统的工作状态有很大影响。一般希望这段线性程度要好,斜率要近似为常值,在斜率一定的情况下,希望线性段宽些,峰值大些,这样导弹跟踪目标的能力也会强些,光学系统轴的跟踪角速度也会大些。当斜率一定时,线性段宽度与调制盘中心扇形区的大小有关,扇形区越长,线性段越宽,但扇形区增大,会造成背景干扰的增大。在捕获目标时,目标像点总是从调制盘边缘逐渐向中心移动,而从调制曲线捕获区逐渐到线性区,从捕获状态转入跟踪状态,捕获区主要是为了扩大视场范围,这段宽度越大,则视场角也越大。

（2）旋转调频式调制盘。

旋转调频式调制盘以基频信号进行频率调制为基础。整个调制盘划分为三层环带，各层环带中的黑白相间的分格数，从内向外为 8、16、32，每层栅格的宽度也是不均匀的，并沿圆周自基线起按正弦规律变化。工作时，调制盘等速旋转，经光学系统聚焦后的红外线，透过调制盘的栅格投射在光电转换器上，进行光电转换后输出脉冲电压，其宽度和重复频率都随时间变化。调制盘上的目标像点与盘心的距离增大时，光电转换器输出脉冲的平均宽度就越窄、平均重复频率就越高，如图 5-25 所示，其中 T 为调制盘转动一圈的周期。这种调频脉冲信号经放大、鉴频以后可变换成正弦电压，如图 5-25 所示，此正弦电压与基准电压的相位差，即为目标方位角，正弦电压的幅值反映目标偏离光轴量的大小。

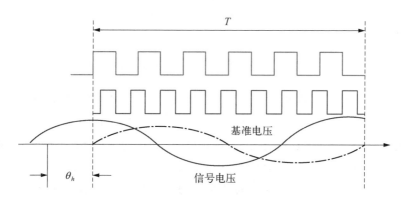

图 5-25　旋转调频调制盘的调制波形

（3）圆锥扫描调制盘。

调制盘图案如图 5-26 所示。外圈为三角形图案，里面为扇形分布棋盘格图案，扇形格数目，由里向外增加，各环带上黑白面积应尽量相等。外圈三角形用来产生调制曲线的

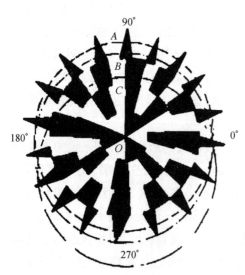

图 5-26　圆锥扫描调制盘

上升段。三角形的数目根据选择的调制频率确定。调制盘工作时置于光学系统的焦平面上，中心 O 与光学系统主光轴重合。折反式光学系统中的次反射镜与系统光轴倾斜一个角度 γ，光学系统绕主光轴以一定的角频率旋转时，目标像点在调制盘上做圆锥扫描运动，如图 5-27 所示，调整次反射镜的倾斜角 γ，可改变所得扫描圆的大小。

目标位于光轴上时，扫描圆与调制盘同心；目标偏离光轴时，扫描圆与调制盘不同心，而目标实际位置与扫描圆心位置相对应。通过调整次反射镜倾斜角 γ 使目标位于光轴上时，目标像点在外圈三角形中部，如图 5-26 中圆 A，透

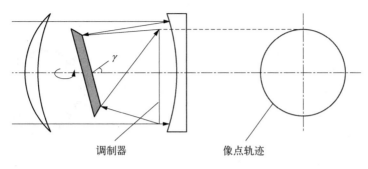

调制器　　　　　　　像点轨迹

图 5 - 27　圆锥扫描的形成

过调制盘的是等幅光脉冲,经光电转换器和滤波器后,得到图 5 - 28(a)所示的不被调制的等幅波,载波频率为 $f_0 = n\Omega$, n 为外三角形个数, Ω 为光学系统旋转速度。目标偏离光轴时,光学系统旋转得到如图 5 - 26 中的扫描圆 B,目标像点一周内扫过外三角形的不同部位,光学系统旋转时得到图 5 - 28(b)所示的调幅波。当目标偏离光轴的误差角 $\Delta\varphi$ 再增大,得到如图 5 - 26 中的扫描圆 C,目标像点扫描一周内已有部分超出调制盘,出现图 5 - 28(c)所示的调幅波。将上述调幅信号检波后,检出反映目标偏离光轴大小和方向的包络信号。这种调制盘的调制曲线如图 5 - 29 所示,曲线只有上升段和下降段,上升段的宽度较窄,下降段的宽度较宽。

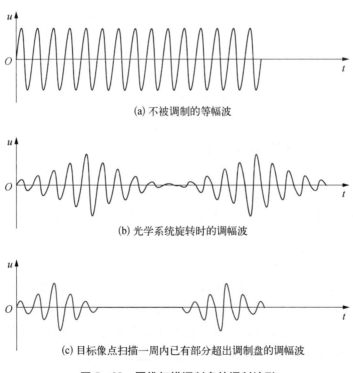

(a) 不被调制的等幅波

(b) 光学系统旋转时的调幅波

(c) 目标像点扫描一周内已有部分超出调制盘的调幅波

图 5 - 28　圆锥扫描调制盘的调制波形

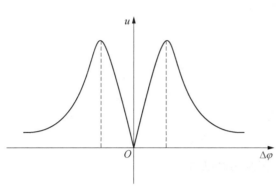

图 5-29 圆锥扫描调制盘的调制曲线　　图 5-30 圆锥扫描调制盘的有效视场

这种圆锥扫描调制盘的特点是,调制曲线没有盲区,在跟踪过程中,像点处在调制盘上任何位置,载波均不会消失,因此多用于跟踪精度较高的系统,工作的有效视场比由调制盘决定的瞬时视场扩大近一倍。当扫描圆偏离到只能扫描到两个三角形时,理论上认为仍可探测到目标,那么由这个扫描圆心决定的圆便是实际有效视场,如图5-30所示。当要求有效视场一定时,这种调制盘比其他类型的调制盘小得多,有利于减小背景干扰。

(4) 多元探测器。

用多元探测器阵列可以制成不用调制盘的跟踪系统,即用光敏元件组成类似于调制盘的图样来完成调制盘的作用,其原理是借助于扫描对光能进行调制。

探测器阵列一般做成线列或矩阵式。下面介绍一种简单的十字形探测器阵列,如图5-31所示。在圆锥扫描式光学系统的焦平面上,放置着由四个矩形光敏元件组成的十字形阵列,当目标位于光轴上时,扫描圆心与十字形的中心重合,像点以等时间间隔通过四个元件,此时产生周期相同的四个脉冲,这时由位于0°和180°、90°和270°的元件分别组成的两个通道的线路直流输出都为零;当目标偏离光轴时,扫描圆与探测器阵列不同心,产生的脉冲间隔就不再相等,此信号和基准信号相比较,就可获得俯仰和偏航直流误差信号电压。误差信号的幅值大小反映了目标偏离的大小,电压的极性反映了偏离方向。这种脉冲调制系统空间滤波性能较好。

3) 光电转换器(红外探测器)

光电转换器的作用是将调制器输出的含有目标信息的红外辐射能转换为电信号。因为误差信号处理器只能处理电信号。红外寻的制导系统中用红外探测器作为光电转换器。红外探测器是一种灵敏度很高、对热辐射反应十分迅速的光电传感器。红外探测器按探测过程的物理机理,可分为热探测器和光子(或量子)探测器。热探测器因入射辐射的热效应引起探测器某一电特性的变化,并且热探测器的响应度(每单位辐射能量输入时

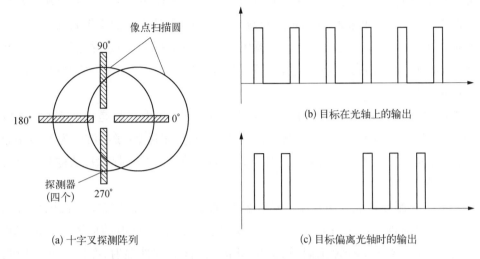

像点扫描圆

90°

180°　　0°

探测器
(四个)

270°

(a) 十字叉探测阵列

(b) 目标在光轴上的输出

(c) 目标偏离光轴时的输出

图 5-31　十字形探测器阵列及其调制波形

探测器的输出)与吸收的能量成正比,所以热探测器的响应度与波长无关。光子探测器中入射光子流和探测材料的电子直接相互作用,因而光子探测器只是响应所吸收的光子。

热探测器的时间常数(探测器突然受到红外照射后,其输出达到最大值的 63% 所需的时间)一般是几毫秒或更长,很难用到制导系统中。由于光子探测器中入射光子和探测器材料的电子间直接相互作用,所以响应时间非常短,大多数光子探测器的时间常数为几个微秒。红外导引头中,目前主要用光子探测器。

光子和物体间相互作用的结果称为光效应。如果入射光子将其能量传递给探测器材料的电子,这个电子就有足够的能量从表面逸出,这一效应称为光电效应。对于波长大于 1.2 μm 的光子,其能量不足以产生自表面逸出的自由电子,但光子传递的能量将使电子从非导电状态变到导电状态,从而产生载流子,载流子的类型,取决于探测器材料的特性。如果材料是本征半导体,一个光子产生一个电子-空穴对,它们分别是正、负电荷的携带者。如果是掺杂半导体,光子则产生单一符号的载流子,要么是正的,要么是负的,不会同时产生两种载流子。如果在探测器上加一偏压而构成电场,则载流子数量的变化将随通过探测器的电流而变化,产生光电导效应。

如果光子在 P-N 结附近产生电子-空穴对,结间的电场就使两类载流子分开,而产生光电压,称为光伏效应。当电子-空穴对在半导体表面附近形成时,则它们力图向深处扩散,以重新建立电中性,如果在这一过程中加上强磁场,就使两种载流子分开而产生光电压,称为光磁电效应。

根据半导体材料的上述光效应,光子探测器可分为光电导探测器、光伏探测器和光磁电探测器等。光电导探测器利用了半导体材料中的光电导效应,当它受到红外线辐射时,其电阻值降低(或电导率增加),光电导探测器也叫光敏电阻。常用的光敏物质有硫化铅、锑化铟、碲镉汞等。光电导探测器灵敏度高、结构简单、坚固,需要加工作偏压。

光伏探测器利用光伏效应,当它受到红外线中的光子流照射时产生光电压。常用的光伏探测器有锑化铟、砷化铟、碲镉汞探测器等。这种探测器无须加工作偏压,因为 P – N 结已经提供了偏压,响应度比光电导探测器快。光磁电探测器利用光磁电效应,由一薄片本征半导体材料和一块磁铁组成。这种探测器无须加偏压,响应度比前两种探测器要低,目前应用得不多。

红外探测器通常采用光电导探测器和光伏探测器,常用材料是硫化铅(敏感波段为 $2 \sim 3\ \mu m$ 的红外辐射),锑化铟(敏感波段为 $3 \sim 5\ \mu m$),硒化铅(敏感波段为 $1 \sim 4\ \mu m$)和碲镉汞(敏感波段为 $8 \sim 14\ \mu m$),它们的特点是灵敏阈值低,响应时间短,结构简单、坚固,但响应波段窄。

早期的红外制导系统采用非制冷硫化铅探测器,只能探测喷气式飞机尾喷管的红外辐射,进行尾部攻击或半球攻击,且很容易受背景云层中反射的阳光的诱惑;20 世纪 60 年代后大多采用制冷锑化铟,敏感 $3 \sim 5\ \mu m$ 波段的红外辐射,在这一波段阳光的红外辐射大大下降,而喷气机、火箭排气等燃烧过程产生的二氧化碳和水蒸气以及目标飞机机头与空气的摩擦热在这一波段却有强烈辐射,这样可响应整个目标各部分的红外线,使原来只能尾追攻击改变为可施行全向攻击,使战术性能大大提高。为减少云、雾等对红外制导系统工作的影响,提高全天候作战和抗干扰能力,近年来着重发展了长波红外($6\ \mu m$ 以上的红外波段)制导,采用制冷的碲镉汞探测器。对攻击目标为喷气式飞机的红外寻的系统,可选择与喷气式飞机红外辐射波段相应的硫化铅光敏电阻。由于光学系统已进行了色谱滤波,调制盘进行了空间滤波,所以探测器所得的信息几乎是仅与目标有关的信息了。

4)误差信号处理

由红外探测器——光敏电阻输出的电脉冲信号虽能反映目标在空间相对导弹光轴的方位,但是这种很微弱的调制信号必须经过误差信号处理线路进行放大与解调处理后,才能用来使陀螺转子进动,从而使导引头光轴跟踪目标,同时送入控制信号形成电路,形成操纵舵机的控制信号,来操纵导弹飞向目标。在导弹发射前误差信号处理线路放大的是来自电锁线圈的电锁信号,以保证陀螺转入自动跟踪目标以前,锁住转子,使其同弹轴保持一致。

误差信号处理电路原理如图 5 – 32 所示。误差信号处理线路中一般包括前置放大器、电压放大器、谐振放大器、检波器、陷波滤波器(双 T 网络)、倒相放大器、推挽功率放大器和自动增益控制电路等,主要具有以下功用:

(a)对目标误差信号进行电流放大和电压放大;

(b)对误差信号作解调变换;

(c)保证跟踪系统的工作不受导弹与目标间距离变化的影响;

(d)保证导弹在未发射时陀螺转子轴与弹体轴相重合。

误差信号处理线路工作过程:由光敏电阻得到的反映目标在空间相对光轴位置的电

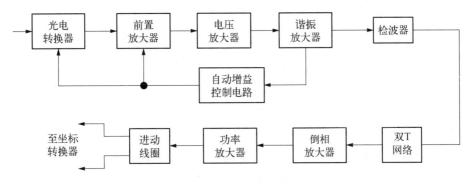

图 5 - 32　误差信号处理电路原理图

脉冲信号,首先加到前置放大器,前置放大器是低噪声高增益放大器,因为光敏电阻输出的信号是十分微弱的,必须用高增益的放大器加以放大,来提高整个系统的信噪比。增大放大器增益,有利于提高误差信号处理线路的灵敏度,但是由于光敏元件与放大电路存在噪声,单纯增大增益,会在放大信号的同时,放大噪声,不能提高信噪比。为了提高信噪比必须采用低噪声高增益的前置放大器。经前置放大器放大后的信号送给电压放大器,这是一个带反馈的阻容耦合电压放大器,由于具有负反馈,所以这一级放大器的放大倍数不高,但能使增益稳定,即放大倍数受负载或电源变动的影响较小。

信号经阻容耦合放大器后送入谐振放大器,其谐振频率为被信号调制的脉冲的频率(载波频率),也就是调制盘的旋转频率乘以调制盘调制区的扇形个数。例如调制盘的调制区被分成 12 个角度为 15° 的相等的扇形,调制盘的旋转频率为 72 Hz,那么载波频率为 12×72＝864 Hz。谐振放大器对 864 Hz 的载波频率信号输出最大,可滤除其他频率的干扰信号,如光敏电阻的噪声、调制盘图案不均匀带来的干扰以及电子线路的噪声等。

谐振放大器输出的载波频率为 864 Hz、包络为 72 Hz 的调幅信号,经信号检波器,把 72 Hz 的包络信号,从 864 Hz 的调幅信号中检出来。由于包络信号的角频率 $\Omega = 2\pi \times 72\,\mathrm{rad/s}$ 与载波信号的角频率 $\omega = 2\pi \times 864$ 两者相差不大,因此不能很好地满足检波条件。因为检波器的时间常数不能太大,时间常数大时对滤除 864 Hz 的信号有利,但将使所获得的 72 Hz 的信号幅度下降,并且失真严重;但时间常数也不能过小,因时间常数小时不利于滤除高频信号,不能起到检波的作用,所以在保证检波器输出的 72 Hz 信号电压有一定幅值的情况下,载波频率 864 Hz 信号就不能很好地滤除,为此,在检波器之后设置了陷波滤波器(由双 T 网络实现),以进一步滤除 864 Hz 频率的信号,获得波形较为理想的72 Hz正弦误差信号。陷波滤波器理想的传递特性应在 864 Hz 时,传递系数为零,而对 72 Hz 信号则希望传递系数接近于1,如图 5 - 33 所示。陷波滤波器后级为倒相放大器,主要任务是要得到两个幅

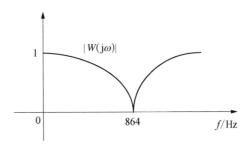

图 5 - 33　陷波滤波器的传递特性

值相等、相位相反的 72 Hz 的正弦误差信号,以适应后一级推挽放大器的需要,倒相放大器同时也作为选频放大器,它仅对 72 Hz 信号进行放大,而对其他频率信号起到抑制的作用[22]。

倒相放大器之后是推挽功率放大器,它的负载是两组相串联的进动线圈及相位检波器(坐标转换器)等。当有误差信号输入时,就有电流流过进动线圈,产生磁场与陀螺转子上的永久磁铁相互作用,使陀螺受到电磁力矩,转子轴向目标方向进动,从而使光学系统跟踪目标。

上述误差信号处理过程没有考虑到目标辐射能量的强弱问题。我们知道,导弹在初始飞行时,红外寻的制导系统在较远的距离上探测目标,随着导弹与目标间距离的缩短,光学系统接收的目标能量强度有很大变化,因此系统的误差信号会不断增强。要使信号处理系统提供这么大的动态范围,是很困难的。于是就可能产生这样的后果:一是可能使管子因过载而损坏,二是误差信号不能正确反映目标偏差的大小。因为导弹与目标间的距离缩短时,即使目标有同样的失调角,输出电压大小却可能是不相同的。为了防止放大器饱和,减小非线性失真,保证跟踪回路的稳定性,可以在误差信号处理系统中采用自动增益控制电路。误差信号处理系统中的自动增益控制电路应保证在小信号时放大器的放大倍数较大;当误差信号随着导弹与目标间距离缩短而增强时,到一定程度后,自动增益控制电路起作用,以减小前置放大器的增益。

5)陀螺跟踪系统

当导引头工作于稳定状态时,视场角是有限的,因为视场角大了会带来不利的影响,即容易引入背景干扰,使导弹对目标的选择性和鉴别能力降低;但是视场角小了,又将引起以下的不良后果:搜索过程中不易捕获目标,即使捕获到目标之后,倘若目标机动,再加上导弹绕其质量中心的振动,容易丢失目标。为了使导引头鉴别能力高,又易于捕获和跟踪目标,必须让导引头对目标进行跟踪。陀螺跟踪系统主要由陀螺转子、万向支架、机械锁定器、各种线圈及底座组合件等组成。底座组合件的主要作用是把陀螺万向支架用螺钉固定在弹体上。

(1)陀螺转子。

陀螺转子主要由杯形圆筒、光学系统和机械锁定器等组成。杯形圆筒安装在陀螺仪的内环轴上的两个滚珠轴承上,永久磁铁和光学系统组件牢固地紧压在杯形转子上,机械锁定器则靠螺纹连接在杯形转子的后沿,它们都随陀螺转子一起旋转。光敏电阻通过螺帽与轴承把杯形转子与内环连在一起,转子在轴承上高速旋转,光敏电阻不旋转,仅随内环进动。

永久磁铁为椭圆形,如图 5 - 34 所示。长轴方向是磁轴方向,质量较大,它的转动惯量占整个转子的一半左右,是陀螺转子的主要部

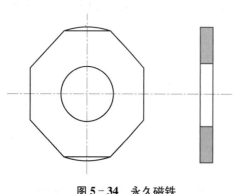

图 5 - 34　永久磁铁

件,因此要求永久磁铁质量分布均匀,有一定的机械强度,不致在陀螺高速旋转时产生变形和影响陀螺的平衡。

永久磁铁在导引头中的作用:

(a) 与其外部件的旋转磁场绕组构成类似于同步电动机的动力装置,带动整个转子旋转。

(b) 起到跟踪电动机磁铁作用,当目标偏离导引头光轴时,会有交变磁场沿陀螺旋转轴作用于磁铁,此时陀螺会发生进动,使导引头不断跟踪目标。

(c) 起发电机中转子的磁钢作用,即当永久磁铁旋转和偏转时,将在基准电压线圈或电锁线圈中产生感应电动势,作为基准信号。

(2) 陀螺仪框架(万向支架)。

万向支架是构成陀螺仪所必需的基本部件。导引头应当有一定的跟踪范围,实际上这个范围是受万向支架的结构限制的。当内环与外环、外环与基座相互摆动时,应以不互相碰撞为限,这个立体的角度范围就是跟踪范围。由于弹体内空间有限,万向支架结构又不能无限缩小,所以这个范围不可能无限大。

由于万向支架的不同,导引头跟踪回路中陀螺仪有以下两种形式。

(a) 外框架式陀螺仪。

转子在内外框架的里面,在内外框架轴上各装一个力矩产生器,控制陀螺转子的进动,其结构尺寸、质量较大。

(b) 内框架式陀螺仪。

内外框架在转子里面。由于外框架式陀螺仪的结构尺寸较大,对某些制导系统如红外寻的系统,如果用一般外框架式的结构,则置放光学系统的空间就会受到限制,所以在弹径有限的情况下,为了使光学系统能充分接收能量,可将万向支架尽量做得小些,放在转子里面,但这时又产生一个新的问题,那就是驱动转子的能源无法接入,力矩产生器也无法跟着放进去。在这种情况下,解决这个问题可以采用无接触式的电磁方法,即在转子上安装一个大磁铁,而在其外部放置各种线圈,配上相应的线路。这样就解决了转子的旋转和产生进动力矩的问题。

内框架式的陀螺仪,光学系统等成为转子的一部分,这样使得转子的转动惯量增加,也就增加了转子的动量矩,转子的动量矩越大,内外框架轴上的摩擦力矩对陀螺工作的准确度的影响就越小。

(3) 机械锁定器。

机械锁定器的作用是在陀螺不工作时,防止陀螺转子任意转动,在安装和运输过程中保护陀螺结构不致遭受损伤,并保持陀螺在启动前其转子轴与弹轴方向一致。

(4) 进动线圈。

进动线圈是轴向线圈,位置在导引头部中央,因而也称为中央轴向线圈。进动线圈共有四个,分为两组,是误差信号处理系统中功率放大器的负载,误差信号经放大后在这两组线圈中建立起磁场,该磁场强度矢量和导弹纵轴平行,大小和方向随误差信号的大小和极性而变,这个磁场和永久磁铁磁场相互作用,产生一个力矩,加在陀螺上,从而使陀螺产生进动,驱动导引头光学系统轴不断跟踪目标。所以,进动线圈与永久磁铁既是驱使陀螺进动的装置,也是陀螺跟踪回路的执行元件。

陀螺跟踪原理是,如果进动线圈通以直流电,线圈磁场对不转动的永久磁铁的作用力和力矩的方向如图5-35所示。假设电流以顺时针方向(从左向右看)通过进动线圈,则由左手定则可确定线圈受力方向。电磁力本应使线圈移动,但由于线圈固定在壳体上不能移动,因此有一个大小相等、方向相反的力作用在永久磁铁上,如图5-35(a)所示;永久磁铁此时所受力、力矩和进动电流的方向,如图5-35(b)所示,由于永久磁铁是陀螺转子的一部分,所以作用在陀螺转子上的力和力矩与上述相同。

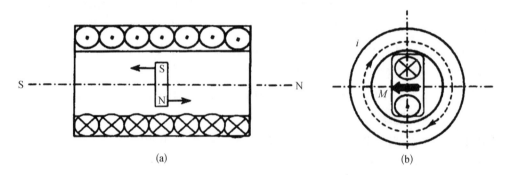

(a)   (b)

图5-35　进动线圈产生的磁场与磁铁受力情况

如果进动线圈中加一频率等于永久磁铁旋转频率、幅值和相位反映目标与导弹相对位置关系的正弦交流电,此时由于永久磁铁的磁场与通电进动线圈磁场的相互作用,磁铁将受一个外力矩,这种相互作用力在交流电每半周期内的每一瞬间大小不同,但方向不变。在磁铁旋转的一个周期内,陀螺在永久磁铁和线圈的相互作用力矩的作用下,根据右手定则,陀螺向某个方向进动,这个方向由正弦交流电的初相决定。

图5-36是目标与像点的位置关系图,图中y是陀螺外环轴的方向,x是陀螺内环轴方向,z是转子轴方向,调制盘和永久磁铁的相对位置如图中所示,从z轴的正方向看去,陀螺转子沿顺时针方向旋转。与永久磁铁固连的坐标系$\zeta O\xi$的$O\xi$轴沿永久磁铁的磁轴方向,$O\zeta$轴与$O\xi$轴垂直。目标A'所辐射的红外线经过光学系统以后在调制盘上成像于A点,OA与Oy的夹角为θ。目标视线与光学系统光轴的夹角为ΔQ,如果以Oy为计算角度的起始轴,陀螺转子的旋转角频率为Ω,则目标的像点经调制后,输出的信号波形如图5-37(a)所示,在光敏元件两端输出的电压波形如图5-37(b)所示,该电压经放大变换后得到和调制盘旋转频率一致的正弦误差电流信号为

$$I = I_0\sin(\Omega t - \theta) \tag{5-43}$$

式中,$I_0 = K_1\Delta Q$,K_1为比例系数,波形如图5-37(c)所示。

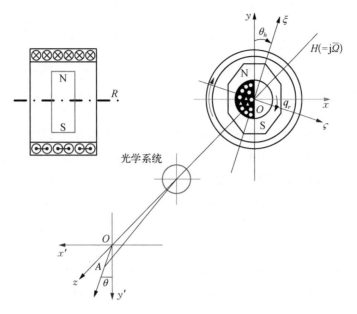

图 5‑36 目标与像点的关系

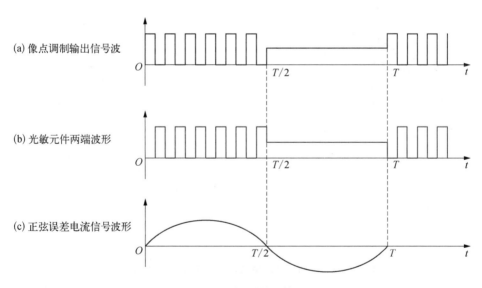

图 5‑37 调制信号波形

误差电流进入进动线圈,进动线圈即产生轴向交变磁场,与安装在陀螺转子上的永久磁铁相互作用,产生电磁力矩,使永久磁铁受到一个转动力矩 M 的作用,此力矩引起陀螺进动,从而使光学系统光轴对准目标视线方向。图 5‑38 表示永久磁铁在不同位置时 M 的方向和大小,从图中可以看出,力矩 M 的方向随着永久磁铁的旋转而转动,并且转动的速度与永久磁铁的旋转速度相同。在误差电流的正半周,M 的相位是 $-\left(\dfrac{\pi}{2} - \theta\right) \to \dfrac{\pi}{2} +$

θ(以 Oy 轴为起始轴)变化,当 $\Omega_t = 0$ 时,误差信号电流 $i_{误} = 0$,所以力矩 M 也等于零,其方向和起始轴的夹角为 $-\left(\dfrac{\pi}{2} - \theta\right)$,当 $\Omega_t = \dfrac{\pi}{2} + \theta$ 时,误差信号电流幅值达到最大值 I_0,此时力矩 M 的幅值也达到最大值 M_0,最大力矩沿 $O\zeta$ 方向,在误差电流 $i_{误}$ 的负半周,力矩 M 的相位是从 $\left(\dfrac{\pi}{2} + \theta\right) \rightarrow \pi + \left(\dfrac{\pi}{2} + \theta\right)$。由图 5-38 可知,力矩的分布是对称于 $O\xi$ 轴的,故在 $O\xi$ 轴上的投影是叠加的,而在 $O\zeta$ 轴上的投影是相互抵消的,因此合成力矩的方向沿着 $O\xi$ 轴,如图 5-38 所示。根据右手定则,陀螺进动方向是使转子的动量矩(角速度向量)沿最短路径向合成力矩靠近。因 Ω 的方向与导弹飞行的方向相反,故陀螺进动时使安装在前方的导引头光学系统轴向左下方偏转(从导弹前方看),从而使陀螺跟踪目标 A',目标偏离光轴的角度越大,误差电流信号的幅值越大,作用在陀螺上的合成力矩也就越大,陀螺转子轴也就是光学系统光轴跟踪目标的速度也越快。

综上所述,当导弹与目标偏离的方位不同时,成像光斑在调制盘上的位置就不同,误差信号电流的初始相角也不同,合成力矩的方向($O\xi$ 的正方向)也不同,陀螺进动方向也不同,但总是向着目标方向进动。

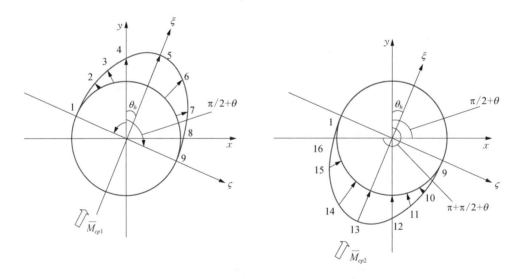

图 5-38　进动电流产生磁场对永久磁铁的作用力矩

(5)旋转磁场线圈。

为了使导引头的测量坐标系不受弹体振动的影响,在空间保持稳定,必须使陀螺转子高速旋转,这样就可以利用陀螺仪的定轴性来实现导引头坐标系在空间的稳定性。陀螺仪的旋转系统由三自由度陀螺仪和四个旋转线圈形成的一个同步电机以及陀螺旋转电路组成。旋转系统有两个功能:一是启动陀螺转子,供给陀螺转子电磁功率,保证陀螺转子旋转;二是起稳速作用,在受到各种干扰作用下,能使陀螺转速保持在一定范围内。陀螺旋转系统的工作原理如图 5-39 所示。

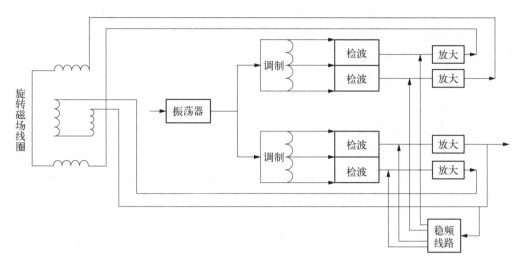

图 5‐39　旋转磁场产生原理

旋转磁场线圈,为四个椭圆形、安装在上下左右对称的方位上的径向线圈。通过四个线圈长轴的平面即是磁铁的旋转平面,因此当线圈中形成了旋转磁场时,与永久磁铁磁场相互作用,使磁铁跟着一起旋转,这四个线圈大小相关参数应当大致相同,这样转子转速才能保持均匀,另外四个小的线圈是调制线圈。旋转磁场的产生原理如下:永久磁铁与壳体上的四个径向旋转线圈构成一个类似于同步电动机的陀螺电机。利用旋转磁场线圈产生的磁场与永久磁铁的相互作用,来实现陀螺转子的高速旋转。

(6) 基准信号的产生。

基准信号线圈用来产生基准信号,基准信号的作用是作为极坐标形式的误差信号向直角坐标转换时的基准。自寻的导弹,如果弹上的执行机构是按直角坐标控制的,就必须将以极坐标形式反映目标相对导引头光轴偏差的信号,转换成直角坐标信号。基准信号所代表的基准坐标与弹上执行机构坐标相一致。

基准信号线圈是配置在永久磁铁外壳体上的四个径向线圈,这四个线圈按上下左右对称的方位放置,位置两两相对的线圈串联,从而在永久磁铁旋转时,与基准信号线圈的磁通发生变化,在线圈中感应出两个相位上差 90°、频率与磁铁转速相同的电压,以此电压为基准信号输入到比相电路,同误差信号进行比相,从而确定目标信号的方位。

(7) 电锁线圈。

电锁线圈是轴向线圈,其作用是在光学系统发现目标之前,保持陀螺的转子轴同弹轴一致。因为三自由度陀螺有定轴性,当弹体受到振动,如导弹在母机上时,要求转子轴应同弹轴保持一致,当母机机动飞行时,陀螺轴应同母机一起运动,即改变陀螺轴的方向,此线圈起着敏感元件的作用。当弹轴与陀螺转子轴不一致时,永久磁铁的旋转平面也就发生偏转,其旋转产生交变磁场,在电锁线圈中感应出一个与转子轴和弹轴的偏离角相对应的信号,其幅值与偏离角大小成正比,而相位取决于陀螺转子轴的偏离方向,此信号经功率放大器放大后，送给进动线圈，使陀螺转子向减小偏离角方向进动，直到消除偏离角，保持转子轴与弹轴一致。弹轴与转子轴一致时，由于此线圈是轴向的，与永久磁铁的磁力线不产生切割作用，没有电压信号，陀螺转子不进动。

光学系统捕获到目标后，将有信号产生并使一个继电器的触点断开。切断电锁线圈的信号，从而使导引头进动线圈接收光学系统送来的信号，去跟踪目标。

6）同轴式导引头跟踪回路

同轴式导引头跟踪回路的原理结构如图 5－40 所示。系统的输入信号是目标视线相对于基准线的夹角 q，反馈信号是光学系统轴相对于基准线的夹角；系统输出信号是误差信号处理电路输出的电信号。

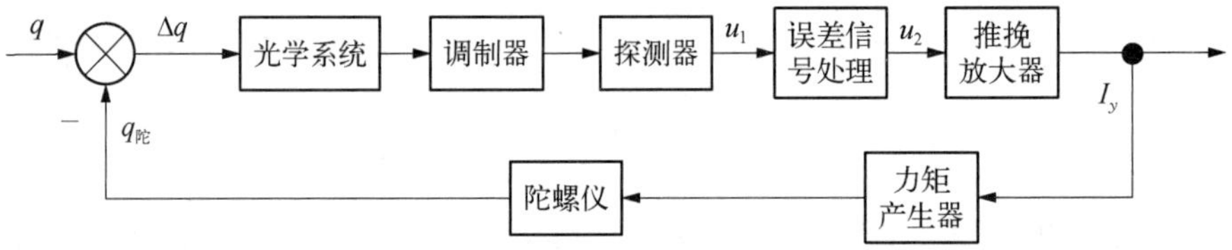

图 5－40　同轴安装式红外导引头角跟踪回路

调制器的调制特性一般不是线性的，在偏差角不大的情况下，我们可以认为是线性的，这样红外探测器的输出电压信号与输入信号的关系可写为

$$u_1 = K_0 \Delta q \tag{5-44}$$

式中，K_0 为传递系数。这个电压经误差信号处理线路处理后，成为使陀螺转子进动的偏差信号。误差信号处理线路（不包括推挽放大器）可被认为是一个惯性环节，其传递函数可写为

$$\frac{u_2(s)}{u_1(s)} = \frac{K_1}{T_1 s + 1} \tag{5-45}$$

式中，K_1 与 T_1 为常数系数。这是推挽放大器的输入电压，推挽放大器的输出电流 I_y 与电压 u_2 的关系，可以用一个等效的放大环节来表示，即

$$\frac{I_y(s)}{u_2(s)} = K_2 \tag{5-46}$$

推挽放大器的输出电流 I_y 加到陀螺的进动线圈中，使陀螺转子进动。进动电流在陀螺进动线圈中产生交变磁场，其磁场强度与电流成正比，转子中的永久磁铁受到的电磁力矩可由下式表示：

$$\frac{M_{cp}(s)}{I_y(s)} = K_r \tag{5-47}$$

式中，K_r 为力矩系数，其数值决定于进动线圈的匝数和永久磁铁磁场强度等参数。由陀螺进动方程可知，陀螺的传递函数为

$$\frac{q_{陀}(s)}{M_{cp}(s)} = \frac{1}{H_T s} \tag{5-48}$$

式中，H_T 为陀螺转子的动量矩。由以上各环节可得出导引头跟踪回路简化的计算结构图如图 5-41 所示。

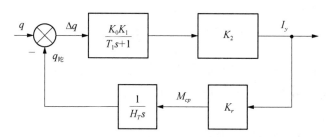

图 5-41　角跟踪回路结构图

回路的总传递函数为

$$W_p = \frac{I_y(s)}{q(s)} = \frac{K_0 K_1 K_2 H_T s}{T_1 H_T s^2 + H_T s + K_0 K_1 K_2 K_r} = \frac{Ks}{T^2 s^2 + 2\xi T s + 1} \tag{5-49}$$

也可写为

$$I_y(s) = \frac{K\dot{q}(s)}{T^2 s^2 + 2\xi T s + 1} \tag{5-50}$$

式中，K 为跟踪回路的放大系数，它只与陀螺转子的动量矩和电流力矩系数有关，$K = H_T/K_r$；T 为跟踪回路的时间常数，$T = \sqrt{\dfrac{T_1 H_T}{K_0 K_1 K_2 K_r}}$；$\xi$ 为跟踪回路的阻尼系数，$\xi = \dfrac{1}{2}\sqrt{\dfrac{H_T}{T_1 K_0 K_1 K_2 K_r}}$。

电子线路时间常数较小，例如这里讨论的这种型号导弹电子线路的时间常数约为 0.0025 s，所以在分析回路时可以忽略其影响，因此回路传递函数可进一步简化为

$$I_y(s) = \frac{K\dot{q}(s)}{T's + 1} \tag{5-51}$$

式中，$T' = \dfrac{H_T}{K_0 K_1 K_2 K_r}$ 为简化后回路的时间常数。简化后回路的跟踪误差为

$$\Delta q(s) = \frac{T'\dot{q}(s)}{T's + 1} \quad (5-52)$$

上两式说明同轴式导引头是怎样稳定视线、跟踪目标和测量目标视线角速度的。当忽略系统时间常数时,此导引头输出与目标视线角速度成比例关系。当输入目标视线角 q 为单位斜坡函数时,目标视线角速度 $\dot{q}$ 是单位阶跃函数,根据终值定理得到:

$$I_y(\infty) = \lim_{s \to 0} s \cdot \frac{1}{s} \cdot \frac{K}{T's + 1} = K \quad (5-53)$$

$$\Delta q(\infty) = \lim_{s \to 0} s \cdot \frac{1}{s} \cdot \frac{T'}{T's + 1} = T'$$

稳态时,即 $t \to \infty$ 时,导引头跟踪回路输出信号与目标视线旋转角速度成正比,稳态跟踪误差与目标视线旋转角速度及回路时间常数成正比。

2. 伺服连接式红外导引头

为了增加导引头的作用距离,需要采取降低探测元件的噪声等措施,同时还必须减小导引头的视场角,这会给发射瞄准增加困难,这样就要求导引头具有快速搜索和跟踪能力。这个要求对于同轴式导引头来说,是难以实现的,主要原因是光学系统与陀螺转子同轴安装,由于陀螺的定轴性,大大限制了光轴运动的速度,难以实现快速搜索跟踪运动。为此可采用伺服连接式结构,这种结构的系统,是通过一个被叫作"电轴"的角跟踪随动系统把陀螺轴与光学系统轴连接起来的[22]。

1) 伺服连接式红外导引头的工作过程

伺服连接式红外导引头包括一个可控陀螺系统和一个随动框架系统。陀螺系统包括红外信号放大器、陀螺偏航和俯仰方向力矩产生器及陀螺偏航和俯仰方向测角电位计等。随动框架系统包括框架、红外光学系统、调制器、框架方位和高低方向力矩产生器及测角电位计等,其原理框图如图 5 – 42 所示。

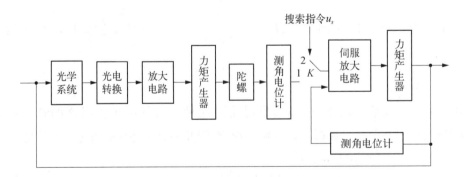

图 5 – 42 伺服连接式红外导引头原理框图

简化的伺服连接式红外导引头计算框图如图 5 – 43 所示,图中 K_1 为红外探测器及放大电路放大系数;K_2 为陀螺力矩产生器的放大系数;K_3 为陀螺测角电位计变换放大系数;

K_4 为角跟踪伺服放大系数(角度电压放大器增益);K_5 为框架测角电位计变换放大系数。

框架力矩产生器传递函数为

$$W_M(s) = \frac{K_m}{s(T_m s + 1)} \tag{5-54}$$

式中,K_m 为框架力矩产生器放大系数;T_m 为框架力矩产生器时间常数。

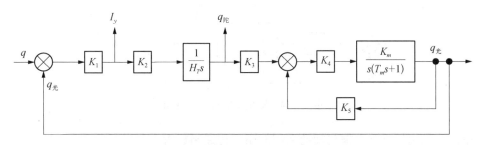

图 5 - 43　伺服连接式红外导引头简化框图

这种类型的导引头可工作在三个连续的阶段,这三个阶段的工作状态分别是:搜索阶段、跟踪阶段和制导阶段。在搜索阶段,导引头光学系统中的活动反射镜在以导弹轴为中心的某一区域内迅速搜索,活动反射镜的位置由发射装置产生的两个搜索指令电压控制,这两个电压是同步的,保证导弹光学系统的活动反射镜进行快速扫描。两个搜索指令电压经相位检波(混频比相器)及放大器后,输入到框架方位及高低方向的力矩产生器的控制线圈,分别控制光学系统的活动反射镜绕相应的轴转动。

当目标进入搜索区域时,红外探测器即有误差信号输出,系统即由搜索状态转入跟踪状态,此时有一个音响信号经由发射装置通知射手,上述误差信号经鉴别器产生目标角偏差电压,并进一步加到光学系统的两个力矩产生器,操纵活动反射镜随着目标运动,与力矩产生器同轴的两个角位置电位计,同时可检测出光学系统轴的两个方向的角位置信号,这两个信号分别与陀螺转子轴的两个方向的角位置信号在比较器中进行比较,比较结果输入到陀螺的偏航和俯仰力矩产生器中,陀螺产生进动,从而使陀螺转子轴与光学系统活动反射镜的光轴一致。当陀螺转子轴与光学系统轴一致时,导弹可发射出去,系统就进入到制导阶段。

在制导阶段,陀螺转子轴与光学系统轴已同步并对准目标,导弹已发射出去,此时目标角偏差电压分别加到陀螺的偏航与俯仰力矩产生器,使陀螺跟踪目标;反映陀螺转子轴角位置的信号与反映光学系统轴角位置的信号在比较器中进行比较,比较结果经过一个功率放大器,送到框架力矩产生器,使活动反射镜跟踪陀螺到所需要的位置,也就是使导引头光学系统轴跟踪目标。

2) 随动框架系统分析

随动框架系统有两个工作状态,一是未捕获目标前控制光轴做搜索运动的搜索状态;

二是捕获目标后控制光轴跟踪陀螺的角跟踪状态。

（1）搜索状态。

框架随动系统在搜索状态的控制结构如图 5-44 所示，此时相当于图 5-42 中 K 在位置2。输入为发射装置产生的搜索指令 u_s，输出为光轴与基准方向的夹角 $q_光$，并通过反馈电位计以比例系数 K_5，反馈电压 $u_光$ 到输入端。

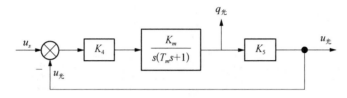

图 5-44　搜索状态导引头框图

由此可求出搜索状态框架随动系统的闭环传递函数为

$$W_s(s) = \frac{u_光(s)}{u_s(s)} = \frac{\omega_a^2}{s^2 + 2\xi_a\omega_a s + \omega_a^2} \tag{5-55}$$

式中，$\omega_a = \sqrt{K_\Omega/T_m}$；$\xi_a = \frac{1}{2}\sqrt{1/(K_\Omega T_m)}$；$K_\Omega = K_4 K_5 K_m$。

（2）角跟踪状态。

角跟踪状态随动框架系统控制结构图如图 5-45 所示，输入为陀螺转子的角位置 $q_陀$，输出为光学系统轴与基准方向的夹角 $q_光$。

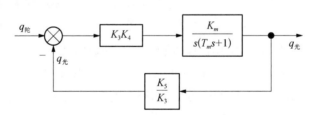

图 5-45　角跟踪状态导引头框图

由此可求出搜索状态框架随动系统的闭环传递函数为

$$W_G(s) = \frac{q_光(s)}{q_陀(s)} = \frac{K_3\omega_b^2}{K_5(s^2 + 2\xi_b\omega_b s + \omega_b^2)} \tag{5-56}$$

式中，$\omega_b = \sqrt{K_\Omega/T_m}$；$\xi_b = \frac{1}{2}\sqrt{1/(K_\Omega T_m)}$；$K_\Omega = K_4 K_5 K_m$。

当陀螺转子轴为单位阶跃输入时，即 $q_陀 = 1/s$，则由上式可得到稳态时光轴与基准方向的夹角为

$$q_{陀}(\infty) = \lim_{s \to 0}\left(\frac{K_3}{K_5}\right)\left(\frac{\omega_b^2}{s^2 + 2\xi_b\omega_b s + \omega_b^2}\right)\frac{1}{s}s = \frac{K_3}{K_5} \qquad (5-57)$$

上式说明,如果 $K_3 \neq K_5$,则光轴与陀螺转子轴不重合。所以对这种伺服连接式系统,为了保证光学系统轴跟踪目标,必须使 $K_3 = K_5$,即光轴与陀螺转子轴的传动比必须是 $1:1$,否则系统将失去消除弹体摆动、稳定目标视线的能力。如取 $K_3 = K_5$,则角跟踪状态框架随动系统的闭环传递函数即为

$$W_G(s) = \frac{q_{光}(s)}{q_{陀}(s)} = \frac{\omega_b^2}{s^2 + 2\xi_b\omega_b s + \omega_b^2} \qquad (5-58)$$

由结构图求出系统误差传递函数为

$$\omega_{\Delta q}(s) = \frac{\Delta q(s)}{q_{陀}(s)} = \frac{s(1 + T_m s)}{s(1 + T_m s) + K_4 K_5 K_m} \qquad (5-59)$$

对于单位阶跃输入则可得稳态误差为

$$\Delta q(\infty) = \lim_{s \to 0}\frac{s^2(1 + T_m s)}{s^2(1 + T_m s) + sK_4 K_5 K_m} = \frac{0}{K_4 K_5 K_m} = 0 \qquad (5-60)$$

即当无阻尼自然频率 ω_b 较大、阻尼系数较小时,可降低跟踪的稳态误差。但是为了消除陀螺章动对光轴的影响,ω_b 不能高于陀螺章动频率。

3) 伺服连接式导引头系统分析

如果取误差信号处理电路输出电流亦即陀螺力矩产生器输入电流 I_y 为输出信号,而以目标视线与基准线的夹角 q 为输入信号,则系统控制结构图可变换为如图 5-46 所示形式。

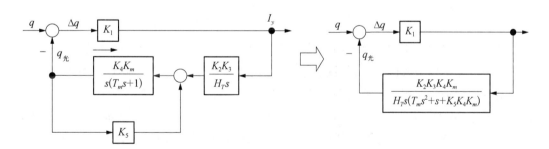

图 5-46　伺服连接式导引头结构变换

经推导可得系统闭环传递函数为

$$I_y(s) = H_T K_1\left[\frac{T_m s^2 + s + K_4 K_5 K_m}{T_m H_T s^3 + H_T s^2 + K_4 K_5 K_m H_T s + K_1 K_2 K_3 K_4 K_m}\right]\dot{q}(s) \qquad (5-61)$$

在 $K_3 = K_5$ 的条件下,当输入目标视线角 q 为单位斜坡函数时,目标视线角度 $\dot{q}$ 是单位

阶跃函数,系统达到稳态时,根据终值定理可以求得

$$I_y(\infty) = \frac{H_T}{K_2}\dot{q} \qquad\qquad (5-62)$$

此式说明伺服连接式导引头系统与同轴式系统一样,稳态时其输出电流 I_y 与目标视线旋转角速度成正比。

5.3.4 激光导引头

激光导引头[42-44]通过接收目标漫反射的激光,形成制导指令,从而控制导弹跟踪目标,最终实现对目标的跟踪和精确打击。根据激光源安装位置的不同可分为半主动式激光导引头和主动式激光导引头,其中半主动式激光导引头具有结构简单、成本低廉、精度高、易于实现等优点;主动式激光导引头可实现发射后不管,具有高效的作战性能。

1. 半主动式激光导引头

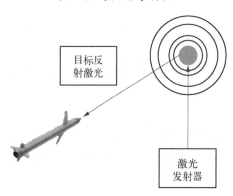

图 5-47 半主动寻的制导结构图

半主动寻的激光制导方式是由位于载机或地面上的激光器发射激光束照射目标,并通过半主动式激光导引头光学系统接收目标漫反射的激光回波信号,从而根据光斑在探测器上的位置计算出弹目视线的夹角,最后通过弹载计算机生成制导指令,从而引导武器命中目标,半主动寻的制导结构如图 5-47 所示。半主动式激光导引头在结构上主要由位标器和电子组件组成,其中位标器由探测器、光学系统和陀螺组成,主要有陀螺光学耦合式和陀螺稳定光学系统式两种结构类型。例如,图 5-48 所示的美陆军研制的 155 毫米"铜斑蛇"激光制导炮弹导引头,采用的是陀螺光学耦合式位标器,其探测器与弹体固联,光学系统装在陀螺上,陀螺起稳定光学系统探测轴的作用。这种类型的位标器具有结构简单、易于实现等优点,但是动态视场小。再如,美国陆军武装直升机上装备的"海尔法"反坦克导弹导引头的结构示意图如图 5-49 所示,则采用了陀螺稳定光学系统式位标器,其探测器和光学系统都安装在稳定光学系统光轴的陀螺上,结构比较复杂,但陀螺对光轴的稳定性较好,并且动态视场大。

半主动式激光导引头在控制成本的基础上,大幅增强了导弹命中目标的精度,有效提升了导弹精确打击能力。半主动式激光导引头人在环的作战方式,有效解决了目标选择、捕获与识别问题,并且能够有效防止误伤、过度杀伤和附带损伤。激光源发射的激光采用了特殊的编码方式,使其具有较强的抗干扰能力,并且具有较高的战场灵活性与战术选择性。

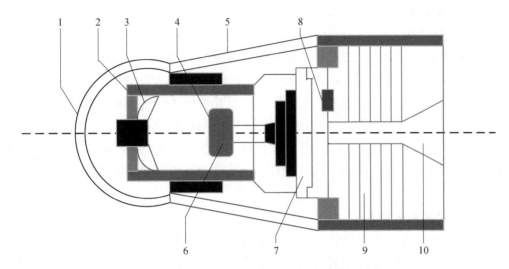

图 5-48　"铜斑蛇"激光制导炮弹导引头结构

1-整流罩;2-滤光片;3-透镜;4-平面反射镜;5-线圈;6-陀螺转子;7-启动弹簧;8-横滚速率传感器;9-电路板;10-射流通道

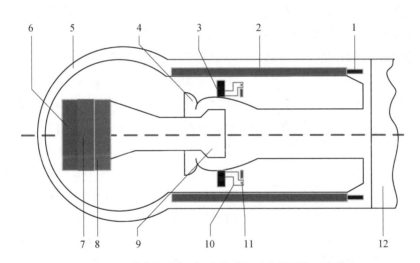

图 5-49　"海尔法"反坦克导弹导引头的结构示意图

1-碰合开关;2-线包;3-磁铁;4-主反射镜;5-外罩;6-前放;7-激光探测器;8-滤光片;9-万向支架;10-锁定器;11-章动阻尼器;12-电子舱

半主动式激光导引头的关键技术主要包括激光脉冲编码和光电探测器。

1)激光脉冲编码

激光发射器对激光脉冲进行编码,可以有效地提升激光制导武器的抗干扰能力,并且可以避免重复杀伤、误伤。激光脉冲的重复频率、能量、宽度、偏振方向等在导引头设计时会受到使用条件的限制,从而制约了编码方案的选择。一般常用的编码方案主要包括脉冲间隔编码、有限位随机周期脉冲序列、位数较低的伪随机码等。目前,国外在导引头的激光编码方式上已经出现了等差级数码、跳频码、频码捷变型式等编码方式,并且针对实时型编码的研究也已取得诸多成果。

2）光电探测器

光电探测器是导引头上的重要传感器件，用于获取目标空间坐标信息。光电探测器的设计对光敏面积、光谱灵敏度、频率灵敏度、噪声等效功率等均有较高要求。大多数半主动激光导引头的光电探测器主要是对 106 μm 波长进行探测，常见的有四象限或八象限光电探测器，例如美国"宝石路"激光制导炸弹和"杰达姆"联合制导攻击弹药等均采用了四象限探测器。另外，英国芬梅卡尼卡公司已经完成新一代感知硅探测器的研发，其特别配备的单元件位置感知硅探测器，在广视场下，能够获得更高精度的偏离角以及更高的角分辨率。

2. 主动式激光导引头

20 世纪 60 年代末的美国就已经开展了激光主动制导技术的研究，研制初期主要是以空空导弹为背景牵引。这段时期的主动式激光导引头在目标截获时需要先借助载机火控雷达对目标进行锁定，然后进行编码激光照射，因而此时的主动式激光导引头战场灵活性较差。为了满足战场适应性，美国在 20 世纪 80 年代初期便开展了基于激光主动成像制导技术的空地导弹研究，重点研究低噪声微型激光器、宽带面阵探测器、主动式导引头光机结构、多普勒频移补偿、高速面阵读出等关键组件和关键技术。空地导弹和空地激光主动制导技术的发展，大大促进了激光主动成像制导技术的研究。目前主动式激光导引头主要采用主动成像制导方式，然后通过激光扫描对目标进行成像，再与预先装订在导引头中的待打击目标的激光成像特征进行匹配分析，最后进行自动识别并跟踪打击目标。主动式激光导引头的组成包括激光发射与接收、信号采集与数据处理、目标图像匹配与识别等分系统，其中位于弹体上的激光器可在导弹发射后主动发射激光并接收激光回波信号，图 5-50 给出了基于主动式激光导引头的制导示意图。

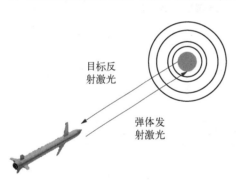

目标反射激光

弹体发射激光

图 5-50 基于主动式激光导引头的制导示意图

激光制导武器采用主动式激光导引头能够真正实现"发射后不管"，极大地提高了武器系统在战场的生存能力，其独特的工作机制使得激光制导武器具备较高的角度、距离、速度分辨率，并且具有抗干扰能力强、获取信息量大、灵敏度高等优点。但是受制于硬件发展水平，在武器装备的实际应用中并不多。主动式激光导引头的关键技术主要包括高灵敏度探测接收、目标成像识别等。

1）高灵敏度探测接收

激光导引头的灵敏阈由其最小可探测信号功率与光学入瞳面积决定。激光探测光束在大气传输时会受到大气吸收、大气散射的影响而不断衰减，因此很大程度影响了主动激光制导的作用距离。大气中的水汽、气溶胶、烟幕、灰尘等微小颗粒会造成后向散射,严重影响接收信号强度,并在接收系统中带入了一定噪声,因而要求导引头探测器具有较高的接收灵敏度,并对抗干扰性作出优化设计。美国空军研制的低成本自主攻击系统装载的主动式激光导引头在试验中作用距离可达 5~10 km,即使在雨雪、雾、烟尘天气条件下,也可以达到较远作用距离。由于主动式激光制导所用的激光器重复频率、峰值功率受到大小和质量的限制,因此提高探测灵敏度可以减小对激光发射功率的要求。

2) 目标成像识别

主动式激光导引头在末端制导打击目标时,弹体速度较快,因此需要对目标快速作出识别判断,对激光成像扫描速度有较高要求,在此过程中还需进行高速数字信号处理。由于受到各种噪声的影响,目标识别时要对获取的噪声图像进行快速、有效去噪,优化匹配识别算法,以快速准确获取目标信息,提高制导精度。美国陆军研制的巡飞攻击导弹,装载的主动式激光导引头采用了先进的自动目标识别算法,可保证导弹在高度 230 m、速度 111 m/s 的状态下仍能有效对目标作出辨识。

5.3.5　电视导引头

1. 电视导引头的工作原理

电视导引头[45-47]是以电视摄像机为传感器的被动制导装置,跟踪原理图如图5-51所示。工作中,外界视场内的目标和背景(三维图像)的光能,经大气传输进入镜头聚焦,成像在摄像管靶面上(二维图像)。因目标和背景的光能反差不同,在靶面上形成不同的电位起伏,通过电子束的水平(行扫描)和垂直(场扫描)扫描将电位抹平,此时靶面输出与抹平电位成比例的视频信号电流。如果把行、场扫描正程的中心作为零点,那么由目标形成的行、场视频信号相对于行、场正程中心出现的时间,就可确定目标水平位置偏差 $\pm \Delta x$ 和俯仰位置偏差 $\pm \Delta y$。测量位置偏差的任务由视频跟踪处理器中的误差鉴别器自动完成,鉴别器把测得相对扫描正程零点(也称光轴)的位置偏差变成误差电压(或数字信

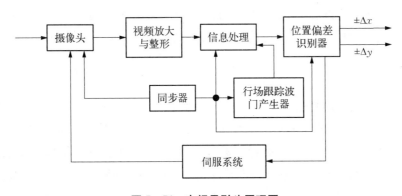

图 5-51　电视导引头原理图

号）。该信号加以伺服系统，经负反馈控制，迅速地使电视导引头的光轴对准目标，进而实现对目标的跟踪。

2. 电视导引头的发展

电视导引头在导弹等武器系统中的应用始于二战期间，最早是美国研制的滑翔炸弹。迄今为止，美俄等军事强国又先后研制并装备了电视导引的"幼畜""海猫""X-59"等型号的导弹。我国从20世纪70年代末开始采用电视导引技术并取得了一定的研究成果。早期由于光电转换器件发展水平的限制导致电视导引技术的发展出现了停滞。随着此类器件从超正析摄像管 Sb_2S_3、PbO、Si 光导摄像管到电荷耦合器件的发展，电视导引技术又得到了充分的发展。虽然目前电视导引头的应用并不比雷达导引头应用广泛，但随着红外电荷耦合器件、光导纤维和超大规模集成电路图像处理技术的出现和发展，电视导引头朝着体积小、重量轻和人工智能的方向发展，而且电视导引头跟踪精度高、抗电磁波干扰强，在未来的导弹等武器系统中必然会得到更为广泛的应用。

3. 电视导引头技术存在的问题

电视导引技术的研究与发展取得了较大的成绩，但是与雷达导引技术的成熟性相比还有一定的差距，主要体现在以下几个方面：

（1）电视导引头作用距离在特殊条件下还很难满足对目标的捕获、跟踪要求；

（2）抗强光、烟幕弹和自然环境干扰以及信息传输抗干扰还没有十分有效的手段，有待进一步深入研究；

（3）电视跟踪器视场角偏小，跟踪速度和跟踪精度达不到预定要求，在跟踪过程中易丢失目标。

4. 电视导引头的关键技术

电视导引头作为精确制导武器的重要组成部分，应用了很多高、新、难的技术，其关键技术主要有以下几项。

1）作用距离

作用距离是电视导引头重要而又关键的一项综合指标，它与电视导引头光学成像系统、跟踪处理系统以及稳定系统密切相关。为了满足作用距离要求，在光学成像系统中采用双电荷耦合器件方案，在稳定系统中采用三轴陀螺稳定平台，在跟踪处理上采用相关跟踪与人工连续标定的方案，并在末端进行攻击点修正，确保攻击目标的准确性。

2）图像稳定

图像稳定是捕获、跟踪的基础。为保证图像的稳定性，可以选用高精度、高带宽的挠性陀螺与力矩电机方案的三轴稳定平台和数字式导引头伺服控制系统。三轴稳定平台的工作原理是：平台的最外框是横滚稳定框，框上装有能敏感弹体沿纵轴滚动的单轴速率陀螺，其输出的信号经伺服控制器驱动横滚电机，使外框保持稳定。中框是俯仰稳定框，安置在外框内。内框是方位框，安装在俯仰框内。光学系统和摄像机就安装在三自由度的内框上,同时内框上还装有两轴的挠性速率陀螺用于敏感方位、俯仰两个角度的空间角速度,有效地隔离弹体扰动的影响,实现电视导引系统视轴的空间稳定,其中三轴伺服稳定平台原理框图如图 5-52 所示。

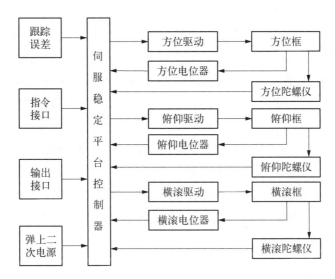

图 5-52　三轴伺服稳定平台原理框图

3) 图像冻结技术

图像冻结技术是一项比较新的技术,它可以使电视导引头更快、更准确地锁定目标,其基本原理就是在复杂的背景图像中利用图像冻结功能冻结含有目标的有用图像,在冻结的图像中迅速捕获目标后,解除图像冻结方式,转入目标跟踪。图像冻结的基本要求是在图像冻结期间,目标运动不能超过要求的范围,否则就会导致捕获失败。

图像冻结的主要目的就是抵抗敌方烟幕弹等干扰。当电视导引头遇到烟幕遮挡时,就失去了跟踪功能,使导弹命中概率下降。图像冻结时间应根据导弹飞行速度而定,导弹飞行速度快,图像冻结的时间可以短一些,反之应长一些,一般图像冻结时间在 $1\sim2$ s。

4) 跟踪技术

由于导弹飞行轨迹的变化和地面目标/背景的多样化,使得对地面目标的图像处理成为最复杂、难度最大的一项技术。在跟踪处理上可以采用多点匹配相关技术和区域模板相关技术,并设计成专用硬件,保证跟踪的稳定性和实时性。多点匹配相关的基本原理就是经过人工选取模板,在配准区域内进行图像匹配,找到最佳匹配点作为跟踪点。区域模板相关的基本原理是采用直方图最优分割技术将搜索区域分割成多个模板,所有模板同时匹配。

图像跟踪器目前有三种形式:形心跟踪器、相关跟踪器和智能跟踪器。形心跟踪器为实现对目标图像的实时识别、捕获和跟踪,计算出目标图像形状的投影参量,并逐场计算出偏离量值,送往伺服系统,驱动摄像机使光轴对准目标的图像形心。形心跟踪器适用于跟踪简单背景环境中的目标,如海面舰艇、空中的飞机等。形心跟踪器只能对单目标进行跟踪。

相关跟踪器是以预先存放的目标模板灰度图像与实时输入的图像通过相关匹配来确定目标图像在视场中的位置。目前平均绝对差相关跟踪器已在产品中运用,它是通过计算两幅图像相对应的像素灰度差的平均绝对值来度量两幅图像的相似性,以对目标进行识别、定位和跟踪。相关跟踪器适用于跟踪复杂背景环境下的目标,例如飞机跑道、地面固定目标等。

智能跟踪器具有对多个目标进行识别、跟踪的功能,并具有瞄准点自动选择功能。对进入视场中的目标可依据预先设置的目标类型进行加权处理,使跟踪器对多个目标进行识别。智能跟踪器一般采用二重或多重并行处理机,当视场中出现多个目标时,逐场计算偏离量,但只将确定的跟踪目标的偏离量通过选择器送往伺服系统。智能跟踪器在国外一些精确制导导弹上已得到应用。

5.3.6 雷达导引头

雷达导引头[48,49]在现代战争中具有重要作用,因而受到广泛关注。在日益复杂的现代战争环境中,精确制导的武器起着至关重要的作用。雷达导引头是制导武器的关键设备,是武器的"眼睛",能够探测并获取目标特征信息,准确引导火力攻击,高效摧毁敌方装备。

雷达导引头(又称无线电寻的器)用于目标探测和跟踪,从而实现摧毁目标的目的。根据获取目标信息的能量来源状况,可以分为主动雷达导引头、半主动雷达导引头、被动雷达导引头以及以上方式的复合雷达导引头。

主动雷达导引头制导与半主动雷达导引头制导的基本概念其实很接近,两者都是利用目标反射回来的雷达波作为导引的依据。两者之间最大的不同点在于半主动雷达制导的雷达波是由发射导弹的载具,例如飞机或者是船舰,负责发射雷达波,然后由半主动雷达导引头接收目标回波,实现制导。而主动雷达导引头制导则是由导引头本身携带发射信号的雷达,然后自身接收目标回波实现制导,不需要依靠其他的载具协助。在制导过程中,半主动雷达导引头在飞行前半段有优势,因为这时地面雷达的功率比导弹末制导雷达要强,抗干扰性能更好,而主动雷达导引头通常在飞行后半段有优势,因为末制导雷达越接近目标,信号的发射越强烈,相对应的抗干扰性能更好。

1. 主动雷达导引头

主动雷达导引头的制导系统可以全天候工作且作用距离远,能在不受目标能力变化影响的情况下获取目标信息。然而,主动雷达导引头需要主动发射辐射信号的特点,也使得主动雷达导引头容易被敌方监测并进行干扰和欺骗。

快速的机动目标检测是主动雷达导引头的关键技术之一。在现代战争环境中,大机群编队形式的空袭方式十分常见,这些目标大多具有速度快、加速度大且无固定轨迹的特点,属于典型的机动目标。因此,主动雷达导引头通常需要具备快速的机动目标检测能力。为对抗防空系统,各国正在不断提高机动目标的速度用以突防,这给机动目标的检测带来了极大的困难。现代战争的上述特点,要求主动雷达导引头具备以下能力:

(1) 信号处理速度快。由于目标运动速度快,为了给后续制导攻击系统预留更多处理时间,主动雷达需要在较短的时间内完成目标的检测和信号处理工作。

(2) 机动目标检测能力强。由于目标的机动性无法确定,主动雷达导引头需要雷达在目标强机动性能下,仍能持续检测目标。

(3) 速度容忍范围广。目标的运动速度可能会在从低速到高速的很大的速度范围内变化,主动雷达系统仍要能正常接收并处理信号。

2. 被动雷达导引头

被动雷达导引头不发射信号,只接收信号。被动雷达导引头通过对辐射源进行搜索和分选,采用被动测角方法对目标进行跟踪。现代电磁战场环境下,被动雷达动态范围大且频带宽,能够获取范围更广的目标信息,具有灵敏度高、隐蔽、抗干扰性能好的优点,可以被动探测目前大多数的有源雷达。

复杂信号环境中的信号分选是被动雷达导引头的关键技术之一。及时从混杂的一串脉冲中分选出来自同一辐射源的脉冲序列,这也是被动雷达最基本、最关键的功能之一。目前,被动雷达导引头主要是根据外辐射源信号的时域、频域、空域和脉冲幅度的不同来分选信号。被动雷达导引头分选信号过程实际上是对脉冲信号进行去交叠、去重复的过程。在工程实际应用中,用于分选的信号特征主要为脉冲到达时间、脉冲宽度、信号载频、脉冲重复周期以及信号到达角度。其中,脉冲重复间隔是信号分选和识别的关键因素,也是最具特征的信号参数。

3. 复合雷达导引头

目前世界各国都在大力发展多模复合寻的制导技术,尤其是军事发达国家,已经将复合制导技术应用于研制开发复合制导导引头,实现对目标的全方位精确打击。以军事科技强国美国为例,美军已经全方位装备了多种复合雷达导引头。在舰空导弹系统中,"海麻雀"导弹采用了红外/主动雷达导引头,"哈姆"导弹则采用了主动毫米波/被动雷达导引头,这种导引头具有较强的抗雷达关机能力。

复合雷达导引头研制过程中必须利用数据融合技术。数据融合这一概念是在 20 世纪 70 年代由美国海军采用许多独立声呐探测跟踪某海域地方潜艇时提出的。美国国防部十分重视数据融合技术的研究,并投入大量资金用于其研究,随后美国相继开发了许多基于数据融合技术的目标探测和识别军用系统。每年召开一次的信息融合学会在 1998 年成立,使得全世界学术界及时掌握数据融合技术发展的最新动向,推动数据融合技术的不断发展。而国内对于数据融合研究的起步较晚,直到海湾战争以后许多单位才开展了对这一方向的研究,但目前理论研究已经相对成熟,数据融合技术在工程化应用和实践方面,我们与国外发达国家相比还是有很大的差距。

5.4 测角仪

测角仪是具有测量坐标系并可用来测定空间运动体(目标和导弹)在该坐标系中所处位置的仪器。测角仪的输入量为被测量的目标(导弹)坐标变化的信息,它将输入量与测量坐标系的基准信号进行比较,并产生误差信号,经放大与转换之后,生成与角误差信号相对应的电信号。根据运载信息的能量形式的不同,测角仪一般分为雷达测角仪、光电测角仪等。光电测角仪又可分为可见光测角仪、红外测角仪、激光测角仪。下面仅介绍红外测角仪[50]和雷达测角仪[51]。

5.4.1 红外测角仪

以某型号导弹的红外测角仪为例,说明其原理。红外测角仪的作用有两个方面:一是供射手瞄准目标,二是测量导弹偏离瞄准线的角偏差,向导弹制导系统提供偏差信号,从而控制导弹沿瞄准线飞行,其组成原理框图如图 5-53 所示。红外测角仪有三个主光学系统和两个辅助光学系统。三个主光学系统分别是红外大视场、红外小视场和可见光瞄准镜,它们的光轴平行,且在同一平面内,三个主光学系统各自开一个入射窗口。两个辅助光学系统是大视场自检系统和小视场光轴校正系统。

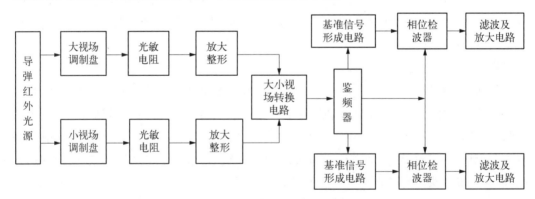

图 5-53 某红外测角仪组成原理框图

红外大视场用于导弹飞行的初始阶段,便于导弹进入视场接受控制;红外小视场用于导弹飞行的中后段,其作用是远距离精确控制导弹。大小视场成一定的比例,大视场是小视场的 7 倍,采用两个同样大小的视场光栏,用焦距比实现两个系统的视场比。短焦距的大视场用透射系统,长焦距的小视场用反射系统,将光线折转,从而压缩了轴向尺寸。

　　红外光学系统将导弹上红外光源来的信号聚集在焦平面上。两个红外系统的焦平面是重合的,用两个相同的调制盘实现对信号的调制。调制盘等分为 $2N$ 个黑白相间的小扇形,黑色不透光,白色可透光,调制盘的图案如图 5-54 所示。测角仪系统观测目标时,调制盘作章动转动,即圆心 O' 以探测坐标系 yOz 的原点 O 为圆心,以角速度 ω 顺时针方向在焦平面上转动,转动半径为 O' 与 O 间的距离 R。这种运动的特点是调制盘上每一点的运动轨迹是一个圆,调制盘上每一条直线始终与它的初始状态平行,即调制盘不绕 O' 点自转只绕 O 点公转。光轴是过原点 O 垂直于 yOz 平面的直线,定义为 Ox 轴,其正方向垂直于纸面向里。

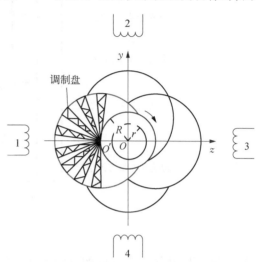

图 5-54　红外测角仪调制盘和基准信号线圈

　　图 5-54 中半径为 R 的圆是调制圆盘圆心 O' 的运动轨迹,半径为 r 的圆是调制盘轨迹圆弧相切所形成的圆,这个圆就是红外测角仪的视场圆。当红外光源经光学系统成像于这个视场圆内时,调制盘后面的光敏电阻,将光信号转换成电信号,此信号经过放大、整形电路,形成调频等幅脉冲信号。此信号送给大小视场转换电路,其功能是在视场转换程序信号作用下,由大视场工作状态转换到小视场工作状态,实现精确制导。视场转换电路输出的调频脉冲信号加到鉴频器,鉴频器输出正弦信号,其频率为调制盘章动转动频率,幅值与导弹偏离测角仪光轴的偏差成正比,其相位则反映了导弹偏离测角仪光轴的方位[22]。

　　为了判定目标像点在测量坐标系中的位置,为误差信号提供相位基准,在 Oy、Oz 轴的两端配置了基准信号感应线圈,线圈顺序如图 5-54 所示,调制盘在章动过程中靠近线圈时,线圈被感应而输出一个脉冲,脉冲顺序与线圈顺序相同如图 5-55(a)和(d)所示。用这种脉冲产生的高低角方向和方位角方向的基准信号,如图 5-55(b)和(e)所示。调制盘顺时针方向转动。为了方便信号处理,定义 Oy 轴正方向为基准信号的起始轴,则高低角方向的基准信号为 $\cos(\omega t)$,方位角方向的基准信号为 $\sin(\omega t)$,ω 为调制盘章动转动频率。鉴频器输出的正弦信号输入到高低角和方位角方向的两个相位检波器的一个输入端,高低角方向的基准信号和方位角方向的基准信号分别输入两个相位检波器的另一个输入端,相位检波器输出高低角和方位角两个方向的偏差信号。

　　根据相对运动原理,当目标成像于测角仪的视场圆内时,调制盘在测量坐标系 yOz

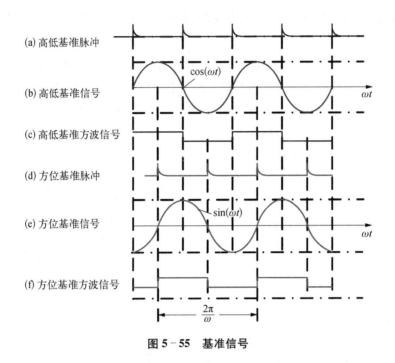

(a) 高低基准脉冲

(b) 高低基准信号 $\cos(\omega t)$ ωt

(c) 高低基准方波信号

(d) 方位基准脉冲

(e) 方位基准信号 $\sin(\omega t)$ ωt

(f) 方位基准方波信号 $\dfrac{2\pi}{\omega}$

图 5-55 基准信号

内章动转动,并作切割目标像点的运动;当调制盘固定不动时,坐标系 yOz 的原点 O 以 O' 为圆心,R 为半径,角频率为 ω,逆时针方向章动转动时,目标像点作切割调制盘的运动,该运动与调制盘切割目标的运动像点的运动一样。原点 O' 的运动轨迹是一个半径为 R 的圆,假定目标像点与原点的位置固定不变,切割运动的轨迹在调制盘上也是一个半径为 R 的圆,称为像点圆,其圆心随目标像点在测量坐标系 yOz 中的位置不同而不同。

5.4.2　雷达测角仪

根据雷达波束扫描的方式不同,雷达测角仪可分为圆锥扫描雷达测角仪和线扫描雷达测角仪等。下面以某型号雷达指令制导的地对空导弹的制导雷达为例来说明线扫描雷达测角仪的工作原理[22]。

雷达波束[52]是由天线发出的。线扫描雷达测定目标角度坐标,主要是利用波束扫描进行,其中波束扫描是由天线的转动而形成,当天线不动时,波束也是固定不动。为了增加雷达的作用距离和测角的精度,雷达天线有很强的方向性。一般利用雷达天线的波瓣图来表示天线的方向性。在波瓣图中心线方向电磁波能量最强,中心线两边逐渐减弱,如图 5-56 所示。

测角仪的探测天线由高低角探测天线和方位角探测天线组成,它们的结构和工作原理完全相同,探测天线的波束形状都是扁平状的,其波瓣宽度为 10°,厚度为 2°,如图 5-57 所示。

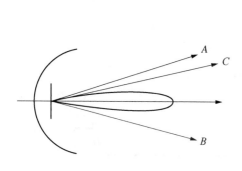

图 5－56　雷达波束

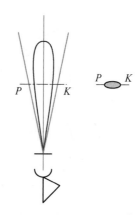

图 5－57　探测天线的波瓣形状

　　方位角探测天线的波束宽边与地面垂直,进行自左向右的扇形扫描;高低角探测天线的波束宽边与地面平行,进行自下而上的扇形扫描,两个波束的扫描在空间形成宽度为 10°的十字探测区。由于天线在高低角和方位角方向都有一定的转动范围,所以扫描雷达能在更大的范围内探测和跟踪目标,而不仅限于十字探测区。目标的相对高低角和方位角,是指目标相对于探测天线波束扫描起点的夹角,如图 5－58 所示,可利用探测天线波束作扇形单向等速扫描来测得。

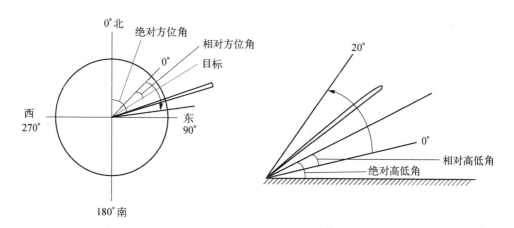

图 5－58　相对与绝对高低角示意图

　　方位角测角原理图如图 5－59 所示。扇形扫描波束从起点向终点扫完 20°角度后,又从终点扫回起点,如此循环往复。在波束扫描过程中,只有波束扫到目标时才有目标回波脉冲,当波束中心对准目标时,回波信号最强,波束中心偏离目标时,回波信号减弱,波束完全离开目标时,不产生回波信号。因此波束每扫描一次,就可以得到一组中间大两边小的回波脉冲群,脉冲群的中心与空间目标位置相对应,目标回波脉冲群的中心与角度扫描起点的时间间隔的大小,就代表了目标相对高低角和方位角的大小。

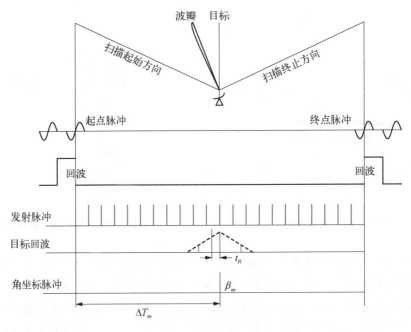

图 5 - 59　方位角测角原理图

5.5　加速度计

加速度计[53]是导弹控制系统中的重要惯性敏感元件之一,它输出与运动载体的运动加速度成比例的信号,在导弹上一般用来测量弹体的法向加速度。在惯性制导系统中,它还用来测量导弹切向加速度,经过两次积分,便可确定导弹的飞行路程。常用的加速度计有重锤式加速度计、液浮摆式加速度计和挠性加速度计[22]。

5.5.1　重锤式加速度计

重锤式加速度计的原理如图 5 - 60 所示。当基座以加速度 a 运动时,由于惯性质量块 m 相对于基座后移,质量块的惯性力拉伸前弹簧,压缩后弹簧,直到弹簧的回复力 $F(t) = K\Delta s$ 等于惯性力时,质量块相对于基座的位移量才不再增大。忽略摩擦阻力,质量块和基座有相同的加速度,即 $a = a'$。根据牛顿定律可得

$$F(t) = ma'$$

因此

$$a = a' = F(t)/m = K\Delta s/m \tag{5-63}$$

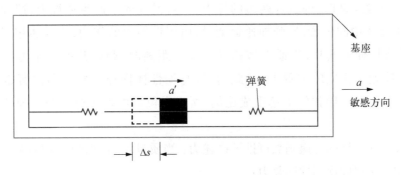

图 5-60　重锤式加速度计原理

即

$$a = k' \Delta s \qquad (5-64)$$

式中，$k' = K/m$。所以，测出质量块的位移量 Δs，便可知基座的加速度。

　　重锤式加速度计由惯性体（重锤）、弹簧片、阻尼器、电位器和锁定装置等组成，其结构如图 5-61 所示。惯性体悬挂在弹簧片上，弹簧片与壳体固连，锁定装置是一个电磁机构，在导弹发射前，用衔铁端部的凹槽将重锤固定在一定位置上。导弹发射后，锁定装置解锁，使重锤能够活动，阻尼器的作用是给重锤的运动引入阻力，消除重锤运动过程中的振荡。加速度计的敏感方向如图 5-61 所示，加速度计安装在导弹上时，应使敏感轴与弹体的某一个轴平行，以便测量导弹飞行时沿该轴产生的加速度。

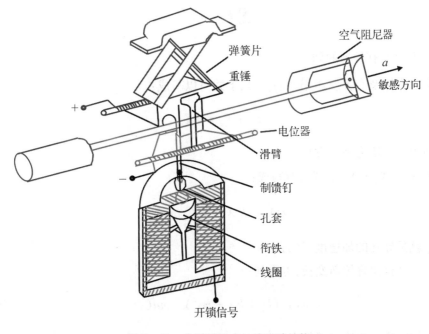

图 5-61　典型重锤式加速度计结构

导弹在等速运动时,弹簧片两边的拉力相等,惯性体不产生惯性力,惯性体在弹簧片的作用下处于中间位置;导弹加速运动时,由于惯性力的作用,惯性体相对于壳体产生位移,并将拉伸弹簧片,当惯性体移动了某一距离时,弹簧片的作用力与惯性力平衡,使惯性体处于相应的位置上,与此同时,与惯性体固连的电位器滑臂也移动同样的距离,这个距离与导弹的加速度成比例,所以电位器的输出电压与导弹的加速度成比例。

重锤式加速度计的传递函数可推导描述为:当质量块 m 运动时,弹簧片产生一个与质量块的相对位移成比例的回复力:

$$F_x = k_x X \tag{5-65}$$

式中, k_x 为弹簧的刚度系数。

阻尼器产生的黏性摩擦力与质量块 m 的相对运动速度成比例,即

$$F_z = k_z \dot{X} \tag{5-66}$$

式中, k_z 为阻尼器的阻尼系数。

设弹体的绝对位移为 X_d ,质量块 m 绝对位移为 X_m ,则质量块的相对位移为

$$X = X_d - X_m \tag{5-67}$$

根据牛顿第二定律,有

$$\sum F = m\ddot{X}_m \tag{5-68}$$

式中, $\sum F$ 为所有外力的和。

不考虑摩擦及有关反作用力的符号,上式可以写成:

$$F_z + F_x = m\ddot{X}_m \tag{5-69}$$

此方程即为质量块力平衡方程。

由于 $X_m = X_d - X$,上式可改写成:

$$m\ddot{X}_d = k_x X + k_z \dot{X} + m\ddot{X} \tag{5-70}$$

式中, $\ddot{X}_d$ 就是导弹的加速度,设为 a 。

对上式进行拉普拉斯变换,可得到:

$$X(s)(k_x + k_z s + ms^2) = ma(s) \tag{5-71}$$

因此加速度计的传递函数为

$$G_{xj}(s) = \frac{X(s)}{a(s)} = \frac{m}{k_x + k_z s + m s^2} = \frac{k_{xj}}{T_{xj}^2 s^2 + 2 T_{xj} \xi_{xj} s + 1} \tag{5-72}$$

式中, k_{xj} 为加速度计的传递系数, $k_{xj} = m/k_x$; T_{xj} 为加速度计的时间常数, $T_{xj} = \sqrt{m/k_x}$; ξ_{xj} 为加速度计的阻尼系数, $\xi_{xj} = \dfrac{k_z}{2\sqrt{mk_x}}$。

如果把电位计输出的电压作为加速度计的输出信号,整个加速度计的传递函数为

$$G_{xj}(s) = \frac{u(s)}{a(s)} = \frac{k_u k_{xj}}{T_{xj}^2 s^2 + 2 T_{xj} \xi_{xj} s + 1} \tag{5-73}$$

因此,加速度计的传递函数可以由一个二阶振荡环节来描述。稳态时,即 $\ddot{X} = \dot{X} = 0$, 得 $u = k_u k_{xj} a$, 即电位计的输出信号与输出加速度成比例。

5.5.2　液浮摆式加速度计

液体悬浮技术成功地应用于摆式加速度计和二自由度积分陀螺仪是惯性导航技术发展史上的一个重要里程碑。20 世纪 60 年代液浮摆式惯性器件已发展到成熟阶段,各种类型的液浮摆式加速度计广泛应用于各种惯性导航和制导系统中。液浮式加速度计原理结构类似于液浮式陀螺仪,如图 5-62 所示。壳体内充有浮液,将浮筒悬浮。浮筒内相对旋转轴有一个失衡检验惯性体(质量块 m),偏离旋转轴的距离为 L,敏感方向为图中的 z 方向[22]。

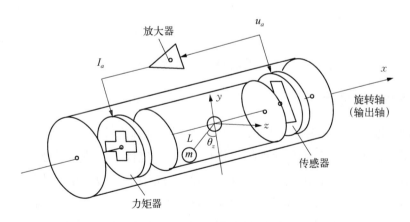

图 5-62　液浮式加速度计原理图

当沿加速度计的输入轴(敏感方向)有加速度 a 时,由于惯性的作用,惯性体绕旋转轴产生惯性力矩:

$$M_a = Lma \tag{5-74}$$

惯性体在惯性力矩作用下,将绕旋转轴(输出轴)转动,惯性体绕输出轴相对壳体转动的角度 θ_z 由传感器响应,传感器输出与转动角度 θ_z 成比例的电压信号,即

$$U = k_u \theta_z \tag{5-75}$$

式中, k_u 为传感器的传递系数。传感器电压输入放大器,放大器输出与输出电压成比例的电流信号,可写为

$$I = k_i U \tag{5-76}$$

式中, k_i 为放大器的放大系数。放大器输出的电流信号输入力矩器,产生与电流成比例的力矩:

$$M_k = k_m I = k_m k_i U = k_m k_i k_u \theta_z \tag{5-77}$$

式中, k_m 为力矩器的放大系数。这一力矩绕输出轴作用在惯性体上,在稳态时,它与输入加速度后惯性体产生的力矩相平衡,则有

$$M_k = M_a$$
$$k_m I = Lma \tag{5-78}$$

并且

$$I = Lma / k_m \tag{5-79}$$

此时力矩器的输入电流与输入加速度成比例,通过采样电阻可获得与输入加速度成比例的信号。由传感器、放大器和力矩器所组成的闭合回路通常称为力矩再平衡回路。所产生的力矩通常称为再平衡力矩,其表达式为

$$M_k = k_m I = k_m k_i U = k_m k_i k_u \theta_z \tag{5-80}$$

式中,三个系数的乘积即为 $k_m k_i k_u$ 再平衡回路的增益。

5.5.3 挠性加速度计

挠性加速度计也是一种摆式加速度计,它与液浮加速度计的主要区别在于它的摆组件不是悬浮在液体中,而是弹性地连接在挠性支承上,挠性支承消除了轴承的摩擦力矩,当摆组件的偏转角很小时,由此引入的微小的弹性力矩往往可以忽略不计[22]。

挠性加速度计有不同的结构类型,图 5 - 63 是其中的一种。摆组件的一端通过挠性支承固定在加速度计的壳体上,另一端可相对输出轴转动。传感器线圈和力矩器线圈固定在壳体上。挠性摆式加速度计的工作原理与液浮摆式加速度计类似,同样是由力矩再平衡回路所产生的力矩来平衡加速度所引起的惯性力矩,但为了抑制交叉耦合误差,力矩再平衡回路必须是高增益的,所以,挠性加速度计装配有一个高增益放大器,使摆组件始终工作在极小的偏角范围内(在零位附近),挠性杆变形小,敏感装置灵敏度高。

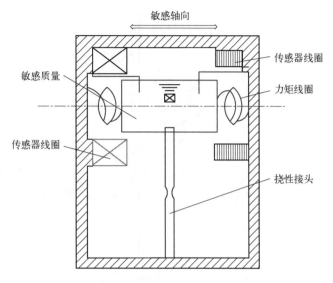

图 5 - 63　挠性摆式加速度计

挠性加速度计在结构工艺上大为简化,同时它的精度、灵敏度及可靠性也达到了应用的要求,因此,它在航空航天飞行器中得到广泛的运用。

5.5.4　摆式积分陀螺加速度计

摆式积分陀螺加速度计是一种利用陀螺力矩进行反馈的摆式加速度计。陀螺加速度计的工作原理如图 5 - 64 所示。由图 5 - 64 可知,摆式积分陀螺加速度计的结构类似于一个二自由度陀螺仪,有高速旋转的陀螺转子,有内、外框架,内框架轴的一端装有角度传感器,外框架轴的上下端分别装有输出装置和力矩电机,沿转子轴 Oz 有一偏心质量块 m,其质心离内框架轴的距离为 l,因而绕内框架轴形成摆性 ml[22]。

当沿外框架 OX_1 轴方向有加速度 a_{X_1} 时,在内框架轴上产生与该加速度成正比的惯性力矩。在理想条件下,即沿内、外框架轴没有任何干扰力矩的情况下,按陀螺进动原理,转子将带动内、外框架一起绕 OX_1 轴进动,其进动角速度为 $\dot{\alpha}$,内框架轴上产生陀螺反作用 $H_j\dot{\alpha}$,在稳态条件下,惯性力矩 mla_{X_1} 将精确地被陀螺力矩所平衡,则有

$$H_j\dot{\alpha} = mla_{X_1} \qquad (5-81)$$

或

$$\dot{\alpha} = mla_{X_1}/H_j \qquad (5-82)$$

在零初始条件下,积分得

$$\alpha = \frac{ml}{H_j}\int_0^t a_{X_1}\mathrm{d}t = \frac{ml}{H_j}v_{X_1} \qquad (5-83)$$

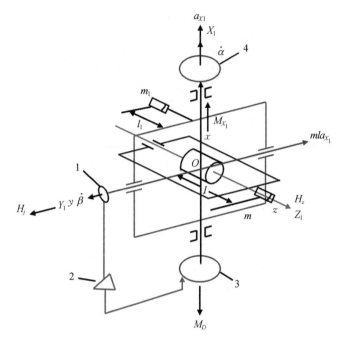

图 5‑64　摆式积分陀螺加速度计

式中，v_{X_1} 为导弹的速度。

陀螺加速度计的输出信号是外框架的转动角速度 $\dot{\alpha}$ 或转角 α，经角度或角速度传感器将其转换成相应的电信号。图中，$OX_1Y_1Z_1$ 为与外框架相固连的坐标系，OX_1 为输入轴；$\dot{\alpha}$、$\dot{\beta}$ 分别为外框架相对仪表基座和内框架相对外框架的角速度；a_{X_1} 为沿外框架轴输入的加速度；ml 为绕内框架轴的摆性；m、l 为外框架上的平衡质量及其相对外框架轴的距离；H_j 为角动量；M_{X_1} 为绕外框架轴的各种干扰力矩之和；M_D 为电机力矩。

思考题

（1）什么是陀螺仪？陀螺仪的作用是什么？

（2）陀螺仪的定轴性和进动性的定义分别是什么？

（3）三自由度陀螺仪怎么应用在导弹上？

（4）导引头的视场角定义是什么？视场角的大小与导引精度有什么关系？

（5）测速积分陀螺仪和测速陀螺仪的主要区别是什么？

（6）重锤式线加速度计由哪些部分组成？重锤式线加速度计的工作原理是什么？

（7）导引头有哪些分类？各自的特点是什么？

（8）红外导引头主要包括哪几类？分别有什么作用？

（9）旋转调幅式调制盘的工作原理是什么？

（10）根据激光源安装位置的不同,激光导引头可分为哪两类?

（11）同轴式红外导引头跟踪回路的原理结构是什么？同轴式红外导引头跟踪回路的总传递函数是什么？

（12）假设某型导弹电子线路的时间常数为 0.0005 s,对同轴式红外导引头跟踪回路的总传递函数进行简化。当输入目标视线角为单位斜坡函数时系统的稳态输出是多少？

第6章
控制系统

6.1 控制系统概述

导弹的控制系统有其特殊性,这里的"控制系统"不是"自动控制原理"中泛指的自动控制系统,而是专指"制导与控制系统"中的一部分,它是自动控制系统的一个具体应用实例。由于本书以导弹为应用背景,所以有必要先从导弹特性讲起,再讨论对控制系统的需求。

6.1.1 导弹运动特性简要描述与分析

导弹是一种空间运动体,作为刚体有六个自由度,实际上是一种变质量的弹性体,因此,除了质心运动和绕质心转动运动六种状态之外,还有弹体振动,带有液体推进剂时的液体晃动,推力矢量控制情况下的发动机喷管摆动等,弹体的最终运动是这些运动的复合。因此,弹体的运动状态具有多样性。

弹体在空间的姿态运动可分为俯仰、偏航、滚转三个通道,它们之间通过惯性、阻尼、气动力或电气环节发生互相耦合。气动力与结构变形之间存在耦合,弹体的变形将改变气动力的大小与分布,而气动力的变化又进一步使弹体变形,此即一般所说的气动弹性问题。刚体运动与弹性体运动之间也存在耦合,弹性变形将改变推力方向、气动力分布,从而改变了力的平衡状态,使刚体运动发生变化,而刚体运动改变了弹体的姿态,又反过来影响弹性弹体所受的力。因此,弹体的运动存在着多种耦合关系。

弹体的结构特征参量包含弹体质量、转动惯量、质心位置等,这些量在导弹飞行过程中,随着推进剂的消耗在不断发生变化,与飞行状态有关的空气动力系数等均随时间不断变化。弹体运动方程的系数就是这些参量的函数,它们的时变性使得导弹运动方程成为一组变系数的微分方程。因此,弹体运动使得弹体结构和气动参数具有时变性。

非线性系统的基本特征是,系统的性质与其输入量的幅值有关。换句话说,在非线性系统中,叠加原理不能成立,弹体正是这样一个非线性环节。在弹体运动有关的各因素中,广泛存在着非线性成分,如非线性流场使气动力为非线性,结构大变形产生几何非线

162

性等。从数学上看,体现系统特性的是微分方程的系数,而正是这些系数随着输入量幅值的变化而变化,所以说,弹体运动方程的系数不仅体现了时变特征,也体现了非线性特征。

对弹体运动的干扰有气动力干扰、控制力的干扰、发动机推力偏心、阵风干扰、推进剂燃烧室压力的非正常起伏等。因此,弹体运动具有多干扰性。

6.1.2 控制系统的需求及其功能

粗略地讲,控制系统的主要作用就是稳定或者控制弹体绕质心的角运动,以保证制导回路的制导指令被有效执行[22]。

1. 滚转操纵需求

对于侧滑转弯(Skid-to-Turn, STT)的导弹,在导引飞行过程中,要求弹体不能发生滚转,否则铅垂面的制导指令和水平面的制导指令与弹上执行机构之间的对应关系会发生混淆,从而使指令执行过程发生混乱,导致制导任务失败。也就是说,在制导过程中的各种干扰条件下,需要有"控制系统"保持弹体滚转角为零,这就是所谓的"稳定"功能。而由前面的弹体运动特性分析可知,通常弹体的滚转运动是没有静稳定性的,即使在常态飞行条件下,也必须在导弹上安装滚转稳定设备。

对于倾斜转弯(Bank-to-Turn, BTT)的导弹,在导引飞行过程中,需要操纵弹体滚转,使其最大升力所在的平面(理论上即弹体纵向对称面)与机动攻击平面共面,以充分利用导弹的机动能力,这就要求有"控制系统"将弹体按机动需求滚转到指定的角度,这就是所谓的"控制"功能。

2. 执行制导指令,操纵导弹质心沿基准弹道飞行

常规导弹是通过操纵姿态运动实现质心运动间接操纵的欠驱动六自由度飞行器,从自动控制原理角度讲,即角运动与线运动为串联关系,因此导致操作链路较长,被控对象阶数较高,超出经典控制规律如 PID 的调节能力,无法保证制导回路的稳定性,因此需要增加一个控制回路,调节姿态运动特性,使其作为制导回路的执行机构具有良好的稳定性和性能。于是,控制系统作为制导指令信号的传递通路,接收制导指令,经过适当变换放大,操纵舵面偏转或改变推力矢量方向,使弹体产生合理的法向过载,保证导弹质心沿基准弹道飞行。

3. 增大弹体绕质心运动的阻尼系数,改善制导系统的过渡过程品质

弹体相对阻尼系数是由空气动力阻尼系数、静稳定系数和导弹的运动参数等决定的,对静稳定度较大和飞行高度较高的高性能导弹,弹体阻尼系数一般在 0.1 左右或更小,弹体是欠阻尼的,这将产生一些不良的影响。导弹在执行制导指令或受到内部、外部干扰时,勉强保持稳定,也会产生不能接受的动态性能,过渡过程存在严重的振荡,调节时间很长,使弹体不得不承受大约两倍设计要求的横向加速度,这样会导致攻角过大,增大诱导阻力,使射程减小;同时降低导弹的跟踪精度,在飞行弹道末端的剧烈振荡会直接增大脱靶量,降低制导准确度,波束制导中可能造成导弹脱离波束的控制空域,导致失控等。所

以需要改善弹体的阻尼性能,把欠阻尼的自然弹体改造成具有适当阻尼系数的弹体。控制系统直接装在弹上并与弹体构成闭环回路,根据自动控制理论,可以在稳定回路中增加角速度反馈包围弹体的方法,来实现这一要求。

6.1.3　导弹控制系统的基本组成、分类与特点

控制系统是指由自动驾驶仪与弹体构成的闭合回路,其中自动驾驶仪含有控制器,导弹就是被控对象。自动驾驶仪要稳定导弹绕质心的角运动,并根据制导指令正确而快速地操纵导弹的飞行,即自动驾驶仪的功能就是稳定和控制导弹的飞行。所谓稳定是指自动驾驶仪消除因干扰引起的导弹姿态的变化,使导弹的飞行方向不受扰动的影响,称为自动驾驶仪的稳定工作状态。所谓控制是指自动驾驶仪按照制导指令的要求操纵舵面偏转或改变推力矢量方向,改变导弹的姿态,使导弹沿基准弹道飞行,称为自动驾驶仪的控制工作状态[22]。

稳定是在导弹受到干扰的条件下保持其姿态不变,而控制是通过改变导弹的姿态,使导弹准确地沿基准弹道飞行。从改变和保持姿态这一点来说,导弹的稳定和控制是矛盾的;而从保证导弹沿基准弹道飞行这一点来说,它们又是一致的。

由于导弹的飞行动力学特性在飞行过程中会发生大范围、快速和事先无法预知的变化,自动驾驶仪设计必须使导弹的静态和动态特性变化不大,既要有足够的稳定性也要有合适的操纵性,使导弹控制系统在各种飞行条件下均具有良好的控制性能,以保证导弹制导系统的精度。

1. 导弹控制系统的基本组成结构

如前所述,控制系统是由自动驾驶仪与弹体构成的闭合回路,其中自动驾驶仪一般由惯性器件(和其他敏感元件)、控制电路以及舵系统等组成,生成控制指令,通过操纵导弹空气舵面或者发动机推力矢量控制导弹的绕质心转动,系统原理框图如图6-1所示。

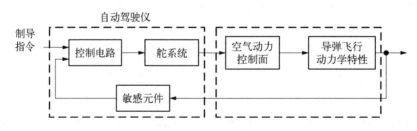

图6-1　稳定控制系统原理框图

常用的惯性器件有各种自由陀螺、速率陀螺和加速度计,分别用于测量导弹的姿态角、姿态角速度和线加速度。控制电路由数字电路和/或各种模拟电路组成,用于实现信号的传递、变换、运算、放大、回路校正和自动驾驶仪工作状态的转换等功能,根据制导指令和惯性器件的反馈生成控制指令。舵系统一般由功率放大器、舵机、传动机构和适当的

反馈电路构成。有的导弹也使用没有反馈电路的开环舵系统,它们的功能是根据控制信号操纵相应舵面的转动。导弹飞行绕质心转动的动力学特性,指舵面偏转与弹体角运动动态响应之间的关系,即接受控制指令偏转舵面之后,弹体的姿态会产生相应变化、形成所需的法向过载。

导弹控制系统的任务就是稳定或/和控制导弹的飞行,不同类型的导弹,其控制系统的具体组成会有所差别,形成的回路结构也会不一样,但都是按照自动控制原理组成的自动控制系统,所以它们组成的回路是有共性的。以空气舵面控制的导弹为例,导弹控制系统的基本工作流程:敏感元件把测量到的导弹参数变化信号与给定信号进行比较,得出偏差信号,经控制电路处理,再放大后送至舵机,操纵舵面偏转,从而调节导弹的姿态,操纵导弹在空中飞行。

2. 控制系统分类

由于导弹种类繁多,各自的战术技术性能差异很大,因此,控制系统的分类方法有很多种,可根据用途和系统设计的需要,按导弹控制方式、系统组成环节特性、控制导弹转弯方式和控制指令分解形式等进行分类。

按导弹控制方式分类:

(1) 单通道控制系统:用于自旋导弹的稳定和控制;

(2) 双通道控制系统:包括俯仰、偏航两个通道,滚动通道只需要进行稳定;

(3) 三通道控制系统:包括俯仰、偏航和滚动三个通道,是防空导弹常用的形式。

按系统组成环节特性分类:

(1) 线性控制系统:组成系统的诸环节均具有线性特性;

(2) 非线性控制系统:组成系统的环节中有一个或一个以上具有非线性特性;

(3) 数字控制系统:组成系统的装置中含有数字计算机;

(4) 自适应控制系统:组成系统的装置中有隐含或显含辨识对象系数,并按期望性能指标要求调整参数或结构的系统。

按控制导弹转弯方式分类:

(1) 侧滑转弯控制系统:该种方式滚转角是固定的,导弹的过载靠攻角和侧滑角产生;

(2) 倾斜转弯控制系统:该种方式控制弹体运动无侧滑,滚转通道接收控制指令使导弹绕纵轴滚动,将导弹最大升力面的法向矢量指向导引律所要求的方向,使导弹产生最大可能的机动过载。

按控制指令坐标分解形式分类:

(1) 直角坐标分解形式:适用于轴对称布局的导弹,导引系统测出沿两个坐标轴的偏差形成两路操纵信号,一路是俯仰方向的信号,一路是偏航方向的信号,这两个信号传送给弹上两个独立的执行机构,使俯仰舵和偏航舵产生偏转,控制导弹沿基准弹道飞行;

（2）极坐标分解形式：误差信号以极坐标的形式送给弹上的控制系统，即一个幅值信号和一个相位信号，这时控制系统需要采用不同的执行机构来实现控制，通常的方法是把相位信号作为滚转指令，使弹体从垂直面起滚动一个角度，把幅值信号作为过载指令，用导弹的俯仰舵操纵导弹作与幅值信号相对应的机动。

3. 导弹控制系统特点

从控制系统的组成元部件及回路分析可以看出，导弹控制系统具有多回路、通道耦合、非线性、变参数和变结构等特点。

1）多回路系统

导弹在三维空间中飞行，具有三个自由度的绕质心转动，如果采用经典控制律如 PID 进行调节，则需要为每个自由度单独设计控制回路。再考虑到舵回路，显然形成内外环嵌套的多回路系统。

2）三通道耦合

数学上，可以把导弹的空间运动分解为三个相互垂直的平面运动，并期望三通道独立。然而实际上，飞行状态之间、操纵机构之间，都存在着交连，严格来讲，无法分成三个独立的控制通道，给控制系统分析设计带来一定的麻烦。为了简化控制设计，结合导弹气动布局设计，需要尽可能弱化各通道之间的耦合。

3）变参数问题

造成导弹控制系统为时变系统的原因是描述弹体运动方程的系数是时变的。完成不同战术任务的导弹，由于飞行速度、高度和姿态的变化以及燃料的消耗与质心位置变化等，使得作用在弹体上相关的干扰力、干扰力矩在较大的范围内变化，因此使弹体运动方程的系数成为时变的。

4）非线性问题

在导弹的控制回路里，几乎所有的部件其静态特性都存在饱和限制，有的部件还存在死区，而导弹气动力/力矩特性本身也是飞行状态和操纵量的非线性函数。当然有的非线性可以通过小偏差线性化变成线性系统作近似的分析，但也有一些非线性，如存在迟滞特性的继电器等控制器件，则不能线性化。因此，在分析设计系统时必须考虑非线性的影响。

5）变结构问题

导弹在飞行过程中，不但系统参数是变化的，由于飞行高度、速度变化范围较大，尤其有些导弹在飞行过程中会发生气动布局的变化，导致难以使用单一的数学模型描述整个飞行过程，带来模型结构的变化，因此可能存在着控制上变结构的问题。

对于这样复杂的导弹控制系统，分析和设计显然是相当麻烦的。通常在初步分析设计时，先要进行合理的简化，对简化后的系统再分析计算，得出一些有益的结论。当需要进一步分析设计和计算时，还必须借助仿真和半实物仿真来解决。

6.2 滚转稳定回路

粗略地讲,滚转回路的作用是稳定导弹的滚转角位置,又或者稳定阻尼导弹的滚转角速度。具体如下[22]:

(1) 对于轴对称导弹,用改变攻角和侧滑角的方法来获得不同方向和大小的法向控制力,即采用直角坐标控制方式的侧滑转弯自动驾驶仪。为了实现对导弹的正确控制,滚转角必须稳定在一定范围内,保持测量坐标系与执行坐标系间的相对关系的稳定,以避免俯仰和偏航信号发生混乱,这时的滚转回路是一个滚转角稳定系统。

(2) 对于飞航式配置的面对称导弹,一般多采用极坐标控制方式的倾斜转弯自动驾驶仪。为得到不同方向的法向控制力,应使导弹产生相应的滚转角和攻角,法向气动力的幅值取决于攻角,其方向取决于滚转角,这时的滚转回路是一个滚转控制系统。

(3) 而在旋转导弹中,导弹以一定的角速度持续滚转,不需要稳定或控制滚转角位置。但滚转角速度不稳定会导致俯仰、偏航通道之间的交叉耦合。为了尽可能减弱交叉耦合,有些旋转弹中设置了滚转角速度稳定回路。

6.2.1 滚转角稳定回路

滚转角稳定回路的基本任务是消除干扰作用引起的滚转角误差。为了稳定导弹的滚转角位置,要求滚转稳定回路不但是稳定的,稳态准确度也要满足设计要求,而且其过渡过程应具有良好品质[22]。

1. 角位置陀螺仪方案

使用角位置陀螺是一种常用的滚转角稳定方案,但在某种情况下,为了改善角稳定回路的动态品质,通常还会引入速率陀螺仪构成内回路。

由第3章弹体运动特性分析结果可知,轴对称导弹滚转运动传递函数为

$$G_{\delta_\gamma}^\gamma(s) = \frac{K_{DX}}{s(T_{DX}s + 1)} \tag{6-1}$$

式中,γ 为弹体滚转角;δ_γ 为滚转舵偏角;K_{DX} 为弹体滚转运动传递系数;T_{DX} 为弹体滚转运动时间常数,且有 $K_{DX} = -\dfrac{M_{x_1}^{\delta_\gamma}}{M_{x_1}^{\omega_{x_1}}}$,$T_{DX} = -\dfrac{J_{x_1}}{M_{x_1}^{\omega_{x_1}}}$,式中符号变量具体含义见第3章。

由此可见,弹体滚转运动参数是变化的,其中传递系数 K_{DX} 仅与导弹速度 V_D 有关,变化范围较小,而时间常数与弹道高度(表现为大气密度的变化)、导弹速度 V_D 都有关系,变化范围较大。进一步,由弹体滚转运动的传递函数可知,在常值扰动舵偏角 δ_γ 作用下,稳态时将以转速 $K_{DX}\delta_\gamma$ 旋转,而滚转角 γ 将线性增加,所以要保持滚转角位置的稳定,采用开

环控制是不行的,只能采用闭环控制。典型的应用角位置陀螺仪和校正网络的滚转角稳定回路如图 6－2 所示[22]。

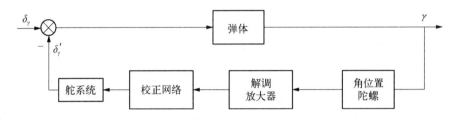

图 6－2　具有角位置反馈的滚转角稳定回路

设校正网络的传递函数为 $G_\phi(s)$,角位置陀螺仪的传递系数为 K_{ZT},舵回路的传递函数为 $\dfrac{K_{dj}}{T_{dj}^2 s^2 + 2\xi_{dj} T_{dj} s + 1}$,从而可画出滚转角稳定回路控制原理的方框图如图 6－3 所示,图中 K_δ 为舵机至副翼舵之间的机械传动比,K_i 为可变传动比。

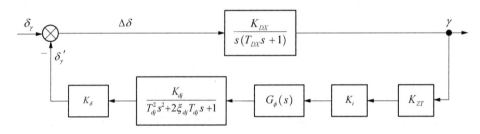

图 6－3　滚转角稳定回路控制原理方框图

未引入校正网络时稳定回路开环传递函数为

$$\frac{\delta'_\gamma(s)}{\Delta\delta(s)} = \frac{K_0}{s(T_{DX}s + 1)(T_{dj}^2 s^2 + 2\xi_{dj} T_{dj} s + 1)} \tag{6－2}$$

式中,$K_0 = K_{DX} K_A$ 为开环传递系数,$K_A = K_{ZT} K_i K_{dj} K_\delta$。

画出未引入校正网络时的开环对数特性曲线之后,可根据系统稳定裕度的要求确定 K_0,但这样选择所得的 K_0 是个很小的值,那么 K_A 将会更小,因而不能满足稳态准确度的要求。这是因为在常值扰动滚转舵偏转角 δ_γ 作用下稳定回路闭环传递函数为[22]

$$\begin{aligned}
\frac{\gamma(s)}{\delta_\gamma(s)} &= \frac{\dfrac{K_{DX}}{s(T_{DX}s + 1)}}{1 + \dfrac{K_0}{s(T_{DX}s + 1)} \cdot \dfrac{1}{T_{dj}^2 s^2 + 2\xi_{dj} T_{dj} s + 1}} \\
&= \frac{K_{DX}(T_{dj}^2 s^2 + 2\xi_{dj} T_{dj} s + 1)}{s(T_{DX}s + 1)(T_{dj}^2 s^2 + 2\xi_{dj} T_{dj} s + 1) + K_0}
\end{aligned} \tag{6－3}$$

利用终值定理,可求得在常值扰动滚转舵偏转角 δ_γ 作用下的稳态响应为

$$\gamma = \frac{K_{DX}}{K_0}\delta_\gamma = \frac{\delta_\gamma}{K_A} \tag{6-4}$$

那么 $K_A = \dfrac{K_0}{K_{DX}}$ 值越小,稳态输出滚转角 γ 将越大。为满足设计要求,应想办法在保证稳定裕度的前提下,尽可能提高 K_A 的值。

舵机回路的时间常数 T_{dj} 在所研究的频率范围内会引起相位滞后,因此,通常要求舵机回路的时间常数要尽可能小。这里为简化分析,突出问题的实质,假定 T_{dj} 很小,可以忽略,这时滚转稳定回路简化为二阶系统,其闭环传递函数为

$$\frac{\gamma(s)}{\delta_\gamma(s)} = \frac{K_{DX}}{T_{DX}s^2 + s + K_0} = \frac{K'}{T'^2 s^2 + 2\xi' T' s + 1} \tag{6-5}$$

式中, $K' = \dfrac{K_{DX}}{K_0}$; $T' = \sqrt{T_{DX}/K_0}$; $\xi' = \dfrac{1}{2\sqrt{K_0 T_{DX}}}$ 。由于 T_{DX} 较大,为了满足稳态准确度要求, K_0 也应该较大,但结果会导致 ξ' 减小,使过渡过程振荡加剧。

由上述分析可知,在不引入校正装置的条件下,要使滚转稳定回路满足各项性能指标要求是不可能的,为此有必要考虑引入校正装置。

若引入微分校正装置,会使开环对数频率特性中频段的相频特性适当提高,以增加稳定裕量。同时提高了穿越频率,提高了快速性,但对起伏干扰的响应也加强了。在选择微分校正网络传递函数零极点时,通常考虑以下原则:用校正装置的零点去抵消弹体时间常数决定的极点以及舵回路在截止频率处的相位滞后。

设微分校正装置的传递函数为

$$G_\phi(s) = \frac{K_\phi(T_{c_3}s + 1)}{T'_{c_3}s + 1} \tag{6-6}$$

式中, $T'_{c_3} < T_{c_3} \approx T_{DX}$ 。这样用校正装置的极点($-1/T'_{c_3}$)代替了弹体的极点($-1/T_{DX}$)。稳定回路的开环传递函数(引入校正零极点后)为

$$\frac{\delta'_\gamma(s)}{\Delta\delta(s)} = \frac{K_A}{s(T'_{c_3}s + 1)(T_{dj}^2 s^2 + 2\xi_{dj}T_{dj}s + 1)} \tag{6-7}$$

若绘制对数频率特性曲线,则可明显看出增加了裕量,展宽了频带等性能变化,若同样忽略 T_{dj} ,则系统闭环传递函数为

$$\frac{\gamma(s)}{\delta_\gamma(s)} = \frac{K''}{T''^2 s^2 + 2\xi'' T'' s + 1} \tag{6-8}$$

式中，

$$K'' = \frac{K_{DX}}{K_0}, \quad K_0 = K_{dj}K_{DX}K_{ZT}, \quad T'' = \sqrt{\frac{T'_{c_3}}{K_0}}, \quad \xi'' = \frac{1}{2\sqrt{K_0 T'_{c_3}}}$$

由于 $T'_{c_3} < T_{DX}$，所以 $T'' < T'$，$\xi'' > \xi'$，使同时提高 K_0 及回路的阻尼系数有了可能。

若引入积分校正，一方面使原系统相频特性在低频段有较大的下降，在中、高频段变化不大；另一方面使原系统幅频特性在中、高频段有较大下降，使系统穿越频率减小。结果容易满足稳定性要求，且抑制起伏干扰的能力增强，但是快速作用有所降低。若原系统稳定裕量基本满足要求，引入积分校正可以保持原有系统穿越频率不变，同时可以把开环传递系数提高到足够大，以满足准确度要求。在对系统进行综合分析和设计时，当过渡过程品质是主要矛盾，且要求较好的抗起伏干扰的能力时，宜采用积分校正。一般情况下，引入积分-微分校正装置，可以同时获得两种校正装置的优点，在低频段积分校正起作用，以选择足够大的开环传递系数，在中、高频段微分校正起作用，以获得必要的稳定裕量。

由于描述弹体特性的参数 K_{DX}、T_{DX} 随飞行条件变化，穿越频率、等效阻尼系数都随之变化，采用常参量校正装置，其校正零点只能对消弹体时间常数决定的极点，不能获得弹道各特征点都满意的性能。高性能滚转稳定回路中，可以考虑引入变传动比装置，自动调节开环传递系数，使之稳定，补偿由于弹体特性变化引起的系统动态特性的变化。

有些情况下，为了改善角稳定回路的动态品质，引入角速率陀螺仪回路，如图 6-4 所示。为了讨论的方便，假定舵系统是理想的放大环节，同时把角位置陀螺和速率陀螺都简化为放大环节。这样可得到具有滚转角位置和滚转角速度反馈的稳定系统框图，如图 6-5 所示。其中，图 6-5 中 δ_γ 为等效的扰动滚转舵偏转角；K_{dj} 为不计惯性的执行机构传递系数；K_{NT} 为测速陀螺仪传递系数；K_{ZT} 为位置陀螺仪传递系数[22]。

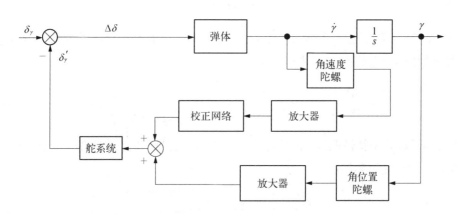

图 6-4 具有角位置和角速率反馈的滚转角稳定回路

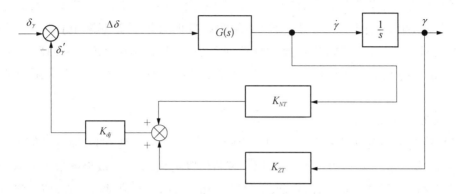

图 6 - 5　具有角位置和速率反馈的滚转角稳定回路原理框图

以滚转角速度为输出的导弹滚转运动的传递函数为[22]

$$G_{\delta_\gamma}^{\dot\gamma}(s) = \frac{K_{DX}}{T_{DX}s + 1} \tag{6-9}$$

未引入速率陀螺时,滚转角稳定系统的闭环传递函数为

$$\frac{\gamma(s)}{\delta_\gamma(s)} = \frac{\dfrac{K_{DX}}{s(T_{DX}s + 1)}}{1 + \dfrac{K_{DX}K_{dj}K_{ZT}}{(T_{DX}s + 1)s}} = \frac{K}{T^2 s^2 + 2\xi T s + 1} \tag{6-10}$$

式中,$K = K_{DX}/K_0$,$K_0 = K_{dj}K_{DX}K_{ZT}$ 为开环传递系数,并且

$$\xi = \frac{1}{2\sqrt{K_0 T_{DX}}} , \quad T = \sqrt{T_{DX}/K_0}$$

为使系统有较好的快速性和稳态特性,K_0 应取较大的值,加之导弹滚转运动的时间常数 T_{DX} 较大,导致阻尼系数 ξ 的值比较小,这样滚转运动的阻尼特性很差。引入测速陀螺反馈后,系统的闭环传递函数为

$$\frac{\gamma(s)}{\delta_\gamma(s)} = \frac{\dfrac{K_{DX}}{s(T_{DX}s + 1)}}{1 + \dfrac{K_{DX}K_{dj}(K_{ZT} + K_{NT}s)}{(T_{DX}s + 1)s}} = \frac{K'}{T'^2 s^2 + 2\xi' T' s + 1} \tag{6-11}$$

式中,$K_0 = K_{dj}K_{DX}K_{ZT}$ 为开环传递系数,$\xi' = \dfrac{1 + K_{DX}K_{dj}K_{NT}}{2\sqrt{K_0 T_{DX}}}$,$T' = \sqrt{T_{DX}/K_0}$,$K' = \dfrac{K_{DX}}{K_0}$。

由上式可以看到,引入速率陀螺反馈后,理想情况下滚转角稳定系统是一个二阶振荡环节,其阻尼系数 ξ' 比 ξ 增大了,选择合适的测速陀螺的传递系数 K_{NT},可以使滚转角稳定系统具有所需的阻尼特性,同时增大位置陀螺传递系数 K_{ZT},可以减小系统的时间常数,提高系统的快速性。可见,由速率陀螺组成的反馈回路起阻尼作用,使系统具有良好的阻尼性;自由陀螺仪组成的反馈回路稳定导弹的滚转角。从回路分析的观点来看,速率陀螺反馈的作用,相当于在角位置稳定回路中引入了一个纯微分环节的校正。

  2. 角速率陀螺仪方案

  滚转稳定回路也可以采用角速率陀螺仪结合积分器的实现方案,通过对角速率陀螺测得的信号进行积分获得角位置信息,以代替角位置陀螺,系统组成框图如图6-6所示。角位置陀螺仪一般质量大,结构复杂,造价高,耗电多,而且其启动时间长,使导弹的加电准备时间需 1 min 左右,这就使得武器系统的反应时间加长,不利于适应现代战争的需求。而角速率陀螺一般启动时间在 10 s 左右,若采用高压启动,则只需 3~5 s。因此,在导弹实际应用中有时采用角速率陀螺加电子积分器的滚转回路稳定方案,其控制原理如图6-7所示[22]。

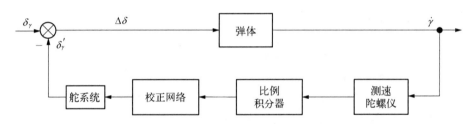

图6-6 角速率陀螺积分器组成的滚动回路

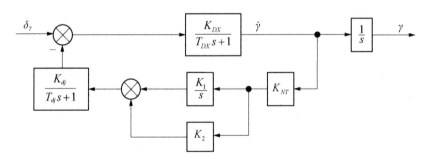

图6-7 角速率陀螺积分器组成的滚动回路结构图

  此种方案下,系统的闭环传递函数为

$$\frac{\gamma(s)}{\delta_\gamma(s)} = \frac{1}{s} \cdot \frac{\dfrac{K_{DX}}{T_{DX}s + 1}}{1 + \dfrac{K_{NT}K_{dj}(K_1 + K_2 s)}{(T_{dj}s + 1)s} \cdot \dfrac{K_{DX}}{sT_{DX} + 1}} \qquad (6-12)$$

若忽略舵系统时间常数,上式可简化为

$$\frac{\gamma(s)}{\delta_\gamma(s)} = \frac{K_{DX}}{s(T_{DX}s + 1) + K_{DX}K_{dj}K_{NT}(K_1 + K_2 s)}$$

$$= \frac{K_{DX}}{T_{DX}s^2 + (1 + K_{DX}K_{dj}K_{NT}K_2)s + K_{DX}K_{dj}K_{NT}K_1} \qquad (6-13)$$

$$= \frac{K'_{DX}}{T'^2_{DX}s^2 + 2T'_{DX}\xi'_{DX}s + 1}$$

式中, $K'_{DX} = \dfrac{1}{K_{dj}K_{NT}K_1}$; $T'_{DX} = \sqrt{\dfrac{T_{DX}}{K_{DX}K_{dj}K_{NT}K_1}}$; $\xi'_{DX} = \dfrac{1 + K_{DX}K_{dj}K_{NT}K_2}{2\sqrt{K_{DX}K_{dj}K_{NT}K_1 T_{DX}}}$。

从上面推导结果可知,这种方案与前面的角位置陀螺仪方案的作用是一致的。

6.2.2　滚转角速度稳定回路

如果滚转通道不控制,那么在受阶跃滚转干扰力矩作用时,弹体会发生绕纵轴的转动,其转动速度为[22]

$$\dot{\gamma} = K_{DX}\delta_\gamma(1 - e^{-\frac{t}{T_{DX}}}) = \frac{K_{DX}M_{Xd}}{M_{x_1}^{\delta_\gamma}}(1 - e^{-\frac{t}{T_{DX}}}) \qquad (6-14)$$

式中, M_{Xd} 为干扰力矩, $M_{Xd} = M_{x_1}^{\delta_\gamma} \cdot \delta_{Xd}$, δ_{Xd} 为等效干扰舵偏角; $M_{x_1}^{\delta_\gamma}$ 为滚转舵操纵效率。由于 $K_{DX} = -M_{x_1}^{\delta_\gamma}/M_{x_1}^{\omega_{x_1}}$, 则上式可写为

$$\dot{\gamma}(t) = -\frac{M_{Xd}}{M_{x_1}^{\omega_{x_1}}}(1 - e^{-\frac{t}{T_{DX}}})$$

稳态时有

$$\dot{\gamma} = -\frac{M_{Xd}}{M_{x_1}^{\omega_{x_1}}}$$

上式表明,由于扰动力矩 M_{Xd} 的作用,在过渡过程消失后,建立起一个常值滚转角速度。为了降低扰动对滚转角速度的影响,把滚转角速度限制在一定的范围内,可采用测速陀螺反馈或在弹翼上安装陀螺舵的方式,这两种不同的实现方式,其作用都相当于在弹体滚转通道增加测速反馈。

以采用测速陀螺反馈的稳定系统为例,系统回路由测速陀螺仪、滚转通道执行装置及弹体等构成。假定执行装置为理想的放大环节,放大系数为 K_{dj},测速陀螺仪用传递系数为 K_{NT} 的放大环节来近似,设反馈回路的总传递系数为 $K_a = K_{NT}K_{dj}$,简化后的具有测速陀螺的滚转角速度稳定系统的框图如图 6-8 所示,图中 δ_γ 为等效扰动舵偏角。

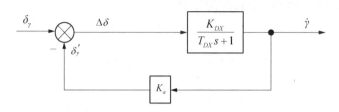

图 6 - 8　滚转角速度稳定回路框图

系统的闭环传递函数为

$$\frac{\dot{\gamma}(s)}{\delta_{\gamma}(s)} = \frac{K_{DX}}{T_{DX}s + (1 + K_{DX}K_a)} = \frac{K_{DX}}{1 + K_{DX}K_a} \cdot \frac{1}{\dfrac{K_{DX}}{1 + K_{DX}K_a}s + 1} \qquad (6 - 15)$$

由上式可以看出,由于引入滚转角速度反馈,使系统的传递系数减小为原来的 $1/(1 + K_{DX}K_a)$,相当于增加了弹体阻尼,同时,时间常数减小为原来的 $1/(1 + K_{DX}K_a)$,系统过渡过程加快了。引入测速陀螺仪反馈后,在阶跃扰动力矩 M_{Xd} 的作用下,弹体滚转角速度的稳态响应为

$$\dot{\gamma} = \frac{1}{1 + K_{DX}K_a}\left(-\frac{M_{Xd}}{M_{x_1}^{\omega_{x_1}}}\right) \qquad (6 - 16)$$

即为无测速陀螺反馈时稳态角速度的 $1/(1 + K_{DX}K_a)$,通过选择合适的陀螺仪参数和执行装置参数,比如增大传递系数,可在一定程度上抑制干扰的作用。这里为了分析的方便,对回路作了简化,在充分考虑执行装置和陀螺仪的动力学性能后,如果传递系数 K_a 增大到一定程度后系统会不稳定,为了保证系统具有相当的稳定裕度,同时又有满意的响应过程,可以采用校正网络。

需要指出的是对采用滚转角速度稳定的系统,由于滚转角速度的存在,会对导引头的工作有影响,同时会造成自动驾驶侧向稳定回路的交叉耦合,使其稳定性降低。因此,对滚转回路采用角速度稳定的系统,应注意滚转角速度对侧向回路的影响。

6.3　侧向控制回路

6.3.1　由速率陀螺仪和加速度计构成的侧向控制回路

侧向控制回路的原理图如图 6 - 9 所示,在指令制导和寻的制导系统中广泛采用这种控制回路。图 6 - 10 为这种控制回路的计算结构图。如果导弹是轴对称的,则使用两个相同的自动驾驶仪控制弹体的俯仰和偏航运动,则以俯仰通道为例[22]。

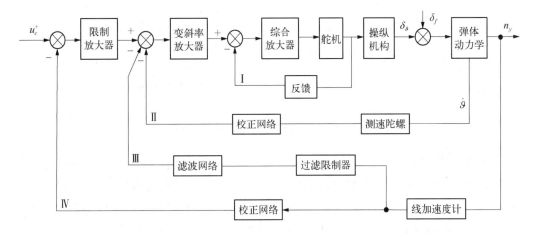

图 6 – 9　由测速陀螺仪和加速度计组成的侧向控制回路原理图

Ⅰ-舵系统；Ⅱ-阻尼回路；Ⅲ-过载限制回路；Ⅳ-控制回路；

u_c -指令电压；δ_ϑ -弹体姿态角速度反馈产生的舵偏角；$\dot\vartheta$ -俯仰角速度；n_y -过载；δ_f -等效干扰舵偏角

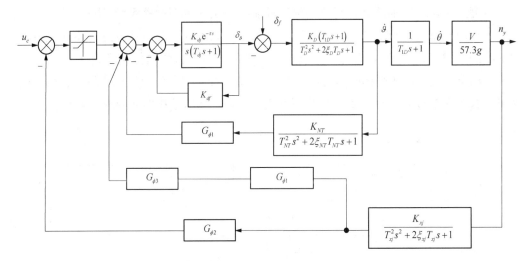

图 6 – 10　具有测速陀螺仪和加速度计的稳定回路计算结构图

u_c -指令电压；δ_ϑ -弹体姿态角速度反馈产生的舵偏角；$\dot\vartheta$ -俯仰角速度；n_y -过载；δ_f -等效干扰舵偏角

1. 阻尼回路

根据控制对象弹体的分析,采用系数冻结法,即假定在某一时间间隔内系数变化缓慢而看作常数时,整个导弹俯仰运动传递函数如图 6 – 11 所示。K_D 为单位舵偏角引起的导弹速度向量的旋转角速度,其数值越大,表示导弹机动性越高,随着飞行高度增加稳定性增加,K_D 值变小,机动性能变坏。

弹体阻尼系数 ξ_D 几乎与飞行速度无关,但随着飞行高度增加而减小。在 6.2 节曾介绍过,静稳定度较大和飞行高度较高的高性能导弹,弹体阻尼系数一般在 0.1 左右或更小,弹体是欠阻尼的,这将产生不良的影响。如导致攻角过大,增大诱导阻力,使射程减小,同时降低导弹的跟踪精度等,所以需要改善弹体的阻尼性能。把欠阻尼的自然弹体改造成具有适

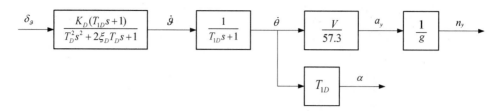

图 6-11　导弹俯仰运动传递函数结构图

当阻尼系数的弹体,其方法是在稳定回路中增加角速度反馈包围弹体,即利用速率陀螺测量弹体的姿态角速度,输出与角速度成比例的电信号,并反馈到舵机回路的输入端,驱动舵产生附加的舵偏角,使弹体产生与弹体姿态角速度方向相反的力矩。该力矩在性质上与阻尼力矩完全相同,起到阻止弹体摆动的作用,与提高空气的黏度效果相当。通过速率陀螺反馈,适时地按姿态角速度的大小去调节作用在弹体上的阻尼力矩的大小,人工地增加了弹体的阻尼系数,这就是引入速率陀螺反馈改善弹体阻尼性能的物理本质。

　　由测速陀螺仪和加速度计组成的侧向控制回路是一个多回路系统,阻尼回路在稳定回路中是内回路,从图6-9中把阻尼回路分离出来如图6-12所示。进一步简化后,阻尼回路的结构图如图6-13所示。将图6-13中的弹体动力学用传递函数 $W_{\delta_\vartheta}^{\dot\vartheta}(s)$ 表示,由于舵回路时间常数比弹体时间常数小得多,测速陀螺时间常数通常也比较小,自动驾驶仪可用其传递系数 $K_\vartheta^{\delta_\vartheta}$ 表示,则以传递系数表示的阻尼回路结构图如图6-14所示[22]。

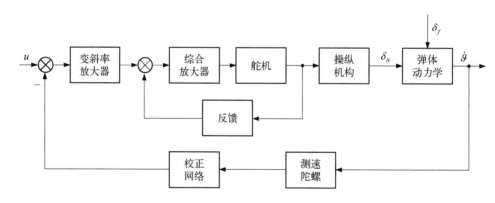

图 6-12　阻尼回路结构图

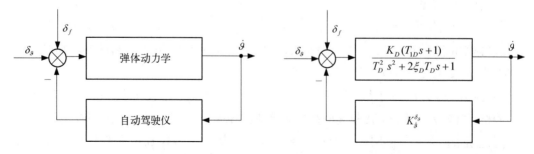

图 6-13　简化后的阻尼回路结构图　　**图 6-14　以传递函数表示的阻尼回路结构图**

根据前面提高系统稳定回路阻尼所推导的闭环传递函数：

$$\frac{\dot{\vartheta}(s)}{\delta_{\vartheta}(s)} = \frac{K_D^*(T_{1D}s + 1)}{T_D^{*2}s^2 + 2\xi_D^* T_D^* s + 1} \qquad (6-17)$$

式中，K_D^* 为阻尼回路闭环传递系数，$K_D^* = \dfrac{K_D}{1 + K_D K_{\vartheta}^{\delta_{\vartheta}}}$；$T_D^*$ 为阻尼回路时间常数，$T_D^* = \dfrac{T_D}{\sqrt{1 + K_D K_{\vartheta}^{\delta_{\vartheta}}}}$；$\xi_D^*$ 为阻尼回路闭环阻尼常数，$\xi_D^* = \dfrac{\xi_D + \dfrac{T_{1D}K_D K_{\vartheta}^{\delta_{\vartheta}}}{2T_D}}{\sqrt{1 + K_D K_{\vartheta}^{\delta_{\vartheta}}}}$。

可以看出，当 $K_D K_{\vartheta}^{\delta_{\vartheta}} \ll 1$ 时，则有 $K_D^* \approx K_D$，$T_D^* \approx T_D$，也就是说阻尼回路的引入，对弹体传递系数和时间常数影响不大，其作用主要体现在对阻尼系数的影响上。考虑到 $K_D K_{\vartheta}^{\delta_{\vartheta}} \ll 1$，阻尼系数的表达式可写为

$$\xi_D^* = \xi_D + \frac{T_{1D}K_D K_{\vartheta}^{\delta_{\vartheta}}}{2T_D} \qquad (6-18)$$

此式说明，引入阻尼回路，使补偿后的弹体俯仰运动的阻尼系数增加。$K_{\vartheta}^{\delta_{\vartheta}}$ 越大，ξ_D^* 增加的幅度也越大，因此阻尼回路的主要作用是用来改善弹体侧向运动的阻尼特性。

选择 $K_{\vartheta}^{\delta_{\vartheta}}$ 的原则是：寻求一个适当的 $K_{\vartheta}^{\delta_{\vartheta}}$，使阻尼回路闭环传递函数近似于一个振荡环节，且期望阻尼系数在 0.5 左右。为此，对式(6-18)进行变换，求得 $K_{\vartheta}^{\delta_{\vartheta}}$ 的表达式为

$$K_{\vartheta}^{\delta_{\vartheta}} \approx \frac{2T_D(\xi_D^* - \xi_D)}{K_D T_{1D}} \qquad (6-19)$$

从上式可以看出，$K_{\vartheta}^{\delta_{\vartheta}}$ 取决于弹体气动参数 K_D、T_D、T_{1D} 和等效弹体阻尼系数 ξ_D^*。由于导弹飞行过程中气动参数不断变化，所以要想通过一个固定的 $K_{\vartheta}^{\delta_{\vartheta}}$ 得到阻尼回路闭环传递函数的阻尼系数为 0.5 是不可能的。

在初步设计时，可以从给定的特征弹道中取弹体阻尼系数 ξ_D 为最小和最大的两个气动点进行设计，使其等效阻尼系数满足期望值。先取高空弹道上弹体阻尼系数 ξ_D 最小的气动点，若达到补偿后的等效阻尼系数为 0.5，计算出相应的 $K_{\vartheta}^{\delta_{\vartheta}}$ 值。同时为兼顾到低空弹体阻尼特性，还需算出在低空弹道上 ξ_D 最大的点所对应的 $K_{\vartheta}^{\delta_{\vartheta}}$ 值。

导弹在低空或高空飞行时，若要使导弹弹体保持理想的阻尼特性，自动驾驶仪阻尼回路的开环传递系数 $K_{\vartheta}^{\delta_{\vartheta}}$ 就不能是一个常值，而要随着飞行状态的变化而变化，因此需要在阻尼回路的正向通道中，设置一个随飞行状态的变化而变化的变斜率放大器。

2. 控制回路

控制回路是在阻尼回路的基础上，加上由导弹侧向线加速度负反馈组成的指令控制回路。线加速度计用来测量导弹的侧向线加速度 $\dot{V\theta}$（实际上是测量过载 $n_y = $

$V\dot{\theta}/57.3g$），是控制回路中的重要部件，它的精度直接决定着从指令 u_z 到过载的闭环传递系数的精度。

控制回路中除线加速度计外，还有校正网络和限幅放大器。校正网络除了对回路本身起补偿作用外，还有对指令补偿的作用。校正网络的形式和主要参数是由系统的设计要求确定的。因为仅从自动驾驶仪控制回路来看，有时不需要校正就能满足性能要求。在这种情况下，校正网络完全是为满足制导系统的要求。根据阻尼回路的分析结果，阻尼回路的闭环传递函数可等效成一个二阶振荡环节，假定线加速度计安装在质心上，可得到控制回路等效原理结构图如图 6－15 所示。

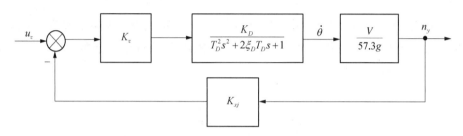

图 6－15　侧向控制回路等效原理结构图

最常见的侧向控制回路有两种基本形式，一种是在线加速度计反馈通路中有大时间常数的惯性环节，如图 6－16 所示，这种控制回路适用于指令制导系统；另一种稳定回路是在主通道中有大时间常数的惯性环节，如图 6－17 所示，这种控制回路适用于寻的制导系统[22]。

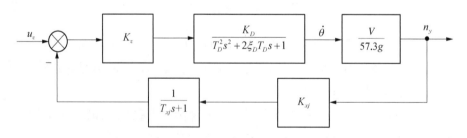

图 6－16　指令制导系统常用的侧向稳定回路

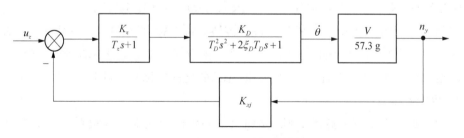

图 6－17　寻的制导系统常用的侧向稳定回路

指令制导系统的特点是,目标和导弹运动参数的测量以及制导指令的计算,均由设在地面的制导站完成。该指令经无线电传输到弹上进行控制。但是,在地面制导站测量、计算中,存在着较大的噪声,因此,要采用较强的滤波装置来平滑滤波。对指令制导的导弹,常采用线偏差作为控制信号,从线偏差到过载要经过两次积分,无线电传输有延迟,因此,要求稳定回路具有一定的微分型闭环传递函数特性,以部分地补偿制导回路引入大时间延迟。而在稳定回路中,只要在线加速度反馈回路中,引入惯性环节,就可方便地达到这个目的,这就是指令制导系统中稳定回路的线加速度计反馈通道中,常常要串入一个较大时间常数的惯性环节的原因。

与指令制导系统不同,在寻的制导系统中,对目标的测量及制导指令的形成,均在弹上,其时间延迟较小,而噪声直接进入自动驾驶仪,这样不仅不要求稳定回路具有微分型闭环特性,而相反却要求有较强的滤波作用。同时,寻的制导系统要求尽量减小导弹的摆动,使姿态的变化尽可能小,以免影响导引头的工作。为达到这个目标,在自动驾驶仪的主通道中往往要引入有较大时间常数的惯性环节。

限幅放大器接在控制回路的正向通道中,它的功用是对指令进行限制。指令制导的空地导弹飞行中,当指令和干扰同时存在时,导弹的机动过载可能超过结构强度允许的范围。因此将过载限制在一定范围内很有必要,这就是低空过载限制问题。但对过载进行限制的同时还必须考虑到高空对过载的充分利用,如果只考虑到低空时对过载进行限制,而忽视了高空时对过载的充分利用,必然造成导弹高空飞行过载不足。显然这是一对矛盾。在控制回路正向通道中引入限幅放大器,可对指令起限幅作用,亦即对指令过载有限制作用,但它对干扰引起的过载无限制作用。为对指令过载和干扰过载都能限制,可在控制回路中增加一条限制过载支路,如图 6-9 所示。

下面简要推导对应于图 6-15、图 6-16、图 6-17 三种结构图的等闭环传递函数。

对应于图 6-15 可推得其闭环传递函数为[22]

$$\frac{n_y(s)}{u_z(s)} = \frac{K_z K_D \dfrac{V}{57.3g}}{T_D^2 s^2 + 2\xi_D T_D s + 1 + K_z K_D K_{xj}\dfrac{V}{57.3g}} = \frac{K_j}{T_j^2 s^2 + 2\xi_j T_j s + 1} \quad (6-20)$$

式中,$K_j = \dfrac{K_z K_D \dfrac{V}{57.3g}}{1 + K_z K_D K_{xj}\dfrac{V}{57.3g}}$；$T_j = \dfrac{T_D}{\sqrt{1 + K_z K_D K_{xj}\dfrac{V}{57.3g}}}$；$\xi_j = \dfrac{\xi_D}{\sqrt{1 + K_z K_D K_{xj}\dfrac{V}{57.3g}}}$。

由以上推导结果可见,对应于图 6-15 的控制回路,最后可等效为一个二阶系统,且 $T_j < T_D$, $\xi_j < \xi_D$,这表明由于线加速度计反馈的引入,使系统的频带比阻尼回路有所展宽,而阻尼系数有所下降。因此,在阻尼回路设计时,应充分考虑到这种影响。

对应于图 6-16 可推得其闭环传递函数为

$$\frac{n_y(s)}{u_z(s)} = \frac{K_z K_D \dfrac{V}{57.3g}(T_{xj}s+1)}{(T_{xj}s+1)(T_D^2 s^2 + 2\xi_D T_D s + 1) + K_z K_D K_{xj}\dfrac{V}{57.3g}}$$

$$= \frac{K_z K_D \dfrac{V}{57.3g}(T_{xj}s+1)}{T_D^2 T_{xj}s^3 + (T_D^2 + T_{xj}2\xi_D T_D)s^2 + (T_{xj}+2\xi_D T_D)s + 1 + K_z K_D K_{xj}\dfrac{V}{57.3g}}$$

$$= \frac{K_j(T_{xj}s+1)}{(T_{j1}s+1)(T_j^2 s^2 + 2\xi_j T_j s + 1)} \tag{6-21}$$

式中，$K_j = \dfrac{K_z K_D \dfrac{V}{57.3g}}{1 + K_z K_D K_{xj}\dfrac{V}{57.3g}}$；$T_{j1}$、$T_j$、$\xi_j$ 由式(6-21)分母的三阶方程确定。

从式(6-21)可见，这种控制回路的闭环传递函数中，在分子上增加了 $T_{xj}s+1$ 微分项，因此具有微分作用，可以补偿指令制导系统的时间延迟，其分母可分解为一个惯性项和一个二次项。因此若主导极点是惯性项，则其动态品质表现为惯性环节的特性；若主导极点是二次项，则其动态品质表现为振荡特性。

对应于图 6-17 可推得其闭环传递函数为[22]

$$\frac{n_y(s)}{u_z(s)} = \frac{K_z K_D \dfrac{V}{57.3g}}{(T_z s+1)(T_D^2 s^2 + 2\xi_D T_D s + 1) + K_z K_D K_{xj}\dfrac{V}{57.3g}}$$

$$= \frac{K_z K_D \dfrac{V}{57.3g}}{T_D^2 T_z s^3 + (T_D^2 + T_z 2\xi_D T_D)s^2 + (T_z + 2\xi_D T_D)s + 1 + K_z K_D K_{xj}\dfrac{V}{57.3g}}$$

$$= \frac{K_j}{(T_{j1}s+1)(T_j^2 s^2 + 2\xi_j T_j s + 1)} \tag{6-22}$$

式中，$K_j = \dfrac{K_z K_D \dfrac{V}{57.3g}}{1 + K_z K_D K_{xj}\dfrac{V}{57.3g}}$；$T_{j1}$、$T_j$、$\xi_j$ 由式(6-22)分母的三阶方程确定。

从式(6-22)可见，这种控制回路的闭环传递函数中，与式(6-20)相比，在分母中增加了 $(T_{j1}s+1)$，与式(6-21)相比分子中少了 $(T_{xj}s+1)$。因此具有较强的滤波作用，且使 ϑ 的摆动较小，故适宜于在自寻的制导系统中应用。

3. 方案特点

回路中限幅器用来限制控制指令的幅值。这种回路的特点是：

（1）采用以线加速度计测得的过载 n_y 作为主反馈,因此实现了稳定控制指令 u_c 与法向过载 n_y 之间的传递特性;

（2）采用测速陀螺仪反馈构成阻尼回路,增大了导弹的等效阻尼,并有利于提高系统的带宽;

（3）设置了校正、限幅元件,对滤除控制指令中的高频噪声、改善回路动态品质,防止测速陀螺仪反馈回路堵塞,以及保证在较大控制指令作用下系统仍具有良好的阻尼等,都起到很重要的作用;

（4）在稳定回路中,由于测速陀螺仪和线加速度计的作用,引入了与飞行线偏差的一阶和二阶导数成比例的信号,这两种信号能使稳定回路的相位提前,因而能有效地补偿制导系统的滞后,增加稳定回路的稳定裕度,改善制导系统的稳定性。

4. 测速陀螺仪与线加速度计在弹上的安装

仍然以俯仰通道为例。测速陀螺仪避免安装在由于弹体弹性振动引起的角运动最大的波节(振荡中线位移最小,而角速度最大的点)上,如图 6‑18 所示,测速陀螺的敏感轴沿弹体坐标系的 Oz_1 轴方向,即它的稳态输出正比于俯仰角速度[22]。

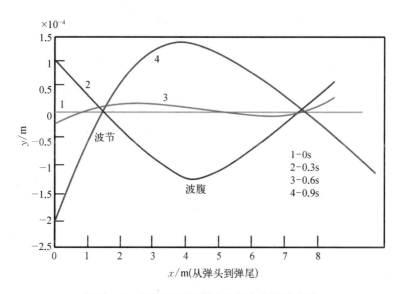

图 6‑18　不同时刻导弹在俯仰方向弹性变形

线加速度计装在质心的前面,它的敏感轴是弹体坐标系的 Oy_1 轴方向,一定要避免把线加速度计安装在导弹弹体主弯曲振型(此振型可根据弹体的弹性建模进行计算)的波腹(振荡中线位移最大的点)上,否则线加速度计在这一点所敏感的弹性振动可能会导致弹体的破坏。因为如果导弹的执行机构能响应弹体弯曲振型的振荡频率,则所形成的操纵力可能会加强这种弹性振动。

在不考虑弹性振荡的情况下,加速度计测量的是质心法向加速度和绕质心转动的切向加速度之和,切向加速度的大小为 $l_{xj}\ddot{\vartheta}$,其方向在质心之前为正,在质心之后为负,切线

加速度用过载表示为

$$\frac{l_{xj}\ddot{\vartheta}}{57.3g} = l'_{xj}\ddot{\vartheta} \qquad (6-23)$$

因此线加速度计测得的过载如下：

$$\text{加速度计在质心之前：} n_{xj} = n_y + l'_{xj}\ddot{\vartheta}$$

$$\text{加速度计在质心之后：} n_{xj} = n_y - l'_{xj}\ddot{\vartheta}$$

$$\text{加速度计在质心之上：} n_{xj} = n_y$$

式中，l_{xj} 为加速度计安装位置与质心的距离。

由此可以看出，线加速度计必须安装在导弹质心之前，否则它会引入一个局部正反馈，对系统不利。

6.3.2　由两个加速度计构成的侧向控制回路

把一个增益为 K_{xj} 的线加速度计安装在导弹重心前面，其敏感轴平行于弹体坐标系的 Oy_1 轴，敏感轴与重心的距离为 l_1，导弹飞行中此加速度计敏感的总加速度为重心加速度加上俯仰角加速度乘以距离 l_1，即加速度计的输出信号为 $K_{xj}(a_y + l_1\ddot{\vartheta})$，其中 a_y 为重心加速度在 Oy_1 方向上的分量，$\ddot{\vartheta}$ 为俯仰角加速度，$l_1\ddot{\vartheta}$ 为俯仰角加速度引起的线加速度。

如果同时把另一个类似的加速度计安装在导弹重心后面，其敏感轴方向与上述加速度计相同，敏感轴与重心的距离为 l_2，则此加速度计的输出信号为 $K_{xj}(a_y - l_2\ddot{\vartheta})$。

也就是说，把加速度计放在重心前面，其输出信号有稳定系统静态与动态特性的重要作用，而把加速度计放在重心后面所提供的信号是正反馈。从常理看把加速度计放在重心后面是不可取的，但如果巧妙设计，也会取得很好的效果。比如英国有几种型号的导弹就采用了这种两个分别安装在重心前面和重心后面的加速度计来提供反馈。下面介绍一种利用两个加速度计的设计方法。

这种方法是将安装在重心前面的加速度计的传递系数设计成 $(k+1)K_{xj}$，把安装在重心后面的加速度计的传递系数设计成 kK_{xj}，把两个加速度计输出的信号相叠加，因后面的加速度计提供的信号是正反馈，因此总的反馈为

$$(k+1)K_{xj}(a_y + l_1\ddot{\vartheta}) - kK_{xj}(a_y - l_2\ddot{\vartheta}) = K_{xj}a_y + [(k+1)l_1 + kl_2]K_{xj}\ddot{\vartheta}$$

所以叠加的结果与把一个加速度计放在重心前面，安装位置与重心的距离为 $[(k+1)l_1 + kl_2]$ 的情况是等效的，这个反馈项起稳定作用，而这一起稳定作用的项对控制回路闭环传递函数分母中的二次及一次项的系数有影响。

在装有一个加速度计和一个测速度陀螺的系统中，测速陀螺的阻尼作用，在这里由安装在重心前面的加速度计来提供，阻尼性能可通过选择 k_{xj}、l_1、l_2 等参数来调整。

为了改善这种侧向控制回路的特性，可以将装在重心后面的加速度计的信号，经过一

个滤波器,而产生一个相位滞后,这个滤波器的传递函数为 $\dfrac{1}{1+T_g s}$。如果不考虑俯仰角加速度引起的附加分量,这时相当于两个加速度计都放在重心上,取 $k=2$,则总的反馈为 $3K_{xj} - \dfrac{2K_{xj}}{1+T_g s}$,整理可得 $\dfrac{K_{xj}(1+3T_g s)}{1+T_g s}$。这相当于引入了较大的相位超前环节,由于可以选择的参数增多,使设计变得更加灵活。两个线加速度计组成的侧向控制回路方框图如图 6-19 所示[22]。

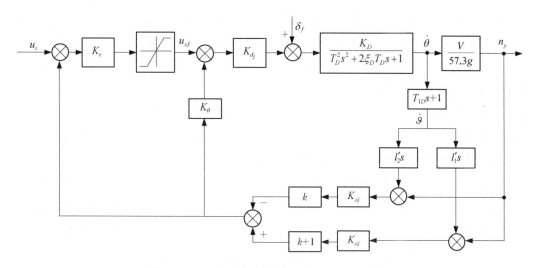

图 6-19 两个线加速度计组成的侧向控制回路

还有其他的叠加两个加速度计信号的方法,从而使控制回路的设计比较灵活,易于满足设计要求,特别是这种结构能比较容易地实现快速而又有良好阻尼的无超调系统。这在使用冲压发动机的系统中很有意义,因为采用冲压发动机的系统由于攻角存在大的超调使进气口阻塞而导致发动机熄火。

6.4 垂直发射段的控制回路

导弹发射通常有两种方式:倾斜发射方式和垂直发射方式。地空导弹一般采用倾斜发射方式,但从武器系统的性能出发,这种发射方式存在一些缺点。发射导弹前,必须调转发射架瞄准目标,且按一定规律跟踪目标,这不仅导致设备复杂,而且武器系统反应时间较长,又由于发射架体积质量都较大,影响了装备数量,降低了火力强度。由于舰船空间有限,这对舰空导弹的影响更为明显,因此垂直发射的地空导弹,尤其是垂直发射的舰空导弹受到重视,并获得迅速发展。

垂直发射方式对导弹控制系统有不同的要求[22]:

（1）垂直发射的地（舰）空导弹武器系统,没有方位、高低角可控发射架装置,原来由发射架方位、高低角转动提供的射击平面和速度矢量方向,均要由弹上控制系统来实现。射击平面和速度矢量的要求,由地面火控系统进行预测,送到弹上,然后由控制系统储存记忆并在导弹发射后执行。

（2）由于要快速完成垂直发射的转弯,将导致导弹出现大攻角飞行,最大攻角可能达到50°或更大,从而引起严重的气动交叉耦合。因为地空导弹武器系统杀伤区的近界很近,要求在短时间内完成转变,出现大攻角是必然的。设计控制回路时必须考虑这一特点。

（3）垂直发射导弹的控制系统要采用推力矢量控制。因为导弹初始飞行时速度低、速压头小,气动舵面效率不足,只能采用推力矢量控制来达到快速转弯。但由于地空导弹对推力矢量控制系统及其设备在结构尺寸、质量等方面,有较严格的要求,这就造成推力矢量控制系统在实现时有相当的难度。

（4）采用捷联平台系统作为敏感装置。因为导弹的俯仰角变化大于90°,若采用普通的角位置陀螺仪作为姿态敏感元件,陀螺仪将失去一个自由度。因此,采用由测量导弹三个方向的测速陀螺仪加数字机构成的捷联平台。

为满足上述要求,需要为垂直发射段设计专门的控制回路,图6-20为垂直发射控制回路的方案之一。垂直发射方式控制回路与倾斜发射控制回路功能上的最大差别是,垂直发射方式控制回路要实现对三个方向的角位置进行稳定与控制。图中三个测速陀螺仪按导弹弹体坐标系安装,它们测得的信号分别是弹体坐标系三个方向的角速度 ω_{x_1}、ω_{y_1}、ω_{z_1}。这三个角速度信号分别通过校正网络送入推力矢量执行装置,构成三个阻尼回路;同时送入计算机进行坐标

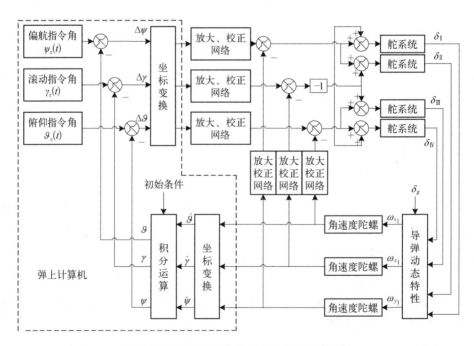

图6-20　垂直发射初始转弯段控制回路原理图

转换及积分运算,得出导弹的三个姿态角 ψ、ϑ、γ,反馈到控制回路输入端,形成控制回路。

6.5 高度控制回路

有些导弹,如反舰导弹、巡航导弹等,在进入末段制导之前,其大部分飞行时间内,需要在敌方雷达的视角之下低空飞行,这就要求导弹飞得很低。为使导弹不碰地(或海),并且不超出要求的飞行高度,有跟踪地形的能力,必须采用高度控制系统,高度控制通常用高度表来完成[22]。

众所周知,电磁波在空气中的传播速度 c 是恒定的,如果从导弹向海面(或地面)发射电磁波,然后再反射回来被弹上接收机接收,则电磁波所经路程为导弹飞行高度的两倍,所需时间为 $t_h = 2h/c$,c 为电磁波传播速度。可见,若能测得时间 t_h,就能求出导弹的飞行高度 h。由于 h 的数值很小,有时小到 10 m 以下,c 的数值又太大,约为 3×10^8 m/s,故 t_h 的数值非常小,工程上难以直接测量,只能采用间接的测量方法。根据测量方法的不同,无线电高度表分为脉冲式雷达高度表和连续波调频高度表两大类。无论哪种类型的无线电高度表,其输出形式均有数字式和模拟电压式两种。以输出模拟电压为例,若忽略其时间常数,无线电高度表的输出方程为

$$u_h = K_h h$$

式中,h 为导弹飞行的高度;u_h 为高度表的输出电压信号;K_h 为高度表传递系数,并且传递函数为

$$\frac{u_h(s)}{h(s)} = K_h$$

高度控制系统实际上只在铅垂平面内进行,所以,高度控制系统都与俯仰通道结合在一起。某高度控制系统原理图如图 6-21 所示。因为高度是法向加速度的二次积分,所以在用高度表反馈的系统中,有两个固有的积分环节,为了保证回路的稳定性,必须有相位超前网络。重力补偿是在回路外引入的,用以补偿重力引起的高度稳态误差。

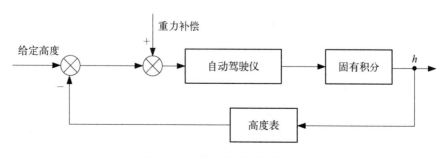

图 6-21 高度控制系统原理图

思考题

（1）自动驾驶仪的作用是什么？

（2）极坐标控制与直角坐标控制的区别是什么？

（3）导弹控制系统主要由哪些部分组成？每个组成部分的作用是什么？

（4）导弹控制系统的特点有哪些？导弹控制系统的功能有哪些？

（5）导弹滚转角回路有哪些稳定方案？各方案的组成部分是什么？对应的传递函数形式是什么？

（6）侧向控制回路有哪些方案？各方案由哪些回路组成？

（7）导弹垂直发射段控制回路的特点有哪些？

（8）高度控制系统的作用是什么？

第7章
执行机构

7.1 对舵机的要求

导弹执行机构[22]是导弹精确制导与控制系统的重要组成部分,它将控制系统产生的指令信号转化并放大,产生对导弹位置姿态进行有效控制的驱动力或力矩,是实现导弹精确制导、快速响应、灵活机动能力的关键所在。执行机构主要由驱动装置和操纵装置两部分组成。驱动装置又称伺服系统,把来自控制系统的指令信号按比例放大为操纵力矩和操纵力,而操纵装置则是受力后发生偏转从而改变导弹飞行姿态的装置。舵机是执行装置的核心部分,其好坏将会影响整个导弹制导与控制系统的性能。下面介绍舵机的一般要求[22]。

1. 舵机能产生足够大的输出力矩

舵机是用来操纵导弹舵面按控制要求偏转的,因而所产生的力矩必须能够克服作用在舵面上的气压铰链力矩、摩擦力矩和惯性力矩,即舵机的输出力矩应满足如下条件:

$$M \geqslant M_j + M_f + M_i$$

式中,M 为舵机输出的力矩;M_j 为舵面上空气动力产生的铰链力矩;M_f 为传动部分摩擦力矩;M_i 为舵面及传动部分的惯性产生的力矩。

2. 舵面能产生足够的偏转角和角速度

不同导弹对舵偏角的要求有所不同,舵偏角的大小应当根据足够实现所需的飞行轨迹以及补偿所有外部干扰力矩来确定,例如,弹道导弹偏转角约为30°,某些防空导弹舵偏角要求不超过5°,一般战术导弹的舵偏角以 15°~20° 为宜。导弹的舵偏角偏转范围不宜过大,也不宜过小,过大会增加阻力,过小则不能产生所需的控制力和力矩。

为了满足导弹控制性能在准确性和快速性方面的要求,舵面要有足够的角速度,舵面对指令跟踪速度越快,则控制系统工作就越精确。舵面偏转的角速度越高,则要求舵机的功率越大,例如弹道式导弹舵面偏转角速度约为 30°/s,地空导弹舵面偏转角速度为150°/s~200°/s。

3. 舵回路应有足够的快速性

舵机响应的快速性是以动态过程的过渡过程时间来衡量的一个重要指标,也就是当舵回路输入一个阶跃信号时,舵回路由一个稳定状态过渡到另一个稳定状态所需的时间。舵机的快速性和描述其惯性大小的舵回路时间常数密切相关,舵回路的时间常数越大,过渡的时间也越长,而太长的过渡时间就会降低舵回路响应性能。

4. 舵回路特性应尽量呈线性特性且灵敏度高

在操纵导弹时,一般希望输出量与输入量之间成线性关系,但在实际中由于舵回路中存在着一些非线性因素,如死区、摩擦、迟滞、能源功率的限制等,所以在舵回路中总存在如非灵敏区、饱和等非线性情况,在设计执行装置时,应尽量增大舵机的线性范围和提高灵敏度。

5. 其他的要求

舵机的性能方面,向高效率、高可靠性、高精度、高适性方向发展;功能方面,向小型化、轻型化、多功能方向发展;应用层面,向系统化、复合集成化方向发展。因此,舵机也需具有外形尺寸小、质量小、经济可靠、高精度、承载能力强、控制系统简单和寿命长等特点。

7.2　舵机的分类与典型舵机

7.2.1　舵机的分类

根据不同的分类标准,可对舵机进行不同的分类[22]。

舵机系统按其工作原理可分为比例式舵机,继电器式舵机或脉宽调制舵机。

按照所采用能源的不同,舵机可分为以下三类:电动式舵机、气压式舵机、液压式舵机。

不管哪种类型的舵机,都必须包含能源和作动装置,能源或为电池或为高压气源(液压)。对于电动式舵机,其作动装置由电动机和齿轮传动装置组成;对于气压或液压式舵机,其作动装置由电磁铁、气压放大器和气缸或液压放大器、液动缸等组成。

1. 电动式舵机

电动式舵机又可分为电磁式和电动机式两种。电磁式舵机实际上就是一个电磁机构,其特点是外形尺寸小、结构简单、快速性能好,但这种舵机的功率小,一般用于小型导弹上。电动机式舵机以交流、直流电动机作为动力源,可以输出较大的功率,具有结构简单、制造方便的优点,但是快速性差。

2. 气压式舵机

按气源的种类不同,气压式舵机分为冷气式和燃气式两种。冷气式舵机采用高压冷气瓶中储藏的高压空气或氮气作为气源,来操纵舵面的运动。通常空气的压力为15.20 MPa,氮气可达49.65 MPa。燃气式舵机采用固体燃料燃烧后所产生的气体作为气源,来操纵舵面的运动。气压式舵机一般用于飞行时间较短的导弹上。

3. 液压式舵机

液压式舵机以液压油为能源,液压油储存在油瓶中,并充有高压气体,给油加压。液压式舵机有体积小、质量小、功率大、快速性能好的优点,其缺点是液体的性能受外场环境条件的影响较大、加工精度要求高、成本大。目前,液压式舵机常用于中远程导弹。

7.2.2 电动式舵机

1. 电动式舵机的运行机理

电动式舵机主要分成能源部分、控制驱动和执行机构,电压信号一般是由控制系统输出,进行数字信号处理,然后送入数字信号处理(digital signal processing, DSP)中,在 DSP 中完成舵指令和反馈信号的数模转换,产生脉冲宽度调制(pulse width modulation, PWM)波形,将产生的 PWM 波输入到光耦隔离电路;然后通过放大电路,把它加到 H 桥的功率放大器中,功率放大器的输出信号用来驱动电机转动,电机通过齿轮组传动将速度进行减慢;最后通过传感器把实时的舵片位置反馈给控制器,当控制系统收到舵片偏转的信号时,开始控制舵片的偏转,同时利用舵片产生的动力来控制弹体,能够使舵偏角达到实时修正的目的,使导弹在飞行过程中能够实现自动稳定和控制。

2. 电动式舵机的结构组成

电动式舵机执行装置主要是由控制器、伺服功率放大器、直流伺服电动机、减速机构和舵偏角位置传感器构成。伺服功率放大器是由脉宽调制器,以及开关控制电路等部分组成,直流伺服电动机分为有刷直流电动机和无刷直流电动机,一般无刷直流电动机在军工方面应用广泛,减速机构一般采用齿轮机构或者滚珠丝杠,电动式执行装置原理图如图 7-1 所示。

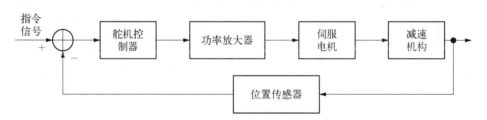

图 7-1 电动式执行装置原理图

3. 电动式舵机的优缺点

电动式舵机一般分成直流和交流电动舵机,其中交流电动舵机优点是控制简单、可靠性强、应用范围较广,缺点是精度低、自身完成不了调速、稳定性低、需要提供专用电源模块。直流电动舵机直接采用弹载直流电源,避免了额外配备电源占用空间,使得供电系统单一化,而且电动机转矩大,可以实现平滑而经济的调速,调速范围宽、过载能力较强、受到电磁干扰影响小、维修比较简单、有良好的启动特性和控制技术。直流电动机又分为有刷和无刷电动机,其中无刷直流电动机具有运行声音小、无电火花、寿命长、效率高、性能可靠、稳定性强等优点,广泛应用于制导火箭弹舵机中。伺服电动机直接决定伺服机构的性能,一般根据舵机负载和系统要求选择合适的电动机型号,同时作为舵机执行机构的关键元件,伺服电动机需要提供足够的功率,使负载能够正常工作。

7.2.3　气压式舵机

气压式执行装置与液压式执行装置工作原理相似,如图7-2所示。控制信号经放大器放大后,控制高压气体(液体)阀门,使高压气体(液体)推动作动装置,从而操纵舵面的运动。气压式舵机,按其采用的放大器的类型不同,可以分为滑阀式放大器的气压式舵机、射流管式放大器的气压式舵机和喷嘴挡板式放大器的气压式舵机。下面以应用最广的射流管式放大器的气压式舵机为例,介绍气压式舵机的工作原理[22]。

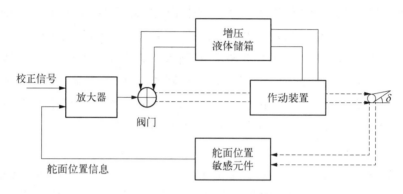

图7-2　气压式、液压式执行装置原理图

1. 冷气式舵机

射流管式放大器的冷气式舵机结构原理如图7-3所示。它由电磁控制器、喷嘴、接收器、作动器、反馈电位器等组成[22]。电磁控制器、喷嘴和接收器组成射流管放大器。电磁控制器是一个双臂的转动式极化电磁铁,它的山形铁芯上绕有激磁线圈,由直流电压供电。可转动的衔铁上绕有一对控制线圈,衔铁的轴与喷嘴固连,喷嘴随衔铁一起转动。接

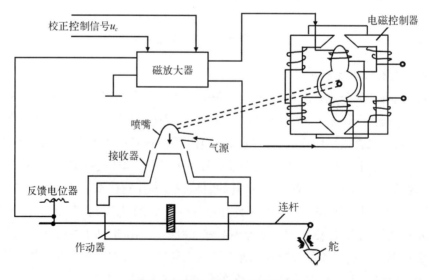

图7-3　冷气式舵机结构原理图

收器固定在作动器上,接收器的两个接收孔对着喷嘴,两个输出孔分别通过管路与作动器的两个腔相连。舵机的活塞杆一端连接舵轴,另一端与反馈电位器的电刷相连,控制信号与反馈电位器输出的电压都输入磁放大器中。

当没有校正控制信号时,电磁控制器的衔铁位于两个磁极的中间,喷嘴的喷口遮盖两个接收孔的面积相同,经喷嘴进入作动器的两个腔内的气流量相同,活塞处于中间位置不动。如果有校正控制信号,该信号经磁放大器放大加到控制绕组上,产生一个控制力矩,使电磁控制器的衔铁带动喷嘴偏转,偏转角度为 ξ,ξ 角与校正控制信号的强度成正比。喷嘴偏转 ξ 角后,进入作动器两个腔内的气流量不等,因而产生压力差,使舵机的活塞移动。活塞移动的方向由喷嘴偏转的方向决定,其移动的速度与喷嘴偏转角的大小有关。

活塞移动时带动舵面偏转,从而产生操纵导弹飞行的控制力。活塞杆移动时带动反馈电位器的电刷,反馈电位器向磁放大器输送反馈电压,反馈电压的作用是用来改善执行装置的工作特性。

2. 燃气式舵机

1）比例式燃气舵机

燃气式舵机的结构如图 7-4 所示,它主要由电气转换装置、气压放大器、传动装置、燃气发生器、磁放大器及反馈装置等几个部分组成[22]。

电气转换装置包括活塞中的电磁线圈、喷嘴、挡板等,它的作用是将综合放大器输出的电信号转换成气压信号。

气压放大器包括固定节流孔和喷嘴、挡板组成的可变节流孔。改变挡板与喷嘴之间的间隙就可以改变经过喷嘴的燃气量,从而改变作用在两个活塞上的压力。

传动装置由两个单向作用的作动筒、活塞、活塞杆、摇臂组成。活塞杆与摇臂相连,摇臂转动时带动舵面偏转。

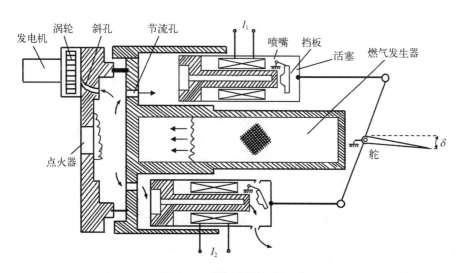

图 7-4　燃气式舵机原理图

燃气发生器的燃料在燃烧过程中向气压放大器输送高温高压的燃气。

综合放大器综合控制信号和反馈信号,然后将合成的信号送至活塞中的电磁线圈。

位置反馈和速度反馈装置分别产生与舵的角位移和角速度成比例的信号,并将它们输入综合放大器,从而改善执行装置的动态特性。

导弹发射后,点火装置点燃燃气发生器内的燃料,产生高温高压的燃气。燃气过滤后,经气压分配腔、节流孔作用在两个活塞的底面上,再通过活塞铁芯孔、喷嘴、挡板及铁芯间的空隙以及活塞排气孔,排到大气中去。

控制信号经放大器放大后,输出控制电流 I_1、I_2,分别加到两个活塞铁芯的线圈中,使其产生对挡板的电磁吸引力,此吸引力与作用在挡板上的燃气推力平衡。

当没有校正控制信号时,两个挡板与喷嘴的间隙相同,从两个间隙中排出的燃气流量相等,这样两个作动筒内的燃气压力相等,两个活塞处于平衡位置,舵面不转动。当有校正控制信号时,由于电磁力作用,两个挡板与喷嘴的间隙发生变化,间隙小的燃气流量减小,间隙增大的燃气流量增大,这样,两个作动筒内的燃气压力一个上升一个下降,使两个活塞作用在摇臂上的力矩失去平衡,舵面就随摇臂转动。舵面逐渐发生偏转后,位置反馈装置输出的回馈信号增大,在位置回馈信号的作用下,输入电磁控制绕组的电流逐渐减小,作动筒内的压力就发生相应的变化,当两个作动筒内的燃气压力对舵的转动力矩与铰链力矩重新平衡时,舵面停止转动。

2）脉冲调宽式燃气舵机

脉冲调宽式燃气舵机是一种继电式系统,引入一个线性化振荡信号,改变脉冲宽度,实现脉冲宽度与控制信号大小成比例,变成等效线性系统。脉冲调宽式舵机需要一个脉宽调制信号发生器,产生脉冲调宽信号,送给舵机的作动装置,图7-5是脉冲调宽式燃气舵机的原理图[22]。

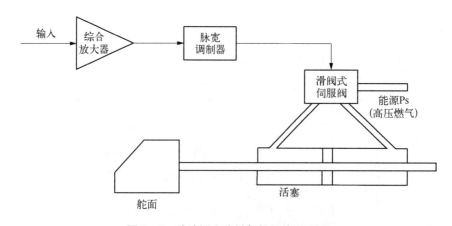

图7-5　脉冲调宽式燃气舵机的原理图

脉冲调宽型放大器由电压脉冲变换器和功率放大器两部分组成。电压脉冲变换器包括正弦(或三角波)信号发生器及比较器。信号发生器产生正弦(或三角波)信号 u_2,同输

入信号 u_1 相加后,输入到比较器,脉冲调宽型放大器的工作原理如下[22]:

当输入信号 $u_1 = 0$ 时,$u_1 + u_2 = u_2$ 在一个周期 T_1 内,正弦信号正、负极性电压所占的时间相等,因此比较器输出一列幅值不变,正、负宽度相等的脉冲信号,操纵舵面从一个极限位置向另一个极限位置往复偏转,且在舵面两个极限位置停留时间相等,一个振荡周期内脉冲综合面积为零。平均控制力也为零,弹体响应的控制力是一个周期控制力的平均值,此时导弹进行无控飞行。

当输入信号 $u_1 \neq 0$ 时,正弦波($u_1 + u_2$)在一个周期 T_1 内,正弦信号正、负极性电压所占的时间比发生变化,因此比较器输出一列幅值不变,正、负宽度不同的脉冲信号,这种信号在一个周期内脉冲综合面积与该时刻输入信号 u_1 的大小成比例,其正负随输入信号的极性不同而变化。此脉冲信号操纵舵面从一个极限位置向另一个极限位置往复偏转,但在舵面两个极限位置停留时间不相等,一个振荡周期内平均控制力也为零。图 7-6 是 $u_1 > 0$ 的情况,则比较器输出脉冲序列中,正脉冲较宽,负脉冲较窄,因而在一个周期内的综合面积大于零。由于输出脉冲幅值恒定,宽度随输入信号的大小和极性的不同而变化,这就是脉冲调宽原理。由于脉冲的综合面积与输入信号的大小成正比,并与其极性相对应,这样就把继电特性线性化了。因此,这一过程也叫振荡线性化。

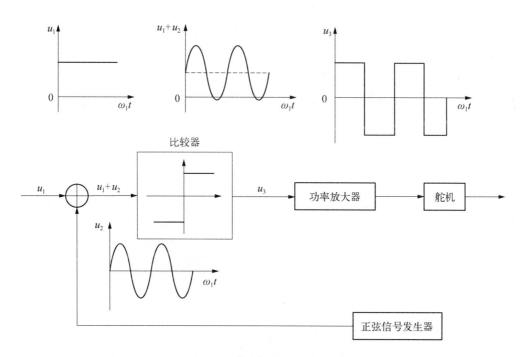

图 7-6 脉冲调宽信号形成示意图

下面以某型号导弹采用的滑阀式气压放大器的燃气舵机为例,说明燃气舵机的工作过程。舵机主要由电磁铁、滑阀式气压放大器、活塞、作动筒、连杆舵面、开锁机构、燃气过滤器和燃气发生器等部件组成。

　　电磁铁和滑阀式气压放大器安装在阀座之中,由两个控制线圈、左右铁轭、阀芯、衔铁、阀套和反馈套等组成。由本体的气缸孔和气缸盖构成活塞与作动筒,由滤网、滤芯等构成燃气过滤器,通过本体将各部件、拔杆、舵轴和舵面装配在一起,组成滑阀式燃气舵机。

　　舵机靠燃气发生器的固体火药燃烧时产生的燃气工作,燃气通过过滤器沿管路进入分流滑阀阀芯,并沿本体上的管道进入活塞腔。当送入脉冲调宽信号时,电流依次进入两个电磁线圈。当电流通过右边电磁线圈时,如图 7 - 7(a)所示,带分流阀芯的衔铁被拉向该电磁铁线圈方向,使燃气进入气缸左腔的通道,在燃气压力作用下,活塞移动到右极限位置。

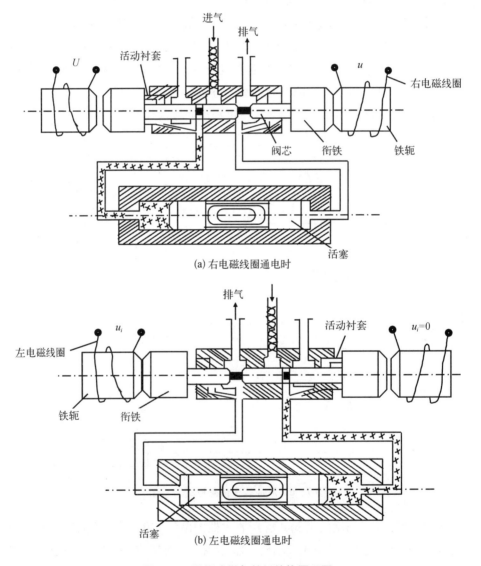

(a) 右电磁线圈通电时

(b) 左电磁线圈通电时

图 7 - 7　滑阀式燃气舵机结构原理图

当活塞在气缸内移动时,相应地也使舵面偏转 δ 角。同时,燃气经过左侧固定节流孔进入靠近活动衬套的工作腔,燃气压力作用在活动衬套端面上,压力大小与活塞腔中的压力成正比。当阀芯从中间位置移动时,此燃气压力是以负反馈的方式作用在衔铁上,力图使衔铁回到中立位置。但这个压力小于电磁线圈对衔铁的吸力,只要电流仍流过右线圈,带衔铁的分流网芯将保持在右边位置。

当电流通过左边电磁线圈时,如图 7-7(b)所示,衔铁阀芯移向左边,并使燃气进入气缸右腔,同时燃气从右侧固定节流孔进入活动衬套的工作腔,同样形成燃气压力,作用在衔铁阀芯上回到中立位置。

当线圈内电流换向时,例如左线圈通电,右线圈断电,此时,衔铁阀芯处在左极限位置。在换向瞬间,作用在衔铁阀芯上的燃气压力与线圈产生的电磁吸力同向,使阀芯从右极限位置加速往左边位置移动,此时,燃气压力作用在衔铁阀芯上的力成为正反馈,提高了换向动作的速度。

这里要特别指出的是,这个舵机系统的压力反馈是一种非线性(近似继电型)压力反馈。在阀芯从中立位置运动到极限位置过程中,由于燃气压力与电磁吸力方向相反,使阀芯运动减速,此时燃气压力反馈属于负反馈;而在阀芯从极限位置向中立位置运动时,由于燃气压力与电磁吸力方向相同,使阀芯运动加速,此时,燃气压力反馈属于正反馈。因此,在静态实现了电磁吸力与燃气压力反馈相平衡;在动态,即换向时刻,燃气压力起到快速动作的作用。所以非线性压力反馈相当于一个加速度的分段切换装置。当阀芯从左极限位置以最大加速度运动经过中立位置后,加速度减小至零或变到一定的负加速度,使之减速运动到右极限位置,然后又从右极限位置以最大加速度往左极限方向运动。作用在阀芯上的燃气压力与阀芯位移的关系,如图 7-8 所示。

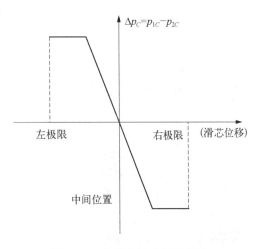

图 7-8 非线性压力反馈特性

7.2.4 液压式舵机

液压式舵机主要由电液信号转换装置、作动筒和信号反馈装置等部分组成。原理结构如图 7-9 所示[22]。

电液信号转换装置主要由力矩电动机和液压放大器两部分组成,其基本作用是将控制系统的电的指令信号转换成液压信号,它是一个功率放大器,同时又是一个控制液体流量、方向的控制器。

力矩电动机是将电控制信号转换成机械运动的一种电气机械转换装置。

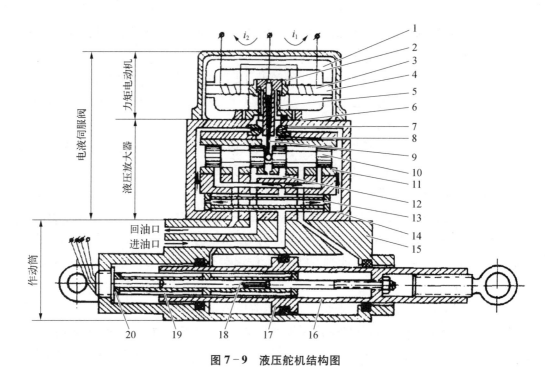

图 7-9　液压舵机结构图

1-导磁体；2-永久磁体；3-控制线圈；4-衔铁；5-弹簧管；6-挡板；7-喷嘴；8-溢流腔；9-反馈杆；10-阀芯；11-阀套；12-回油节流孔；13-固定节流孔；14-油滤；15-作动筒壳体；16-活塞杆；17-活塞；18-铁芯；19-线圈；20-位移传感器

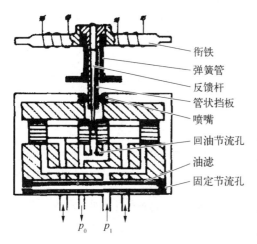

图 7-10　液压放大器结构图

液压放大器由两级组成：第一级是喷嘴挡板式液压放大器，第二级是滑阀式液压放大器，如图 7-10 所示。

喷嘴挡板放大器由喷嘴、挡板、两个固定节流孔、回油节流孔和两个喷嘴前腔组成。挡板与力矩电动机的衔铁和反馈杆一起构成衔铁挡板组件，由弹簧管支承。

滑阀放大器由阀芯、阀套和通油管路组成。阀芯多为圆柱形，上面做有不同数量的凸肩，用以控制通油口面积的大小和液压油的流向。阀套上开有一定数量的通油口。

当没有控制信号时，挡板处在两喷嘴中间，阀芯保持中立位置不动，它的四个凸肩刚好把阀套的进油孔和回油孔全部盖住，使接通负载的油路不通。

若力矩电动机中加有控制信号，使衔铁挡板组件向右偏转时，会使挡板与喷嘴间右边的间隙减小，左边的间隙加大，结果右喷嘴前腔的压力增大，左喷嘴前腔的压力减小，形成压力差，使滑阀阀芯向左移动，滑阀左腔将高压油与负载油路（与作动筒相通）的进油口接通,右腔与负载的回油口接通,从而推动负载运动。挡板的偏转角越大,阀芯两腔的压力差越大,阀芯移动速度越快。

　　阀芯向左移动时,将带动反馈杆一起移动,反馈杆产生形变。反馈杆形变以及管形弹簧将产生变形力矩,此力矩与控制力矩方向相反,当控制力矩与这个变形力矩达到平衡时,挡板偏转角也达到一个平衡位置,阀芯也不再移动。

　　作动筒,即液压筒(油缸),是舵机的施力机构,由筒体和运动活塞、活塞杆、密封圈等组成,活塞杆与舵面的摇臂相连。

　　信号反馈装置,用来感受活塞的位置或速度的变化,并转换成相应的电信号,送给综合放大装置。

　　液压式舵机的工作过程:当没有校正控制信号时,力矩电动机的衔铁位于平衡位置,挡板处于两个喷嘴中间位置,高压油不能流进作动筒,活塞两边压力相等,活塞处于静止状态,舵面不发生偏转。当有校正控制信号时,力矩电动机衔铁带动挡板组件偏转,致使阀芯偏离中间位置;如果向左移动一段距离,此时高压油进入作动筒内右腔,活塞就向左运动,推动作动筒左腔内的油回流到油箱,如果力矩电动机带动阀芯左移时,情况正好与此相反。活塞的左右移动,就带动舵面向不同的方向偏转。

7.3　舵回路

　　舵回路是导弹控制系统的重要组成部分,它根据导弹的控制信号或测量元件输出的稳定信号,操纵导弹的舵面偏转,或者改变发动机的推力矢量方向,以便控制和稳定导弹沿理想弹道飞行[22]。

　　舵回路一般是由放大变换元件、舵机和反馈元件等组成的一个闭合回路,如图 7-11 所示。放大变换元件的作用是将输入信号和舵反馈的信号进行综合、放大,并根据舵机的类型,将信号变换成舵机所需的信号形式。舵机是操纵舵面转动的装置,它在放大变换元件输出信号的作用下,能够产生足够的转动力矩,克服舵面的反作用力矩,使舵面迅速偏转,或者将舵面固定在所需的角度上;反馈元件的作用是将执行装置的输出量(舵面的偏转角)反馈到输入端,使执行装置成为闭环调节系统,以便改善执行装置的调节质量。

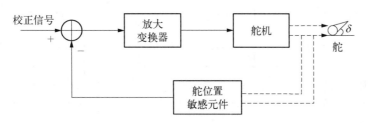

图 7-11　舵回路原理图

下面给出典型的直流无刷舵回路的总体设计过程：

舵回路主要由舵机控制器和舵机组构成,舵机组分别控制导弹的各个舵面运动。舵回路正常工作时,舵机控制器接收导弹控制计算机给定的舵面偏转信号,控制器对指令控制信号和反馈信号组成的综合误差信号进行控制参数计算,输出控制信号,驱动功率器件,从而带动舵机按一定的规律运动,通过减速机构至舵机轴输出。这样就形成了一个闭环控制系统,实现了舵机系统的伺服控制。以下几个小节从舵回路性能指标、设计思想、结构等方面阐述舵回路的总体设计。

1. 舵回路性能指标

根据导弹对舵回路的要求,舵回路设计需考虑的性能指标有：系统带宽、舵机输出力矩、机械间隙、舵机转速、接收飞行控制计算机控制指令更新率、发送舵机位置反馈信号数据更新率、舵机控制周期、控制系统静态误差、超调量、上升时间以及调节时间等。

2. 舵回路设计思想

充分运用硬件成品,尽量缩短开发周期,选择集成度高的控制芯片,以降低设计难度,简化设计工作,提高系统可靠性;将重点放在研究位置控制回路上,解决关键技术问题;按照舵机控制器功能的要求,进行模块化设计,并充分考虑各模块之间的关联性,以及不同模块之间信号的传输与形式匹配等问题;对电机进行限流保护设计以避免电流过大烧毁电机;兼顾舵机及控制器一体化的最终目标;内回路控制的设计下一步解决。

3. 舵回路总体结构设计

由于舵回路的性能优越与否将直接影响到飞行控制系统性能的优劣,可靠性的保证是整个系统设计必须严格遵守的基本原则。需选取一款可靠性好、集成度高、功能完善的电机速度控制芯片作为电机的调速、驱动控制,以完成对电机的 PWM 调速控制,同时还要实现电机的限流保护控制以及满足舵机控制系统的小型化要求;数字式舵机控制器的另外功能是实现控制律的解算、与飞控计算机通信和输出控制信号,这就要求一款微处理器以实现上述功能。综上,直流无刷舵机控制系统组成如图 7-12 所示。

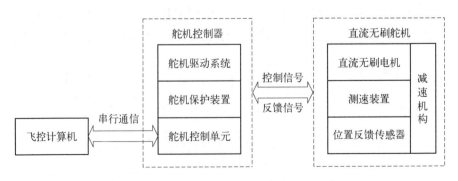

图 7-12　直流无刷舵机控制系统组成框图

7.4　两种典型的舵机控制系统

7.4.1　电动式舵机的建模与控制

在电动舵机中,其控制器电路一般通过控制 A/D 转换电路实时处理弹上机发出的指令信号和执行机构反馈电位计输出的位置反馈信号,并对综合采集到的指令数据和反馈数据进行解算形成控制信号,输出正反转和占空比控制信号到电机驱动电路,同时电机驱动电路综合正反转信号、电机霍尔输出信号以进行逻辑解算,驱动伺服电机按一定规律转动输出,进而伺服电机通过减速器减速后带动操纵机构驱动舵偏转,产生控制力矩,操纵导弹的舵按指令偏转,从而实现对导弹飞行姿态的控制。舵机的工作原理框图如图 7 - 13 所示[54,55]。

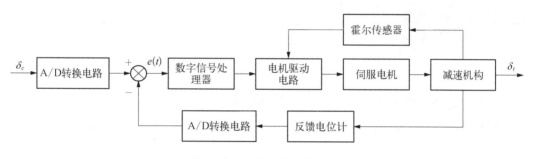

图 7 - 13　舵回路控制原理框图

1. 指令滤波

指令滤波主要是产生当前输出舵面控制指令,其主要由当前输入舵面控制指令、当前输出舵面控制指令和上一次输入舵面控制指令综合产生,具体表达式如下:

$$\delta_c = 0.385\,2 \times \delta_x + 0.385\,2 \times \delta_{x1} + 0.229\,6 \times \delta_{c1} \tag{7-1}$$

式中,δ_c 为当前输出舵面控制指令;δ_x 为当前输入舵面控制指令;δ_{x1} 为上一次输入舵面控制指令;δ_{c1} 为上一次输出舵面控制指令。

2. PID 控制器设计

$$u = K_p(\delta_c - \delta_t) + \frac{1}{T_i}\int_0^t (\delta_c - \delta_t)\,\mathrm{d}t + T_d \cdot \frac{\mathrm{d}(\delta_c - \delta_t)}{\mathrm{d}t} \tag{7-2}$$

$$\rho = K_{\mathrm{PWM}} \cdot u \tag{7-3}$$

其中,K_p 为比例参数;T_i 为积分参数;T_d 为微分参数;δ_c 为舵面位移位置指令(mm);δ_t 为舵面位移位置反馈(mm);u 为 PID 解算控制量;K_{PWM} 为线性放大系数;ρ 为控制器输出占空比。

3. PWM 放大系数

$$u_a = \rho \cdot U_m \qquad (7-4)$$

其中，U_m 为功率转换电路电源电压；u_a 为电枢两端电压。

4. 电机

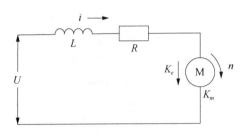

图 7-14 无刷直流电机等效电路

伺服系统采用无刷直流电机，其等效电路如图 7-14 所示。

电机的电压方程如下：

$$u_a = L \cdot \frac{\mathrm{d}i}{\mathrm{d}t} + R \cdot i + K_e \cdot \frac{\mathrm{d}\theta}{\mathrm{d}t} \quad (7-5)$$

其中，L 为电枢相电感（mH）；R 为电枢相电阻（Ω）；K_e 为反电势常数（V·s/rad）；i 为电枢电流（A）；θ 为电机角位移（rad）。

电机力矩方程为

$$T_e = K_T \cdot i \qquad (7-6)$$

其中，K_T 为电磁力矩常数[N·(m/A)]；T_e 为电机电磁转矩（N·m）。

电机运动方程可写为

$$T_e = J \cdot \frac{\mathrm{d}^2\theta}{\mathrm{d}t^2} + B_V \cdot \frac{\mathrm{d}\theta}{\mathrm{d}t} + M_L \qquad (7-7)$$

其中，J 为折算到电机上的总转动惯量（kg·m^2）；B_V 为电机阻尼系数（N·m·s/rad）；M_L 为折算到电机端的等效负载转矩（N·m）。

5. 非线性模块

模型中应考虑舵机的传动链死区环节（mm）：

$$\delta_m = \begin{cases} \dfrac{\theta}{2\pi} - \Delta, & \dfrac{\theta}{2\pi} > \Delta \\[2mm] 0, & \left| \dfrac{\theta}{2\pi} \right| \leqslant \Delta \\[2mm] \dfrac{\theta}{2\pi} + \Delta, & \dfrac{\theta}{2\pi} < -\Delta \end{cases} \qquad (7-8)$$

其中，Δ 为传动链死区环节；δ_m 为电机等效到舵轴的输出位移。

6. 传动结构方程

电机输出轴到舵机舵轴的传动方程：

$$M_L = \frac{F_L}{N \cdot \eta} \tag{7-9}$$

其中，F_L 为舵机力矩；N 为传动比；η 为舵机的传动效率。

7.4.2 气压式舵机的建模与控制

根据气压式舵机系统工作原理，可以通过推导得到舵机阀芯位移函数到气缸活塞位移的关系，如下所示：

$$K_{q0} \Delta x - K_{c0} P_m = K_1 \frac{\mathrm{d}y}{\mathrm{d}t} + K_2 \frac{\mathrm{d}P_m}{\mathrm{d}t} \tag{7-10}$$

$$A_2 P_m = (G s^2 + B' s + K) y + f \tag{7-11}$$

其中，Δx 为阀芯位移；$P_m = \dfrac{A_1 P_1 - A_2 P_s - (A_1 - A_2) P_a}{A}$，$A_1$ 和 A_2 分别为活塞向左向右的有效作用面积，A 为等效气缸面积，P_1 为气缸无杆腔压力，P_s 为气源压力，P_a 为大气压力；y 为气缸活塞位移；G 为活塞等活动部件的质量；B' 为活塞运动的黏性阻尼系数；K 为负载弹簧刚度；f 为摩擦阻力。各项系数与设计参数之间的关系如下所示：

$$K_{q0} = \frac{1}{2} \frac{\mu C}{\sqrt{T_0}} (f_1 P_s + f_2 P_{10}) \tag{7-12}$$

$$K_{c0} = \frac{T_2}{T_s} \frac{\mu f_2 C}{\sqrt{T_0}} \tag{7-13}$$

$$K_1 = \frac{P_{10} A_1}{R T_2} \tag{7-14}$$

$$K_2 = \frac{V_1}{K R T_1} \tag{7-15}$$

其中，P_{10} 为起始压力；μ 为机构传递损失等引入的效率系数；f_1 为进气节流口面积；f_2 为排气节流口面积；T_s 为时间周期；T_1 为脉宽输出 V_1 高电平时间；T_2 为脉宽输出 V_2 高电平时间。

气压舵机系统机械部分的主要设计参数如下：

（1）无杆腔活塞直径：$D = 14$ mm；

（2）活塞杆直径：$d = 10$ mm；

（3）气源工作压力：$P_s = 2$ MPa；

（4）进气节流口直径：$d_{\text{in}} = 0.4$ mm；

（5）排气节流口直径：$d_{\text{out}} = 0.6$ mm；

（6）额定负载：$T = 5 \text{ N} \cdot \text{m}$；

（7）舵机气缸到舵摆力臂：$l = 20 \text{ mm}$；

（8）气缸活塞行程：$\Delta y_{\max} = \pm 7.5 \text{ mm}$；

（9）活塞质量：$G = 80 \text{ g}$；

（10）工作气体：氮气，气体常数 $R = 297 \text{ J/(kg} \cdot \text{K)}$，等熵指数 $k = 1.4$；

（11）工作温度：$T = 293 \text{ K}$；

（12）流量系数：$\mu = 0.8$。

根据设计经验，取 $C = 0.04$，活塞运动阻尼系数 $B' = 50 \text{ N} \cdot \text{s/m}$，开关周期 $T_s = 10 \text{ ms}$。可求得各仿真环节系数如下：

（1）$K_1 = 1.82 \times 10^{-3} \text{ kg/m}$；

（2）$K_2 = 7.58 \times 10^{-12} \text{ kg/Pa}$；

（3）$K_{q0} = 5.04 \times 10^{-4} \text{ kg/s}$；

（4）$K_{c0} = 1.58 \times 10^{-10} \text{ kg/s} \cdot \text{Pa}$。

结合模型系统相关设计参数，气压舵机系统仿真方框图 MATLAB 模型示意图如图 7 - 15 所示。

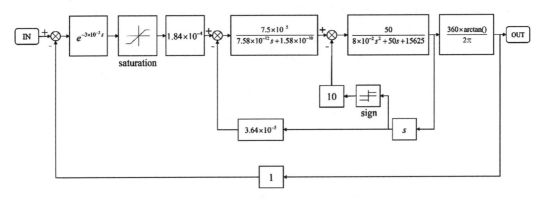

图 7 - 15　气压舵机系统仿真模型示意图

基于上述气压舵机系统模型，设计 PID 控制器。利用的是定值 $r_d(t)$ 和气缸活塞位移 $y(t)$，求出控制偏差 $e(t)$，再将这个偏差 $e(t)$ 反馈回来。

$$e(t) = r_d(t) - y(t) \tag{7 - 16}$$

PID 控制器的实质就是利用反馈偏差 $e(t)$ 形成一个新的控制量，这个新的控制量是由 $e(t)$ 的比例、积分和微分线性组合而成，其控制规律为

$$u(t) = K_p \left[e(t) + \frac{1}{T_I} \int_0^t e(t) \, \mathrm{d}t + \frac{T_D \mathrm{d}e(t)}{\mathrm{d}t} \right] \tag{7 - 17}$$

或者写成传递函数的形式：

$$G(s) = \frac{U(s)}{E(s)} = K_p \left(1 + \frac{1}{T_I s} + T_D s \right) \tag{7-18}$$

式中，K_p 为比例系数；T_I 为积分时间常数；T_D 为微分时间常数。

在对气压舵机系统进行控制器设计时，须首先明确其考核指标。某型气压舵机系统的性能要求如表 7-1 所示。

表 7-1　气压舵机系统性能指标要求

指　　　标	指　标　要　求
舵翼偏转角度	≥140°/s
超调量	15%
幅频宽（系统增益衰减至 −3 dB）	≥15 Hz
相频宽（输出相位滞后 90°）	≥15 Hz
上升时间（20° 阶跃信号）	≤120 ms

当系统工作在稳态时，进气阀与排气阀开通的占空比近似相等，约为 50%。在仿真时主要考量舵控信号与舵反信号之间的关系，故忽略开关频率谐波对系统的干扰。由于电磁阀的开通与关断存在 3 ms 左右延迟时间，并且舵机本体模型的输入信号为占空比信号。因此，可为系统仿真模型引入延迟环节和限幅环节。

7.5　推力矢量

战术导弹（如空-空、反坦克导弹）有时需要很高的机动过载能力，即需要较大的侧向力来控制导弹快速转向，这时仅靠空气舵很难实现，特别是在低速下（如导弹刚发射时），空气舵提供不了很大的侧向力，这时就需要推力矢量控制技术[22]。

推力矢量控制是指利用改变发动机等推进装置产生的燃气流方向，产生改变导弹姿态的作用力或作用力矩，其相关技术发展大大提高了导弹打击精度。如目前的中、远程弹道导弹的弹道超越大气层，且结构较笨重，改变运动姿态需要较大的操纵力矩，因此都采用了推力矢量控制的执行机构。例如，最早在 20 世纪 40 年代，德国就在 V-2 导弹火箭喷口处安装了可实现推力矢量控制的可控折流片。当前，常见的推力矢量控制系统可分为三种形式：动喷管致偏型、液体二次喷射和机械导流阻流。

与空气动力执行装置相比，推力矢量控制装置的优点是：只要导弹处于推进阶段，即使在高空飞行和低速飞行段，它都能对导弹进行有效的控制，而且能获得很高的机动性能。推力矢量控制不依赖于大气的气压压力，但是当发动机燃烧停止后，它就不能操纵了。

1. 推力矢量控制的应用场合

有些导弹武器系统,需要采用推力矢量控制,例如下面的几种情况。

(1) 在洲际弹道式导弹的垂直发射阶段中,如果不用姿态控制,那么由于一个微小的主发动机推力偏心(而这种偏心是不可避免的),都将会使导弹翻滚。因这类导弹一般很重,且燃料质量占总质量的90%以上,必须缓慢发射,以避免动态载荷,而这一阶段空气动力控制是无效的,所以必须采用推力矢量控制。

(2) 无需精密发射装置,垂直发射后紧接着快速转弯的导弹。由于垂直发射的导弹必须在低速以最短的时间进行方位对准,并进行转弯控制,此时导弹速度低,操控效率也低。因此,无法采用空气舵进行操作。为了达到快速对准和转弯控制的目的,需采用推力矢量控制。新一代的舰空导弹和一些地空导弹为了改善射界、提高快速性都采用了该项技术。典型型号为美国的"标准-3"导弹。

(3) 有些近程导弹,如"旋火"反坦克导弹,发射装置和制导站隔开一段距离,为使导弹发射后快速进入有效制导范围,就必须使导弹在发射后能立即实施机动,也需要采用推力矢量控制。

(4) 进行近距格斗、离轴发射的空空导弹,典型型号为俄罗斯的 R-73 导弹。

(5) 机动性要求高的高速导弹,典型型号为美国的 HVM 导弹。

(6) 气动控制显得过于笨重的低速导弹,尤其是手动控制的反坦克导弹,典型型号为美国的"龙"式导弹。

(7) 发射架和跟踪器相距较远的导弹,独立助推、散布问题较为严重的导弹,如中国的 HJ-73 导弹。

2. 推力矢量控制装置的性能描述

推力矢量控制装置的性能大致上可分为如下四点:

(1) 喷流偏转角度:喷流可能偏转的角度;

(2) 侧向力系数:侧向力与未被扰动时的轴向推力之比;

(3) 轴向推力损失:装置工作时引起的损失;

(4) 驱动力:为达到预期响应加在装置上的总力。

喷流偏转角和侧向力系数用来描述各种推力矢量控制系统产生侧向力的能力。对于依靠形成冲击波进行工作的推力矢量控制系统来说,通常用侧向力系数和等效气流偏转角来描述产生侧向力的能力。

当确定驱动机构尺寸时,驱动力是一个必不可少的参数。另外,当进行系统研究时,用它可以方便地描述整个伺服系统和推力矢量控制装置可能达到的最大闭环带宽。

3. 推力矢量控制装置的实现方法

1) 某型号导弹推力矢量控制装置

某型号导弹采用改变续航发动机主推力矢量方向的方法来提供控制力,实现推力矢量控制,其工作原理如图 7-16 所示。

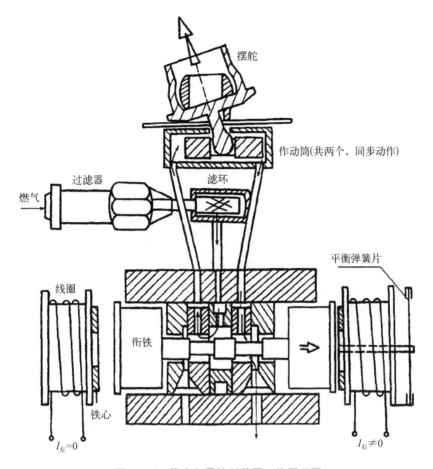

图 7-16 推力矢量控制装置工作原理图

推力矢量控制装置由燃气过滤器、燃气电磁开关阀、燃气作动筒和摆帽组件等部分组成。

为使结构简化,将续航发动机中一部分燃气过滤后作为舵机的气源。续航发动机燃烧室内的燃气是不干净的,夹杂有燃烧后的药渣和包覆层的碎渣等,而且温度很高,动能也很大,要想用它做舵机的气源,必须进行过滤、净化和降温,同时还要把燃气的动能尽量转化为舵机工作所需要的压力位能,也就是尽量使气流速度降低,把动压转化为静压,燃气过滤器就是用来完成这些任务。

燃气作动筒有两个,作动筒由气缸、活塞和壳体等组成。气缸的两端有两个腔,与进气流相通的为高压腔,与排气流相通的为低压腔,高低压腔是交替的。

燃气电磁开关阀只有开和关两种稳定的工作状态,不能稳定地停止在中间某一位置。燃气电磁开关阀的两个控制线圈通电流时产生磁场。当有电流通过某一控制线圈时,产生电磁力,阀芯在电磁力的作用下,从一个极限位置被吸到另一个极限位置。

燃气电磁开关阀同时是一个电-气能量转换装置。当右控制线圈通电时,阀芯右移到极限位置,左进气口被打开,左排气口被关上,右排气口被打开,此时燃气经左进气口同时进入两个作动筒的左腔内,两个作动筒右腔的气体从右排气口排出(左为高压腔,右为低压腔),这样就完成一次电-气能量转换。因此电磁开关阀将控制指令信号电流的正负交替变化转化成为气流的开关交替变化,实现电-气能量转换。

摆帽组件由摆帽、摆杆和转轴组成。摆帽组件是使续航发动机的主气流偏摆的机构。摆帽套装在续航发动机喷管的端口,转轴固定在舵机壳体上,舵机固连在弹体上,摆杆与作动筒相连,活塞的移动可转化为摆帽的摆动,摆帽摆动时会使从续航发动机的喷管喷出的燃气流也产生同步摆动,即使主推力矢量同步摆动,从而产生控制力。

2)燃气舵

燃气舵是最早应用于导弹控制的一种推力矢量式执行机构。其基本结构是在火箭发动机喷管的尾部对称地放置四个舵片。对于一个舵片来说,当舵片没有偏转角时,舵片两侧气流对称,不会产生侧向力;当舵片偏转某一角度时,则产生侧向力。当四个燃气舵片偏转的方向不同时,可使飞行器产生俯仰、偏航及滚动三个方向所需的侧向力矩。燃气舵的舵片大多采用对称的菱形翼,如图7-17所示。

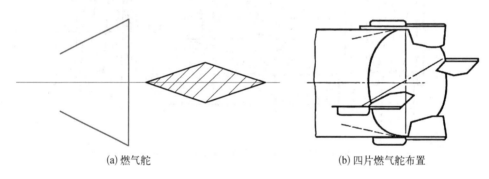

(a) 燃气舵   (b) 四片燃气舵布置

图 7-17 燃气舵原理

燃气舵在偏转为零时也存在相当大的阻力,即存在较大的推力损失,这是燃气舵的一个主要缺点。

燃气舵具有结构简单、致偏能力强、响应速度快等优点。但燃气舵的工作环境比较恶劣,存在着严重的冲刷烧蚀问题,不宜长时间工作。如法国的 MICA 空-空导弹、各种弹道导弹采用燃气舵来对导弹进行控制。

3)燃气扰流片

扰流片推力矢量控制是一种在战术导弹上应用较多的控制方式,其原理是采用一定形状的叶片(或挡板),在喷管出口平面上移动,部分地遮盖喷管出口面积,使喷气流受到扰动,在喷管扩张段内产生气流分离和激波,形成不对称的压力分布和喷气流偏转,从而产生侧向控制力,如图7-18所示。

扰流片推力矢量控制一般是通过两对(每对由对称的两片组成)90°安装的扰流片相互配合,实现俯仰和偏航控制。扰流片推力矢量控制结构简单,质量小,所需伺服系统的功率小,致偏能力强,能产生较大的侧向力。因此,导弹的机动过载能力很强;另外,它的响应速度快,可达 15 Hz 以上,这对要求响应快的导弹是非常有利的。

但扰流片推力矢量控制也有其缺点,主要是推力损失大;另外,扰流片只能放在喷口周围,使导弹底部面积增大,且喷管膨胀比减小。

俄制 R‑73 近距格斗空-空导弹,法国的米兰、霍特反坦克导弹都是使用扰流片推力矢量控制技术。

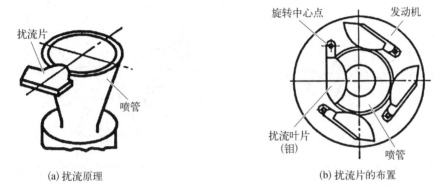

(a) 扰流原理　　　　　　　　　(b) 扰流片的布置

图 7‑18　扰流片推力矢量控制

4）摆帽

摆帽的原理是在喷管出口处安装一筒形帽,由伺服机构驱动它沿一个方向转动,从而可以改变发动机主气流的方向,产生侧向控制力,其原理如图 7‑19 所示。

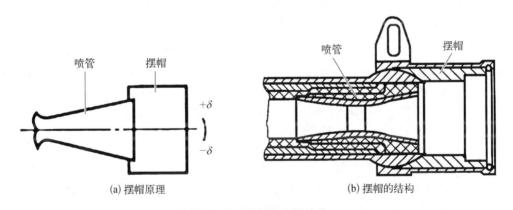

(a) 摆帽原理　　　　　　　　　(b) 摆帽的结构

图 7‑19　摆帽原理及结构

摆帽推力矢量执行机构可产生很大的侧向力,且结构简单,响应较快,与喷管连接处无需密封,其缺点是推力损失较大。由于摆帽只能沿一个方向转动,在实现全姿态控制时,需要导弹作低速旋转,因此常用于小型战术导弹的姿态控制。燃气舵、燃气扰流片和摆帽三种操纵元件都属于固定喷管的喷流偏转控制,下面再简单介绍摆动喷管和侧向流体二次喷射的推力矢量操纵元件。

5）摆动喷管

这一类实现方法包括所有形式的摆动喷管及摆动出口锥的装置。这类装置中,整个喷流偏转主要有以下两种。

柔性喷管:图7-20给出了柔性喷管的基本结构,柔性喷管由许多同心球形截面的弹胶层和薄金属板组成,弯曲形成柔性的夹层结构。这个接头轴向刚度很大,而在侧向却很容易偏转。用它可以实现传统的发动机封头与柔性喷管的对接。

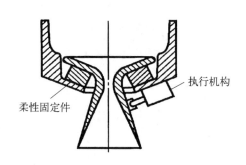

图7-20　柔性喷管的基本结构

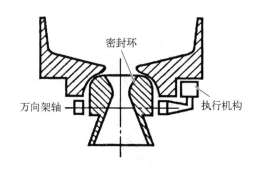

图7-21　球窝喷管的基本结构图

球窝喷管:图7-21给出了球窝式摆动喷管的一般结构形式,其收敛段和扩散段被支撑在万向环上,该装置可以围绕喷管中心线上的某个中心点转动。延伸管或者后封头上

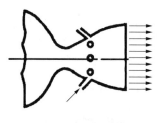

图7-22　向喷管内喷流
气体结构图

装一套有球窝的筒形夹具,使收敛段和扩散段可在其中活动。球面间装有特制的密封圈,以防高温高压的燃气泄漏。舵机通过方向环进行控制,以提供俯仰和偏航力矩。

6）侧向流体二次喷射

通过喷管的侧壁向喷管内喷流气体或液体,以致能够偏转喷气气流并产生操纵力矩,如图7-22所示。这种方法的优点是不需要活动的发动机构件或喷管构件。

思考题

（1）执行装置中的舵机需要满足什么要求？

（2）舵机的分类有哪些？不同舵机的工作原理是什么？

（3）舵回路的组成部分有哪些？每个机构有什么作用？

（4）推力矢量的定义是什么？推力矢量控制的性能有哪些？

（5）推力矢量是怎么实现的？

第8章

典型的制导系统

8.1 光学制导系统

光学制导系统是一类直接利用光学成像获取引导信息的制导系统,通常通过操作手人眼判读,并没有把光学图像转换为电信号进行传输处理。

8.1.1 光学跟踪有线指令制导系统

有线指令制导系统中制导指令是通过连接制导站和导弹的指令传输线传送的。光学跟踪有线指令制导多用于反坦克导弹,其系统组成及工作原理如图8-1所示,系统由制导站引导设备和弹上控制设备两部分组成。制导站引导设备包括光学观测跟踪装置、指令形成装置和指令发射装置等,弹上控制设备有指令接收装置和控制装置等。光学观测跟踪装置同时跟踪目标和导弹,根据导弹相对目标的偏差形成指令,送给弹上控制系统执行,操纵导弹飞行。

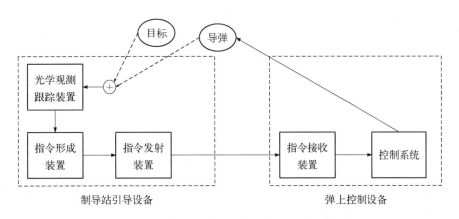

图 8-1 光学跟踪有线指令制导系统的工作原理

在手动跟踪情况下,光学观测装置是一个瞄准仪。导弹发射后,射手可以在瞄准仪中看到导弹的影像,如果影像偏离了十字线的中心,就意味着导弹偏离目标和制导站的连线,射手将根据导弹偏离目标视线的大小和方向移动操纵杆。操纵杆与两个电位计相连,一个是俯仰电位计,另一个是偏航电位计,分别敏感操纵杆的上下偏摆量和左右偏摆量,形成俯仰和偏航两个方向的操纵指令。指令通过制导站和导弹间的传输线传向导弹,弹上控制装置根据指令操纵导弹,使导弹沿着目标视线飞行,导弹的影像重新与目标视线重合。手动跟踪的缺点是飞行速度必须很低,以便射手在发觉导弹偏离时有足够的反应时间来操纵制导设备,发出控制指令。

在半自动跟踪的情况下,光学跟踪装置包括目标跟踪仪和导弹测角仪,它们装在同一个操纵台上,同步转动。射手根据目标的方位角向左或向右转动操纵台,根据目标的高低角向上或向下转动目标跟踪仪,使目标跟踪仪对准目标。由于导弹测角仪和目标跟踪仪同步转动,所以当目标跟踪仪的轴线对准目标时,目标的影像也落在导弹测角仪的十字线中心。导弹测角仪光轴平行于目标跟踪仪的瞄准线,它能够自动地连续测量导弹偏离目标瞄准线的偏差角,并把这个偏差角送给计算装置,形成控制指令,再通过传输线传给导弹,控制导弹飞行。由于导弹瞄准仪和目标跟踪仪在同一个操纵台上,同步转动,这种制导系统只能采用三点导引法。

半自动跟踪有线指令制导与手动跟踪有线指令制导相比,有了很大的改进,射手工作量减少,导弹速度可提高一倍左右,实际上导弹速度仅受传输线释放速度等因素的限制。传输线的线圈一般可装在导弹上,导弹飞行时线圈自动放线。

有线指令制导系统抗干扰能力强,弹上控制设备简单,导弹成本较低。但是由于连接导弹和制导站之间的传输线的存在,导弹飞行速度和射程的进一步增大受到一定的限制,导弹速度一般不高于200 m/s,最大射程一般不超过4 000 m。

8.1.2 光纤制导系统

金属导线只能传输电信号,其信息容量小、传输速度慢,只能用于传输指令信号。而光纤的信息传输能力强得多,容量大、速度快,不仅可以传输指令,还可以传输图像,因此可以把成像设备安装在导弹上,于是形成光纤制导系统。

光纤制导导弹[56]是一种利用光导纤维传输制导信息的新型战术导弹,主要用于打坦克,也可以打低空飞行的直升机。这种新一代导弹装有光缆线轴和带有电荷耦合元件的电视摄像机,既可通过光缆传输指令,控制导弹命中目标,又可通过光缆传输电视图像,适时了解目标区情况。光纤制导的概念如图8-2所示,在隐蔽阵地上将导弹发射出去,光纤从尾部放出,越过视线障碍后,弹头上的摄像机将目标区域图像用光纤实时传回制导站。制导站操作者根据该图像锁定目标,形成控制指令,通过光纤传回弹上实现寻的器对目标的自动跟踪和改变导弹的飞行方向。

相较光学跟踪有线指令制导系统,其主要优点是能够实时传输图像,具有非视线特性,射程远(10 km),不易受电磁干扰,传输图像清晰,具有反装甲、防空两种用途。导弹飞行同时,弹上的摄像机将拍摄到的目标图像传回到制导站,从而可以在敌我混战的战争环境中准确无误地识别、锁定和攻击目标。由于光纤传输的信息量大、频带宽、功耗低、自身辐射极小,所以光纤制导导弹的目标识别能力强、制导精度高、抗干扰性好。此外,采用光纤制导,操纵者能同时发射和控制数枚导弹,对付多个目标,并且能够根据第一次攻击的情况决定后续导弹的攻击目标。操纵者可以在隐蔽物之后,导弹飞行路线是非弹道式的,敌方难以发现发射阵地,相对比较安全。与此同时,一些复杂部件(如数据处理装置)可以放置在制导站上,从而降低导弹的成本。

但是,光纤制导在对付低空、近距离目标时,只能采取跃升或平直弹道,不如目前使用的半自动有线指令制导简便。由于放线以及光纤强度限制了导弹的飞行速度,因此在远程导弹上使用时飞行时间较长。此外,寻的器光学系统有时需要宽、窄两个视场或者连续变焦,这会使得系统复杂化。当采用红外成像体制时,红外面阵探测器昂贵,与此同时,编码/译码器的造价也较高。

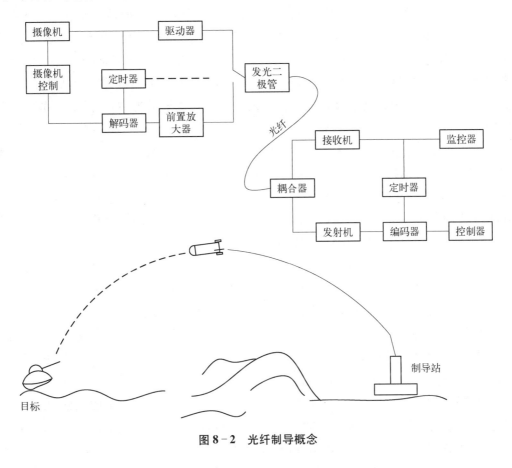

图 8-2 光纤制导概念

8.2 红外制导系统

红外线[57]是一种热辐射,是物质内分子热振动产生的电磁波,其波长为 0.76 ~ 1 000 μm,在整个电磁波谱中位于可见光与无线电波之间。任何绝对温度在摄氏温度零度以上的物体都能辐射红外线,红外辐射能量随温度的上升而迅速增加,物体的温度与其辐射能量的波长成反比关系。

红外制导系统根据目标和背景红外辐射能量的差别,如人体和地面背景温度为 300 K 左右,相对应最大辐射波长为 9.7 μm,涡轮喷气发动机热尾管的有效温度为 900 K,其最大辐射波长为 3.2 μm,从而把目标和背景区别开来,以达到探测目的。红外制导系统是利用目标辐射的红外线作为信号源的被动式自寻的制导系统。

8.2.1 红外点源自寻的制导系统

红外点源自寻的制导是发展较早的一种制导技术(一般简称为红外寻的制导),20 世纪 50 年代就已经产生了第一代红外点源自寻的制导的空对空导弹"响尾蛇"。

红外自寻的制导系统一般由红外导引头、弹上控制系统以及导弹和目标相对运动学环节等组成。红外导引头用来接收目标辐射的红外能量,确定目标的位置及角运动特性,形成相应的跟踪和引导指令。下面以某空对空红外寻的制导系统为例进行介绍,其原理如图 8-3 所示,其中的导引头为同轴安装式红外导引头,制导系统工作过程大致如下[22]:

飞机起飞以后,由飞机给制导系统供电,陀螺旋转系统工作,使装有光学系统的陀螺转子旋转,当转速达到一定值以后,保证导引头在不工作时稳定的机械锁定装置解脱,同时陀螺获得定轴性,进入接收信号状态。在未接收到信号时,导引头的光学系统光轴应与弹轴保持一致,但飞机是机动飞行的,而陀螺又有定轴性,为此采用电锁装置,它由弹上的电锁线圈、进动线圈和飞机上的电子线圈共同组成。

当导引头视场内出现目标时,便会在导引头接收线路中得到信号,这个信号自动断开电锁装置,使导引头获得自动跟踪目标的能力。根据所获得的信号,飞行员在进行必要的计算之后,便按发射按钮,接通导弹上的能源,使导弹处于待发状态。待飞机上的设备自动检查导弹上的能源已正常工作以后,飞机上的自动控制系统便会去掉飞机上的能源,代之以导弹上的能源,使弹内设备继续正常工作,并点燃固体燃料发动机和引信的能源,在发动机推力作用下,导弹便发射出去。

导弹发射以后,其运动受导引头的控制,导引头继续接收目标的辐射能量,形成误差信号,按预定的引导方法形成控制信号,操纵舵面偏转,使导弹飞向目标。当导弹飞到战斗部威力范围内,红外引信便点燃战斗部,炸毁目标。

此处导弹的导引头已在第 5 章中作了较详细的介绍,下面介绍它的弹上控制系统。自动驾驶仪本是弹体姿态运动的人工稳定装置,用于稳定弹体姿态角运动和阻尼弹体在空间的角运动。但对于稳定性较好的导弹,可以不采用自动驾驶仪。此处所介绍的红外寻的导弹就没有采用自动驾驶仪,弹上控制系统只是由相位检波器、功率放大器、执行机构等部分组成,并在弹翼后沿上安装陀螺舵,以稳定导弹角运动。舵片上有一个带齿的风轮,这个风轮受到气流的冲击而高速旋转。假如弹体有一个滚动角速度,则这

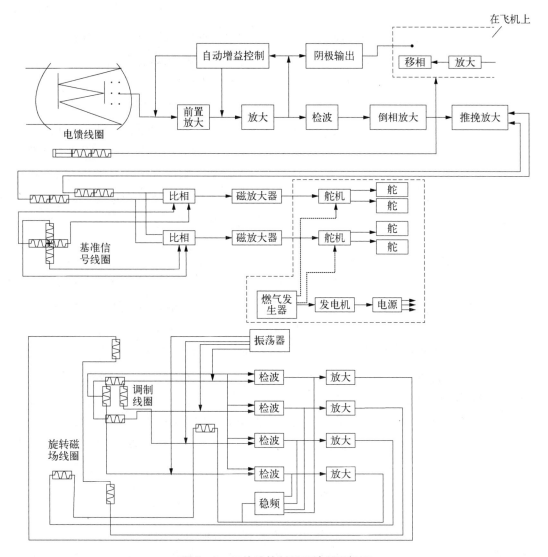

图 8-3 红外寻的制导系统原理框图

个舵片由于陀螺效应而在气流中进动,从而产生阻尼力矩,起到阻尼导弹角运动的作用。

更进一步,此处的导弹采用双通道直角坐标控制,但由红外导引头所测得的误差信号为极坐标形式,不能直接用来控制两组舵面使导弹跟踪目标,必须把极坐标信号转换成直角坐标信号,这种转换任务是由控制信号形成电路来完成的。控制信号形成电路由两个完全相同的相位检波器组成,也称坐标转换器或比相器。把导引头测得的目标误差信号与两组基准电压线圈得到的相位差为 90° 的 72 周正弦信号送入相位检波器,形成两个通道的控制信号,经放大后,即可供舵机使用。控制信号具体形成如下,误差信号处理电路输出的信号电压可用下式表示:

$$u = K_y \Delta q \sin(\Omega t - \theta) \tag{8-1}$$

式中，Δq 为目标视线与光轴的夹角，反映目标相对光轴的偏离量的大小；θ 为初相角，反映目标偏离光轴的方位；K_y 为导引系统放大系数。这是一个极坐标形式的交流信号，而弹上的执

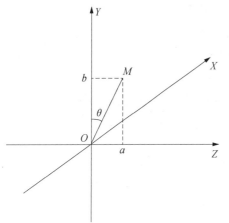

行装置是按直角坐标控制的，在驱动舵机时，必须把它分解成两个互相垂直的控制通道上的分量。图 8-4 为直角坐标下目标偏信号坐标的分解，若导弹 X 轴为纵轴，一对舵面位于 XOZ 平面上，称为 Z 通道，而另一对舵面则位于 XOY 平面上，称为 Y 通道。误差信号转换成直角坐标时，在 Z 通道与 Y 通道的分量为[22]

$$Ob = \Delta q \cos \theta$$
$$Oa = \Delta q \sin \theta \tag{8-2}$$

图 8-4　目标偏信号坐标分解

即控制系统纠正导弹偏差时，必须给两个舵机以相应的控制信号（即与 Oa、Ob 成正比的直流信号）以控制舵面的偏转。为了把误差信号转换成两个垂直通道上的分量，导引头陀螺跟踪系统中有两对基准信号线圈，分别对应于两对舵面的位置，在配置上相差 90°。基准信号与误差信号共同输入相位检波器进行相位比较，来形成相互垂直通道上的两组舵机的控制信号。相位检波器由两个结构相同的桥式电路组成，每个桥式电路有两个输入；误差信号作为每一电桥的一个输入，基准信号电压作为每一个桥式电路的另一个输入。通过对桥式电路的分析可知，每一电桥输出平均电流的大小正比于输入误差信号的幅值乘以误差信号与基准信号相位差的余弦，因为两个基准信号相位差为 90°，所以两电桥平均输出电流在相位上也同样彼此相差 90°。

控制信号的放大：由相位检波器输出的控制电流信号是比较微弱的，必须进行功率放大后才能供舵机使用。在导弹控制系统中一般采用磁放大器进行功率放大，主要是因为这种放大器能允许相当大的过载而不怕振动与撞击，工作较为可靠。弹上还设有归零电路，它的任务是使导引头在导弹离轨后的片刻（零点几秒）磁放大器不工作，控制系统不输出控制信号，使导弹在发动机推力作用下自由飞行，当导弹离开载机一定距离，速度达到超声速后再转入控制飞行。控制信号形成和放大原理图如图 8-5所示。

这个型号导弹的执行机构就是燃气舵，其特点是没有一般执行机构所具有的舵面位置反馈，而是采用气动铰链力矩反馈，即与导引头输入的控制电流成比例变化的控制力矩，使舵面偏转，直到这一力矩与气动铰链力矩平衡时，舵面才稳定。

红外寻的制导系统广泛应用于空对空、地对空导弹，也应用于某些反舰和空对地武器，其优点是：① 制导精度高，由于红外制导是利用红外探测器捕获和跟踪目标本身所辐

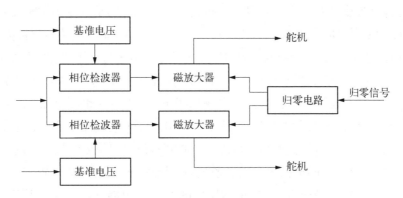

图 8-5　控制信号形成和放大原理图

射的红外能量来实现寻的制导,其角分辨率高,且不受无线电干扰的影响;② 可发射后不管,武器发射系统发射后即可离开,由于采用被动寻的工作方式,导弹本身不辐射用于制导的能量,也不需要用其他的照射能源,攻击隐蔽性好;③ 弹上制导设备简单,体积小、重量轻、成本低、工作可靠。

红外寻的制导也存在一些缺点:① 受气候影响较大,不能全天候作战,雨、雾天气红外辐射被大气吸收和衰减的现象很严重,在烟尘、雾的地面背景中其有效性也大为下降;② 容易受到激光、阳光、红外诱饵等干扰和其他热源的诱骗、偏离和丢失目标;③ 作用距离有限,一般用于近程导弹的制导系统或远程导弹的末制导系统。

为解决鉴别假目标和对付红外干扰问题,20 世纪 80 年代初开始发展双色红外探测器,使用两种敏感不同波段的探测器来提高鉴别假目标的能力,如某末制导反坦克炮弹双色红外探测器分别采用硒化铅和硫化铅两种探测器。硒化铅敏感波段为 $1\sim4~\mu m$,阳光火焰等构成的假目标红外辐射在 $2~\mu m$ 波段较强,在 $4~\mu m$ 波段较弱,而地面战车的红外辐射在 $4~\mu m$ 波段较强,$2~\mu m$ 波段较弱。硫化铅敏感波段为 $2\sim3~\mu m$,对 $4~\mu m$ 不敏感,它所探测到的信号反映了假目标信号,把两种探测器得到的信号在信号处理设备中进行比较,可提取地面战车的信号特征,从而提高鉴别假目标的能力。

正在发展的红外成像制导系统(后文介绍)与点源红外制导系统相比,有更好的对地面目标的探测和识别能力,但成本是点源红外制导系统的几倍,从今后的发展来看,点源红外制导系统作为一种低成本制导手段仍是可取的。

8.2.2　红外成像自寻的制导系统

在红外点源自寻的系统中,光学系统将目标聚成像点,成像于焦平面上,从目标获得的信息量太少,只有一个点的角位置信号,没有区分多目标的能力,而人为的红外干扰技术有了新的发展,因此,点源系统已不能适应先进制导系统发展的要求,于是红外成像技术开始用于制导系统的研究。红外成像制导系统利用红外探测器探测目标的红外辐射,获取目标红外图像进行目标捕获与跟踪,并将导弹引向目标[22]。

红外成像又称热成像,就是把物体表面的温度的空间分布情况变为按时间顺序排列的电信号,并以可见光的形式显示出来,或将其数字化存储在存储器中,为数字机提供输入,用数字信号处理方法来分析这种图像。利用红外成像完成制导的工作过程大致如下:在导弹发射之前,由制导站的红外前视装置搜索和捕获目标,根据视场内各种物体热辐射的差别在制导站显示器上显示出图像;目标的位置被确定之后,导引头便跟踪目标;导弹发射后,摄像头摄取目标的红外图像,并进行处理,得到数字化的目标图像,经过图像处理和图像识别,区分出目标、背景信号,识别出真假目标并抑制假目标;跟踪装置按预定的跟踪方式跟踪目标,并送出摄像头的瞄准指令和制导系统的引导指令,引导导弹飞向预定的目标。

实现红外成像的途径很多,目前正在使用的红外成像制导武器主要采用两种方式:一种是以美国"幼畜"空对地导弹为代表的多元红外探测器线阵扫描成像制导系统,采用红外光机扫描成像导引头;另一种是以美国"坦克破坏者"反坦克导弹和"地狱之火"空对地导弹为代表的多元红外探测器平面阵的非扫描成像制导系统,采用红外凝视成像导引头。这两种方式都是多元阵红外成像系统,与单元探测器扫描式系统相比,有视场大、响应速度快、探测能力强、作用距离大和全天候能力强等优点。

红外成像导引头的突出特点是命中精度高,它能使导弹直接命中目标或目标的要害部位。红外成像制导技术是一种高效费比的导引技术,它在精确制导领域占有十分重要的地位,目前已在许多型号的导弹上得到应用。红外成像导引技术也是一种自主式"智能"导引技术,采用中、远红外实时成像器,可以提供二维红外图像信息,利用计算机图像信息处理技术和模式识别技术,对目标的图像进行自动处理,模拟人的识别功能,实现寻的制导系统的智能化。红外成像制导系统主要有以下特点[22]。

(1)抗干扰能力强。红外成像制导系统探测目标和背景间微小的温差或辐射率差引起的热辐射分布图像,制导信号源是热图像,有目标识别能力,可以在复杂干扰背景下探测、识别目标,因此,干扰红外成像制导系统比较困难。

(2)空间分辨率和灵敏度较高。红外成像制导系统一般用二维扫描,它比一维扫描的分辨率和灵敏度高,很适合探测远程小目标的需求。

(3)探测距离远,具有准全天候功能。与可见光成像相比,红外成像系统工作在 $8\sim14\ \mu m$ 远红外波段,该波段能穿透雾、烟尘等,其探测距离比电视制导大了三到六倍,而且它克服了电视制导系统难以在夜间和低能见度下工作的缺点,昼夜都可以工作,是一种能在恶劣气候条件下工作的准全天候探测的导引系统。

(4)制导精确度高。该类导引头的空间分辨率很高,$0.2\leqslant\omega\leqslant0.3\ mrad$。它把探测器与微机处理结合起来,不仅能进行信号探测,而且能进行复杂的信息处理。如果将其与模式识别装置结合起来,就完全能自动从图像信号中识别目标,多目标鉴别能力强。

(5)具有很强的适应性。红外成像导引头可以装在各种型号的导弹上使用,只是识别跟踪的软件不同。美国的"幼畜"导弹的导引头,可以用于空地、空舰、空空三型导弹上。

8.3　激光制导系统

激光制导系统是利用目标漫反射的特定编码和波长的激光回波信号,通过接收装置形成制导指令,引导导弹飞向目标的制导系统。早在 1962 年,美国陆军导弹司令部率先开展了激光制导技术和激光制导武器的研究工作,随后世界各国也陆续开始了对激光制导技术的研究,取得了长足的进步。激光制导导弹型号繁多,典型代表如:美国"海尔法"(Helifire)和"幼畜"(Maverick)、法国 AS‐30L 空地导弹等。目前,激光制导主要有激光波束制导和激光自寻的制导两种方式。

目前世界各国装备的激光制导弹药绝大部分是半主动寻的和波束制导方式,如表8‐1所示。这两种制导方式在实战中由于需要制导站一直指示目标,导致激光平台容易显露而遭对方反制,降低了武器的生存能力。

表 8‐1　已装备的激光制导武器的制导方式

制导武器类型	型号和名称	国　家	用　途	制导方式
激光制导导弹	"海尔法"	美国	反坦克	半主动寻的
	AP-BRM	以色列	反坦克	驾束制导
	ADATS	美国	防空	驾束制导
激光制导炸弹	MAtra	法国	空对地	半主动寻的
	"宝石路"	美国	空对地	半主动寻的
	KAB-500L	俄罗斯	空对地	半主动寻的
激光制导炮弹	"铜斑蛇"	美国	反坦克	半主动寻的
	"红土地"	俄罗斯	反坦克	半主动寻的
	"拉哈特"	以色列	反坦克	半主动寻的

8.3.1　激光波束制导系统组成

用激光束跟踪目标,导弹飞行在激光束中,弹上设备感受导弹在光束中的位置,形成引导指令,使导弹飞向目标的制导技术,称为激光波束制导。由于其制导设备轻、制导精度高,激光波束制导在各国都受到重视,并且已经在地对空和反坦克等类型的导弹中得到实际应用。典型激光波束制导系统的原理组成如图 8‐6 所示[22],激光波束形成装置发射含有方位信息的光束,光束中心指向目标或前置点。导弹沿制导站和目标之间的瞄准线发射并进入光束。导弹尾部的接收装置把光束内的方位信息转变为导弹的飞行控制信号。光束形成装置的焦距是可变的,它是导弹射程的函数,随着导弹飞离制导站,光束形成装置的焦距不断变大,以便使导弹在整个飞行过程中始终处于一个大小不变的光束截面中。目标瞄准器一般是光学望远镜,以手控或自动跟踪方式使激光波束光轴对准目标。激光器是一个强功率的激光源,一般采用固体或气体激光器,工作在脉冲波或连续波状态[22]。

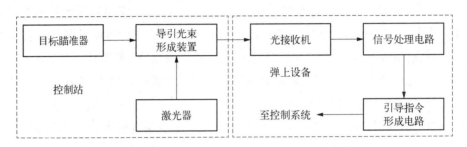

图 8 - 6 典型激光波束制导系统的原理组成

工程上,激光制导系统主要由激光发射编码分系统、瞄准跟踪分系统和导引头分系统组成,如图 8 - 7 所示,其中激光发射编码分系统用于发射带有空间编码的引导波束,瞄准跟踪分系统用于瞄准并跟踪目标,导引头分系统则用于接收制导站发射的引导波束编码信息并解码、处理,生成制导指令,送给自动驾驶仪。

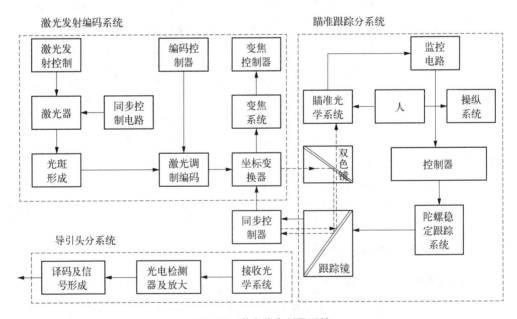

图 8 - 7 激光波束制导系统

引导波束形成装置将激光器产生的强功率激光变为引导波束。激光波束形成装置中的调制器是激光波束制导的核心,其作用是进行激光束空间位置编码,使飞行在光束中的导弹根据弹上激光接收器收到的光束编码信息,判断其在光束中的位置,从而确定导弹的飞行偏差。实现激光编码的方法有很多种,例如:激光空间偏振编码,激光条形光束空间扫描编码和激光空间频率编码等。激光接收机接收激光信息,并将其变为电信号送给信号处理电路。

8.3.2 激光波束制导原理

1. 旋转-正交扫描激光波束制导的原理

下面以某旋转-正交扫描激光波束制导系统为例,说明引导波束生成原理。旋转-正交扫描激光波束制导的原理:制导站依次产生四个扁平状的扫描激光束,如图 8-8 所示,先产生激光束 1,并由其起点扫到终点,马上又产生激光束 2,也由其起点扫到终点;间隔 Δt 时间后,产生激光束 3,由其起点扫到终点,马上又产生激光束 4,也由其起点扫到终点。接着产生光束 1,如此循环重复。令与光束 1、2 扫描相对应的是 $y_1 O_1 z_1$ 坐标系,与光束 3、4 扫描相对应的是 $y_2 O_2 z_2$ 坐标系、它们相对观测器的固连坐标系 yOz 旋转 β、$-\beta$ 角,这样光束 1、2、3、4 的运动便形成旋转-正交扫描光束[22]。

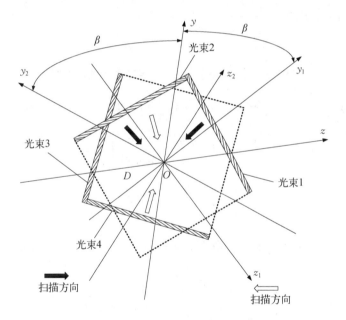

图 8-8 旋转-正交扫描激光束

设四个光束的扫描速度和扫过的长度 L_0 相等,且各光束扫描范围中心与目标瞄准器的光轴重合。当导弹位于图 8-8 中的 D 点,光束 1、2 扫过时,导弹接收到两组脉冲信号 s_1、s_2,两脉冲组的时间间隔为 Δt_1,T_0 为激光束扫描周期。这里我们只对 s_1、s_2 的间隔感兴趣,所以可将 y_1 轴和 z_1 轴按照扫描方向连接起来,如图 8-9 所示。从图中可以得出:

$$L_0 + y_1 + z_1 = \frac{L_0}{T_0}\Delta t_1 \tag{8-3}$$

式中，y_1、z_1 是 D 点在 $y_1O_1z_1$ 坐标系坐标值。同理，光束 3、4 扫过导弹时，导弹接收到的两组脉冲信号 s_3、s_4 的时间间隔为 Δt_2。 则有

$$L_0 + y_2 + z_2 = \frac{L_0}{T_0}\Delta t_2 \tag{8-4}$$

由以上两式可看出，时间间隔 Δt_1、Δt_2 中含有导弹在 $y_1O_1z_1$、$y_2O_2z_2$ 两个坐标系中所在位置的信息。由坐标系 $y_1O_1z_1$、$y_2O_2z_2$ 与坐标系 yOz 的转换关系，便可得到导弹在观测坐标系 yOz 中位置的信息。

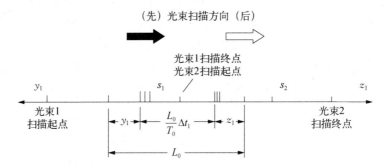

图 8-9 扫描光束 1、2 扫过导弹时弹上的脉冲信号

坐标系 $y_1O_1z_1$、$y_2O_2z_2$ 与坐标系 yOz 的转换矩阵为

$$\begin{bmatrix} y_1 \\ z_1 \end{bmatrix} = \begin{bmatrix} \cos\beta & \sin\beta \\ -\sin\beta & \cos\beta \end{bmatrix} \begin{bmatrix} y \\ z \end{bmatrix} \tag{8-5}$$

$$\begin{bmatrix} y_2 \\ z_2 \end{bmatrix} = \begin{bmatrix} \cos\beta & -\sin\beta \\ \sin\beta & \cos\beta \end{bmatrix} \begin{bmatrix} y \\ z \end{bmatrix} \tag{8-6}$$

将式(8-3)与式(8-4)表示为矩阵形式：

$$\begin{bmatrix} y_1 + z_1 \\ y_2 + z_2 \end{bmatrix} = \begin{bmatrix} \left(\dfrac{\Delta t_1}{T_0} - 1\right)L_0 \\ \left(\dfrac{\Delta t_2}{T_0} - 1\right)L_0 \end{bmatrix} = a + b \tag{8-7}$$

将式(8-5)与式(8-6)变换为

$$a = BA$$

$$b = CA = \begin{bmatrix} 0 & 1 \\ 1 & 0 \end{bmatrix} B \begin{bmatrix} 0 & 1 \\ 1 & 0 \end{bmatrix} A$$

即

$$A = \left\{ B + \begin{bmatrix} 0 & 1 \\ 1 & 0 \end{bmatrix} B \begin{bmatrix} 0 & 1 \\ 1 & 0 \end{bmatrix} \right\}^{-1} (a + b) \tag{8-8}$$

由式(8-7)、式(8-8)得

$$\begin{bmatrix} y \\ z \end{bmatrix} = -\frac{1}{2\sin 2\beta} \begin{bmatrix} \dfrac{\Delta t_1}{T_0}L_0(\cos\beta - \sin\beta) - \dfrac{\Delta t_2}{T_0}L_0(\cos\beta + \sin\beta) + 2L_0\sin\beta \\ -\dfrac{\Delta t_1}{T_0}L_0(\cos\beta + \sin\beta) + \dfrac{\Delta t_2}{T_0}L_0(\cos\beta - \sin\beta) + 2L_0\sin\beta \end{bmatrix}$$

当 $\beta = 60°$ 时,上式可简化为

$$\begin{bmatrix} y \\ z \end{bmatrix} = \begin{bmatrix} \dfrac{0.211\,3\Delta t_1 + 0.788\,7\Delta t_2}{k} - L_0 \\ \dfrac{0.788\,7\Delta t_1 + 0.211\,3\Delta t_2}{k} - L_0 \end{bmatrix} \tag{8-9}$$

式中, $k = T_0/L_0$。

由上式便可根据 1、2 与 3、4 光束扫描,弹上接收到的两个脉冲组信号的时间间隔 Δt_1、Δt_2,确定导弹在观测器的固连坐标系中的坐标值,它们分别是高低角与方位角方向的偏差,弹上设备根据此偏差形成引导指令,控制导弹沿光束扫描中心飞行。

2. 激光器和引导波束的形成

引导波束的形成装置由变像器、扫描发生器、扫描变换器、坐标转换器、变焦距镜头以及活动反射镜等组成,原理结构如图 8-10 所示[22]。

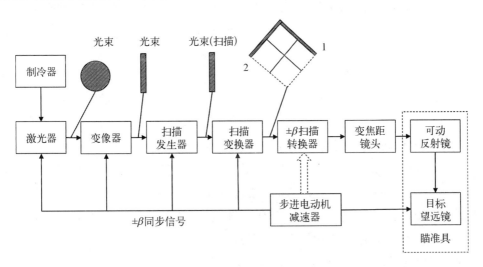

图 8-10　引导波束的形成装置

激光器一般是多元面阵或线阵半导体激光器,在两个正交扫描期间发出两种重复频率的激光脉冲,一般为几十个赫兹,光束截面为圆形。为了在高重复频率下工作,加有制冷装置(如氟利昂制冷器),由温控装置控制。

变像器将激光器射出的圆截面光束,在输出窄缝上成像,形成宽几毫米、长几十毫米

的扁光束。扫描发生器使得变像器射出的扁平光束实现扫描速度及扫描范围一定的一维扫描。典型的扫描发生器是一个电动机带动的工作于透射状态的八角棱镜。由折射定律可知,棱镜旋转时,将透射出一维扫描光束,如图 8-11 所示[22]。

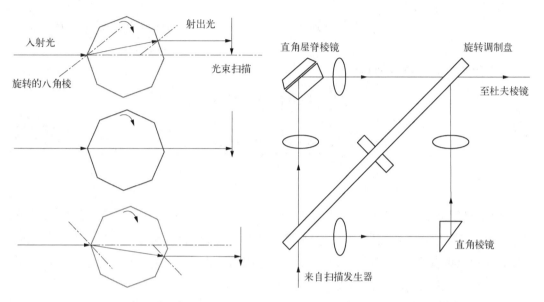

图 8-11　棱镜旋转时光束的一维扫描　　　图 8-12　扫描变换器示意图

扫描变换器将扫描发生器送来的一维扫描光束变成两个正交扫描光束,它主要由旋转调制盘和两个传光支路组成。调制盘与八角棱镜以 2∶1 转速比同步旋转,而调制盘交替使入射光束射向反射和透射光路。透射光路中装有绕入射光轴右旋 45°的直角屋脊棱镜;反射光路中装有绕入射光轴左旋 45°的直角棱镜;经直角屋脊棱镜和直角棱镜后,入射的一维扫描光束便成为两个扫描中心重合的正交扫描光束,如图 8-12 所示。

坐标转换器将两组正交扫描光束相对观测器的固连坐系 Oy 轴分别旋转 $\pm\beta$ 角。一组正交扫描光束的激光脉冲重复频率为 f_1,另一组为 f_2。变焦距镜头用于实现长焦距和短焦距的转换,改变射向空间的光束宽度和视场。导弹起飞后初始段,镜头处于短焦距状态,得到大视场导引光束,以便把导弹引向光轴;在导弹飞行的引导段,镜头为长焦距状态,得到小视场的引导光束,以便提高引导精度。活动反射镜将变焦距镜头的扫描光束反射到空间,以照射目标。活动反射镜由陀螺稳定。

3. 导弹的坐标检测和引导指令的形成

导弹的坐标检测和引导指令的形成装置主要由光学系统和探测元件等组成的激光接收机、信号处理电路、制导计算机等构成,如图 8-13 所示,其功能是检测导弹在观测器坐标系中的位置,得到导弹与光轴的线偏差,并以此形成引导指令,送给弹上控制系统[22]。

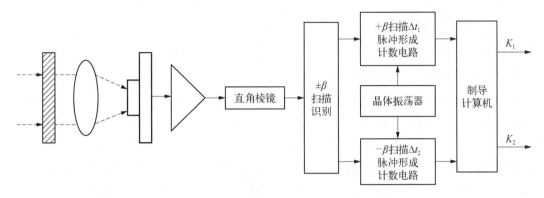

图 8‑13　导弹的坐标检测和引导指令的形成装置

激光接收机采用高灵敏度、低噪声光敏探测器,以提高引导距离。接收机还加有滤光片和阈值比较器,对背景光自适应调整,以降低背景光的影响。

扫描识别电路根据光脉冲重复频率的不同,来识别 ±β 正交扫描,并选出相应的脉冲组。Δt_1、Δt_2 脉冲形成电路实际上是方波产生器,方波宽度分别为 Δt_1、Δt_2,经计数电路输出 Δt_1、Δt_2 的数字信号。制导计算机可以计算导弹的偏差形成引导指令。

8.3.3　激光自寻的制导系统

激光自寻的制导由弹外或弹上的激光束照射到目标上,弹上的激光导引头利用目标漫反射的激光,实现对目标的跟踪,同时将偏差信号送给弹上控制系统,操纵导弹飞向目标。目前半主动式激光自寻的制导导弹已经装备了部队,主动式激光自寻的制导系统还在发展中。半主动式激光制导系统用弹外的激光器照射目标,弹上激光接收机接收从目标反射的激光波束的能量作为制导信息。

半主动激光制导系统由弹上设备(激光导引头和控制系统)和制导站的激光指示器组成,激光指示器主要由激光发射器和光学瞄准器等组成。只要瞄准器的十字线对准目标,激光发射器发射的激光束就能照射到目标上。因为激光的发散角较小,所以能准确地照射目标。激光照射在目标上形成光斑,其大小由照射距离和激光束发散角决定。激光和普通光一样,是按几何学原理反射的。导引头接收到目标反射的激光后,经光学系统汇聚在探测器上。激光束在光学系统中要经过滤光片,滤光片只能透过激光器发射的特定波长的激光,可以在一定程度上排除其他光源的干扰。探测器将接收到的激光信号转换成电信号输出。

激光制导系统的关键部件是激光器和接收激光能量的激光探测器。目前,装备的激光制导系统基本上都采用掺钕的钇铝石榴石激光器,工作于 $1.06~\mu m$ 近红外波段,具有脉冲重复频率高(可以使得导引头获得足够的数据),功率适中的特点。但其正常工作受到气象和烟尘的影响,今后倾向于使用工作于 $10.6~\mu m$ 远红外波段的二氧化碳激光器,以改善全天候作战能力和抗烟雾干扰的能力。

　　为了提高抗干扰能力以及在导引头视场内出现多个目标时也能准确地攻击指定的目标,激光器射出的是经过编码的激光束,导引头中有与之相对应的解码电路,在有多个目标的情况下,按照各自的编码,导弹只攻击与其对应的指示器指示的目标。为了夜间工作的需要,激光指示器还可配置前视红外系统。

　　下面以美国的"地狱之火"导弹为例介绍激光半主动制导系统。导弹由直升机运载,属于机载发射。照射目标的激光指示器可用地面激光器,也可以配用机载激光指示器,载机发射导弹后可以随意机动(发射后不管),但激光指示器必须一直照射目标。若目标像点的中心与导引头的光学系统的光轴重合,那么光斑就在四象限探测器的中心,误差信号为零;如果目标偏离导引头光学系统光轴,则光斑将偏离四象限的中心,就会出现误差信号。经过信号处理,误差信号送入控制系统的俯仰和偏航两个通道,分别控制舵机偏转。在信息处理过程中用了除法运算,目的是使输出信号的大小不受所接收激光脉冲能量变化的影响(远离目标时能量小,接近目标时能量大)。

　　总的说来,激光有方向性强、单色性好、强度高的特点,所以激光器发射的激光束发散角小,几乎是单频率的光波,而且在发射的光束截面上集中了大量的能量,因而激光寻的制导系统具有制导精度高、目标分辨率高、抗干扰能力强、可以与其他寻的系统兼容、结构简单、成本较低的特点。但激光制导系统的正常工作容易受云、雾和烟尘的影响。

8.4　电视制导系统

　　电视制导系统是利用电视摄像机拍摄目标及其周围景物图像,从而提供引导信息的一类制导系统,通常指可见光成像。电视制导体系是国外、国内都在努力研究,并且作为以往各种精确制导武器在末制导阶段的一种有利辅助措施,或是作为新式武器以及已有武器在升级换代时的备选方案之一。电视(图像)通过一次性获得目标区域的全方位信息,从而为精确打击提供了更有效、实时的目标精确导引措施。

　　电视制导属于被动式制导,是光电制导的一种。电视制导的优点是利用目标的图像信息对导弹进行制导,对于低空或超低空目标具有良好的跟踪性能和精确瞄准定位,并且能实时显示运动目标图像,目标难以隐蔽,有较高的制导精度,并具有抗干扰性强、隐蔽性好、分辨率高和成本低等优点;缺点是不能获得距离信息,导弹的作用距离受大气能见度的限制,不适于全天候工作。随着硬件技术的不断发展与完善,使得图像处理,尤其是实时图像处理,得到了巨大而空前的发展。

　　电视制导有两种制导方式,一种是电视指令制导,另一种是电视自寻的制导。

8.4.1　电视指令制导系统

　　电视指令制导系统是早期的电视制导系统,借助人工完成识别和跟踪目标的任务,利用目标反射的可见光信息对目标进行捕获、定位、追踪和导引的制导系统。电视指令制导系统由导弹上的电视设备观察目标,主要用来制导射程较近的导弹,制导系统由弹上设备和制导站两部分组成,如图 8－14 所示,其中导弹上设备包括摄像管、电视发射机、指令接收机和弹上控制系统等;制导站上设备主要包括电视接收机、显像管、指令形成装置和指令发射机等[22]。

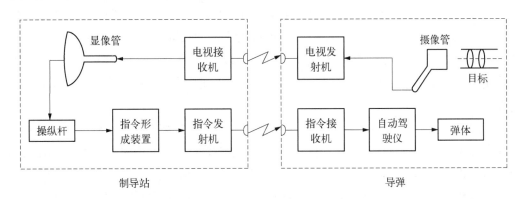

图 8－14　电视指令制导系统

当导弹发射以后,电视摄像管不断摄下目标及其周围的景象图像,通过电视发射机发送给制导站。操纵员从电视接收机的荧光屏上可以看到目标及其周围的景象。当导弹对准目标飞行时,目标的影像正好在荧光屏的中心,如果导弹飞行方向发生偏差,荧光屏上的目标影像就偏向一边。操纵员根据目标影像偏离情况移动操纵杆,形成指令,由指令发射装置将指令发送给导弹,导弹上的指令接收装置将收到的指令传给弹上控制系统,使其操纵导弹,纠正导弹的飞行方向。这种电视制导系统包含两条无线电传输线路,一条是从导弹到制导站的目标图像传输线路,另一条是从制导站到导弹的遥控线路。这种手动电视制导凸显出两个明显的缺点:一个是传输线路容易受到敌方的电子干扰,另一个是制导系统复杂、成本高。

8.4.2　电视自寻的制导系统

电视自寻的制导系统是近期发展的电视制导系统,它与红外成像自动寻的制导系统相似。导弹从载机上发射后完全依靠导弹上的电子光学系统(电视自动寻的头)自动跟踪目标,并通过导弹自动驾驶仪控制导弹飞向目标。电视自寻的制导系统由电视自动寻的头和自动驾驶仪等组成,全部装在导弹上。电视自动寻的头是系统的核心部件,由电视摄像机、图像信息处理装置、跟踪伺服机构等组成。在外界可见光照射下,外界景物经过光学系统和电视摄像管变为视频电信号,信息处理装置按视频信号的特点判定视场内是否存在目标。无目标时,摄像机中的光学系统反复扫描;有目标时停止扫描并给出目标方位与光学系统轴线之间的偏差信号。跟踪伺服机构根据这个信号调整光学系统,使光轴对准并跟踪目标。与此同时这个偏差信号送入自动驾驶仪,按一定的导引规律控制导弹飞向目标。20世纪80年代以电荷耦合器件代替摄像管,使图像灵敏度和清晰度大为提高。以图像识别系统代替原有的简单图像信息处理装置,在背景比较复杂和目标形成的电平无显著特征的情况下,也能识别目标[22]。

电视自寻的制导系统根据其跟踪方式的不同有多种。按照视场中提取目标位置的信息不同,可分为点跟踪(即边缘跟踪、形心跟踪系统)和面相关跟踪电视自寻的制导。

电视自寻的制导系统基本特征体现如下:制导设备装于弹上,制导指令在弹上形成;射手参与实现目标搜索、识别和锁定;锁定后导引头自动跟踪并自主产生制导指令;能实现"锁定后不管",有利于载机脱离。因此电视自寻的制导优点是工作可靠、分辨率高(和红外成像自寻的制导相比)、可直接成像、不易受无线电干扰;其缺点是受气象条件影响较大。

电视自寻的制导系统的典型工作流程为:首先,电视导引头拍摄目标与环境的可见光图像,其次从可见光图像中进行目标的人工识别与锁定,利用波门跟踪技术自动跟踪目标运动,基于波门中心的偏差就可以形成制导指令,控制导弹飞向目标。

波门就是在摄像机所接收的整个景物图像中围绕目标所划定的范围,如图8-15所示。划定波门的目的是排除波门以外的背景信息,对这些信息不再做进一步的处理,起到选通的作用。这样,波门内的视频信号,目标和背景之比加大了,避免了虚假信号源对目标跟踪的干扰。利用波门图像处理可以有效提高目标的信号特征;降低图像处理的计算量;减少背景干扰信息。

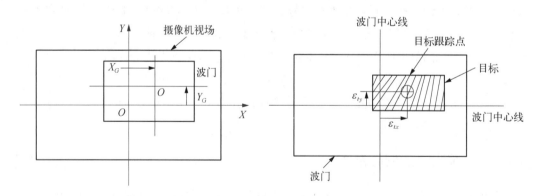

图8-15 波门的几何示意图

8.5 雷达制导系统

雷达[58-61]可以利用不同物体对电磁波的反射或者辐射能力的差异来发现目标并测定目标的位置和速度。雷达在军事上具有很大的应用优势,众所周知,电磁波对任何物体照射时都会产生反射作用,而军事目标的外壳是电磁波的良好反射体,军用目标很多会主动对外发射电磁波,加上电磁波在大气中的传播距离比光波远。因此,对于远程的制导来说,雷达制导系统在军事方面的应用尤为重要。20 世纪 40 年代英国首先使用无线电雷达对飞机进行探测。

雷达在制导方面应用领域最广,使用方式灵活,如指令制导、波束制导、主动式自寻的制导、半主动式自寻的制导和被动式寻的制导。但由于雷达波的发散性,指令制导和波束制导在目标距离较远时,制导精确度下降,这时,最好选用较高的毫米波频段,如 94 GHz、140 GHz、220 GHz。指令制导、波束制导和半主动自寻的制导系统在导弹飞行过程中都必须有雷达对其连续跟踪和照射,因而生存能力较差。应用领域最广、最灵活的毫米波制导方式是主动式和被动式两种,这两种方式不仅可以用于近程导弹的制导系统,也可以用于各种远程导弹的末制导系统。如果采用复合制导方式,把主动式寻的制导与被动式寻的制导结合运用,可以达到更好的效果,即用主动式自寻的模式解决远距离目标捕获问题,避免被动式自寻的在远距离时易被干扰的弱点,在接近目标时转换为被动式自寻的模式,以避免目标对主动式自寻的雷达波束能量反射呈现由多个散射中心引起的目标闪烁不定问题,从而可以保证系统有较高的制导精度[22]。

8.5.1　雷达指令制导系统

利用雷达跟踪目标或/和导弹,测定目标或/和导弹的运动参数的指令制导系统,称为雷达指令制导系统。雷达指令制导系统的探测雷达安装在制导站上,如地面或者载机上。根据使用雷达的数量不同,雷达指令制导可分为单雷达指令制导和双雷达指令制导。

单雷达指令制导系统,只用一部雷达观测导弹或目标,或者同时观测导弹和目标,获取相应数据,以形成指令信号。因此,单雷达指令制导系统又可分为仅跟踪目标的指令制导系统、仅跟踪导弹的指令制导系统、同时跟踪目标和导弹的指令制导系统[22]。

1. 仅跟踪目标的单雷达指令制导系统

仅跟踪目标的单雷达指令制导系统可用于地对空导弹。在导弹发射之前,目标跟踪雷达不断跟踪目标,测出目标的位置、速度等运动参数,将其输入指令计算机,计算机根据这些数据及其变化情况,用统计方法计算出目标的预计航线,再根据导弹的速度(可从导弹的设计和试验过程中得知)算出导弹和目标相遇的时间和地点,以此确定导弹发射的方向和时机,然后发射导弹。导弹发射后,雷达继续跟踪目标,将测得的目标数据输入指令计算机。计算机将这些数据与预计的目标航线数据进行比较,如果目标的实际航线和预计航线一致,导弹便沿着预计弹道继续飞行;如果目标的实际航线和预计航线之间有偏差,计算机将根据偏差的情况形成指令信号,由指令发射机发射给导弹,弹上控制系统根据这个指令信号调整飞行方向,飞向目标。

因为导弹的速度不能估计得十分准确,这种制导系统的缺点是计算出的导弹发射时间和与目标的相遇点存在误差。由于存在这种误差,导弹发射以后,即使目标的实际航线和预计的航线完全一致,导弹沿预计弹道飞行,也不能保证导弹与目标相遇。此外,导弹的指令信号只是根据目标实际航线相对于预计航线的偏差形成的,没有计算导弹相对于预计弹道的飞行偏差,因此,当导弹在飞行过程中受到气流扰动或其他干扰影响而偏离预计弹道时,制导系统不能对这种飞行偏差进行纠正,所以这种制导系统虽然可以攻击或者拦截机动目标,但制导准确度较低。

2. 仅跟踪导弹的单雷达指令制导系统

仅跟踪导弹的单雷达指令制导系统可用于地对地导弹,攻击的目标是固定的,而且可以预先知道其精确位置。由于目标位置和导弹的发射点都是已知的,导弹的飞行轨迹可以较好地预先计算出来。导弹发射之后,雷达不断跟踪导弹,测出导弹的瞬时运动参数,将这些数据输入指令计算机,与预先计算出的弹道数据进行比较,算出导弹的飞行偏差,并根据飞行偏差形成指令信号,由指令发射机发送给导弹,弹上指令接收装置收到指令信号后,将指令信号传送给弹上控制系统,控制系统即按制导指令改变导弹飞行方向,使其沿预计的弹道飞向目标。

雷达在跟踪导弹的过程中,不断接收导弹的回波,但因导弹的有效反射面积很小,导弹对雷达电波的反射很弱,雷达接收的信号就很弱,于是限制了雷达对导弹的引导距离。要想增大雷达的引导距离,可在导弹上安装应答机,应答机是一台外触发式雷达发射机。当导弹接收到指令发射机发出的询问信号以后,弹上接收机便将询问信号送给应答机,应答机在询问信号的触发下,向导弹跟踪雷达发射无线电波。应答机的振荡频率在导弹跟踪雷达接收机的工作频率范围内,应答信号比导弹的反射信号要强几千倍,因此,雷达对导弹的引导距离便可大大增加。

这种制导方式,由于攻击固定目标,可以在发射导弹前精确计算导弹的预计弹道,因而具有一定的准确度。但是,导弹跟踪雷达观测导弹的距离,受到地球曲率的影响,同时导弹的尺寸一般远小于目标的尺寸,因此引导距离不可能很远,所以,这种制导系统只能用于近程地对地导弹。

3. 同时跟踪目标和导弹的单雷达指令制导系统

同时跟踪目标和导弹的单雷达指令制导系统可用于地对空导弹。要使用同一部雷达同时跟踪目标和导弹,该雷达需要装有两部独立的接收机,分别接收来自目标和导弹的回波信号,并将所获得的目标和导弹数据输入指令计算机,计算机根据这些数据算出导弹偏离目标方向的偏差,据此形成相应的指令信号,再利用指令发射机把指令信号发送到导弹上,引导导弹飞向目标。

4. 双雷达指令制导系统

双雷达指令制导系统使用两部雷达分别跟踪目标和导弹,并测出目标和导弹的位置、速度等运动参数,输入指令计算机。指令形成的过程和传送方式,与同时跟踪目标和导弹的单雷达指令制导系统情况基本相同。不同之处是,目标跟踪雷达的波束和导弹跟踪雷达的波束是分开的,可以采用不同的扫描方式。在制导过程中,由于导弹跟踪雷达的波束扫描区域是跟随导弹移动的,导弹就无须被限制在目标跟踪雷达的波束扫描区域内飞行,因而,制导系统就可以采用理想弹道较理想的引导方法引导导弹,可以提高制导的成功率和准确度。所以,这种制导系统适用于制导攻击高速运动的目标。

8.5.2　雷达波束制导系统

雷达波束制导,也称雷达驾束制导,是利用制导站的导引雷达发出引导波束指向目标,导弹在引导波束中飞行,从而引导导弹飞向目标的制导方式[22]。

由于雷达发射的定向波束较窄,圆锥波束宽度仅在 2 度以内,而且跟踪低空高速目标时波束移动很快,导弹不容易进入波束,或者进入波束后也容易被快速移动的波束甩掉。所以,通常采取一部雷达同时发射宽窄不等的两个同轴波束进行制导。宽波束用来引导导弹首先找到并进入雷达波束,导弹飞行稳定后,再切至窄波束,从而引导导弹准确飞向目标。雷达波束制导一般分为单雷达波束制导和双雷达波束制导。

单雷达波束制导系统由同一部雷达同时完成跟踪目标和引导导弹的任务,如图 8 - 16 所示。制导过程中,雷达向目标发射无线电波,目标反射的回波被雷达天线接收,通过天线送入接收机,接收机输出信号,直接送给目标角跟踪装置,目标跟踪装置驱动天线转动,使波束的等强信号线跟踪目标转动。为了提高制导精度,波束要尽可能窄,这就很难保证导弹在波束内飞行,又由于采用一部雷达同时跟踪目标和引导导弹,所以只能采用三点法,不能采用前置角法,因而导弹的弹道比较弯曲,脱靶概率大。

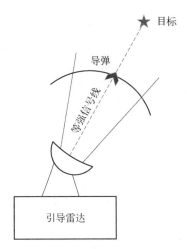

图 8 - 16　单雷达波束制导

双雷达波束制导系统,也是由制导站和弹上设备两部分组成。如图 8 - 17 所示,制导站通常包括目标跟踪雷达、引导雷达和计算机。弹上设备包括接收机、信号处理装置、基准信号形成装置、控制指令信号形成装置和控制回路等。由于采用跟踪目标和跟踪导弹两个雷达工作,这样一部雷达跟踪目标,另一部雷达引导导弹,这就解决了导弹飞行弹道与跟踪目标波束的限制问题。双雷达波束制导可用三点法和前置角法引导导弹,但是系统同时必须有测距装置,这样在设备上比单雷达制导复杂得多。采用三点法引导时,目标跟踪雷达不断地测定目标的高低角、方位角等数据,并将这些数据输入计算机,计算机进行视差补偿计算,即计算机由于引导雷达和目标跟踪雷达不在同一位置而引起的测定目标角坐标的误差,进行补偿。在计算机输出信号的作用下,引导雷达的动力传动装置带动天线转动,使波束等强信号线始终指向目标;采用前置角法引导时,目标跟踪雷达不断地测定目标的高低角、方位角和距离等数据,并将这些数据输入计算机。计算机根据目标和导弹的运动数据,算出前置点坐标,并进行视差补偿。在计算机输出信号的作用下,制导雷达的动力传动装置带动天线转动,使波束的等强信号始终指向导弹与目标相遇的前置点。不论采用三点法还是采用前置角法引导导弹,弹上设备都是控制导弹沿波束的等强信号线飞行,弹上设备的工作情况都是一样的。

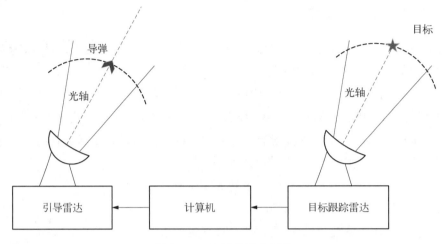

图 8 - 17　双雷达波束制导

在双雷达波束制导系统中,一部雷达跟踪目标,另一部雷达引导导弹,这时雷达波束不需要加宽,如果引导雷达的波束较窄,必须采用专门的计算装置,该计算装置根据自动跟踪目标雷达提供的数据,不仅计算出导弹与目标相碰撞时的弹着点,而且产生相应于引导雷达波束运动的程序,这种程序用来消除窄波束在空间过分快的变化。

不论单雷达制导波束还是双雷达制导波束,把导弹引向目标的导引准确度在很大程度上取决于跟踪目标的准确度,而跟踪目标的准确度不仅与波束宽度和发射机稳定性有关,而且也与反射信号的起伏有关。雷达在跟踪运动目标时,跟踪雷达接收装置的输出端产生反射信号的起伏,反射信号的起伏与目标的类型、大小及其运动特征有关。为了减小起伏干扰的影响,最好将波束在不同位置时所接收到的信号作迅速比较,也就是让波束快速旋转。

雷达波束制导系统具有较高的导引可靠性,而其作用距离的大小主要取决于跟踪目标雷达和导弹引导雷达的作用距离的大小,因此受气象条件的影响较小。雷达波束制导的优点是可以沿同一波束同时制导多枚导弹,缺点是导弹离开引导雷达的距离越大,即导弹越接近目标时,导引的准确率越低,而此时正是需要提高准确度的时候。

8.5.3　雷达自寻的制导系统

雷达自寻的制导系统是由弹上雷达导引头[62]接收来自目标的电磁辐射或反射的能量,形成引导信号而导向目标的制导方式。雷达自寻的制导一般可以分为主动式雷达自寻的制导、半主动式雷达自寻的制导和被动式雷达自寻的制导。

主动式雷达自寻的制导系统中的导弹在弹体内装有雷达发射机和接收机,可以独立地捕获和跟踪目标,具有发射后不管的能力。由于采用自寻的制导方式,导弹越接近目标,对目标的角位置分辨能力越强,因而有较高的制导准确度。但由于弹上设备允许的体积和质量有限,弹载雷达发射机功率有限,作用距离较近,且易受噪声干扰机的影响,因而主动式自寻的制导通常用作导弹飞行末段制导段,而用雷达指令制导、波束制导以及半主动式自寻的制导作为中段制导。典型的主动式雷达制导系统组成结构如图 8 - 18 所示[22]。

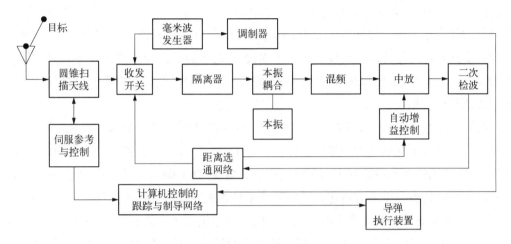

图 8 - 18 主动式雷达制导系统

半主动式雷达自寻的制导系统中有用于跟踪和照射的两部雷达,如图 8 - 19 所示,其中照射雷达安装在制导站上,跟踪雷达安装在导弹上。导弹上的雷达接收机用前部天线接收目标反射的雷达波束能量,提取目标的角位置和距离信息,弹上计算机计算出飞行偏差,控制导弹击中目标。半主动式雷达自寻的制导系统有制导精度较高、全天候能力强、作用距离较大的优点。与主动式雷达自寻的制导相比,半主动式雷达导引头等弹上设备较简单,体积较小,成本较低。但由于依赖外部雷达对目标进行照射,增加了受地物杂波等干扰的可能,而且在整个制导过程中,照射雷达波束始终要对准目标,使照射雷达本身易暴露,易受对方反辐射导弹的打击。半主动式自寻的制导可以采用连续波照射雷达,也可以采用脉冲波照射雷达。

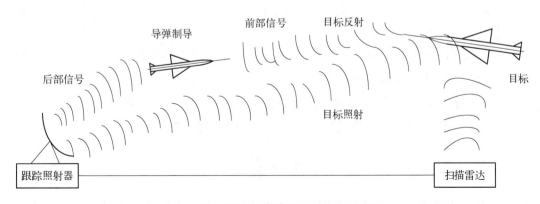

图 8 - 19 半主动式雷达自寻的制导示意图

被动式雷达自寻的制导系统中,弹上载有高灵敏度的宽频带接收机,利用目标雷达、通信设备和干扰机等辐射的波束能量及其寄生辐射电波作为信号源,捕获、跟踪目标,提取目标角位置信号,使导弹命中目标。被动寻的制导导弹以辐射源,特别是雷达作为主要攻击对象,因而常称为反辐射导弹和反雷达导弹。被动式雷达自寻的导弹由于本身不辐射雷达波、也不用照射雷达对目标进行照射,因而攻击隐蔽性很好,对敌方的雷达、通信设备及其载体有很大的威胁和压制能力,是电子战中最有效的武器之一,有很强的生命力。被动式雷达自寻的导弹制导精度取决于工作波长和天线尺寸,由于弹体直径有限,天线不能做得太大,因而这种导弹在攻击较高频段的雷达目标时有较高的精确度,在攻击较低频段的雷达目标时精度较低。

按照雷达发射波长,雷达自寻的制导可以分为微波雷达自寻的制导和毫米波雷达自寻的制导。微波雷达自寻的制导的工作波长为 1 cm~1 m,现在装备的微波主动式自寻的制导导弹,所用的主动雷达导引头工作频率通常为 8~16 GHz,具有作用距离相对较远、全天候能力强等特点。毫米波雷达自寻的制导是目前正在发展的一种比较有前途的制导技术,多用于精确制导武器。毫米波雷达自寻的制导系统的工作波长为 1~10 mm,其对应的频率为 30~300 GHz,毫米波的波长和频率介于微波与红外波段之间,兼有这两个波段固有的特性,是高性能制导系统比较理想的选择波段。

毫米波雷达自寻的制导系统具有以下的优点[22]:

(1)穿透大气的损失较小。红外、激光、可见光在大气中的衰减比较大,在光电波段的某些区域内,通过大气的衰减量可达到每千米 40~100 dB,也就是说通过 1 千米后信号强度只剩下百分之一到十分之一。如果能见度在两千米以下,红外、电视等光电制导武器的制导性能就急剧下降,而在雨、雾等气候条件下,这些武器难以发挥其正常的效能。但毫米波段有四个窗口频段在大气中传播衰减较小,它们的中心频率为 35 GHz、94 GHz、140 GHz、220 GHz,在这四个窗口内,毫米波透过大气的损失比较小,而且毫米波穿透战场烟尘的能力也比较强。相对于光电制导来说,毫米波制导系统克服了全天候作战能力较差的弱点,且具有较高的制导精度和抗干扰能力。但是毫米波在大气中尤其在降雨时其传播衰减比微波大,因而作用距离还是有限,不像微波那样有全天候作战能力,只具备有限的全天候作战能力。

(2)制导设备体积小、质量轻。微波、毫米波的元器件的大小基本上与波长成一定比例,所以毫米波元器件的尺寸比微波的小。

(3)测量精度高、分辨能力强。雷达分辨目标的能力取决于天线波束宽度,波束越窄,则分辨率越高。天线波束宽度(波束主瓣半功率点波宽)为

$$\theta = K \frac{\lambda}{D} \qquad (8-10)$$

其中,K 为与天线照射函数有关的常数,一般为 0.8~1.3;λ 为波长;D 为天线直径。例如

直径为 12 cm 的天线,对于 10 GHz 的微波波束宽度约为 18°,而对于 94 GHz 的毫米波其宽度约为 1.8°,所以,当天线尺寸一定时,毫米波导引头的波束宽度比微波的要窄得多。因此,毫米波导引头能提供很高的测角精度和角分辨率,当然,毫米波的分辨能力比不上光电制导的分辨能力,但在实际运用中它足以分辨出坦克、装甲车等目标。

(4) 抗干扰能力强。毫米波相应于 35 GHz、94 GHz、140 GHz、220 GHz 的四个大气窗口的频带分别为 16 GHz、23 GHz、26 GHz、70 GHz,这说明它的每一个窗口所占频带很宽,这样选择工作频率的范围较大,有利于避开干扰。由于毫米波工作频率高,绝对通频带宽,故可以用窄脉冲探测,使距离分辨力提高,脉冲宽度可达数十毫微秒,雷达的距离分辨力可达 1~2 cm。

(5) 鉴别金属目标能力强。被动式毫米波导引头依靠目标和背景辐射的毫米波能量的差别来鉴别目标。物体辐射毫米波能量的能力取决于本身的温度和物体在毫米波段的辐射率,它可以用亮度温度 T_B 来表示:

$$T_B = xT \tag{8-11}$$

其中,T 为物体本身的热力学温度;x 是物体的辐射率。由公式(8-11)可见,即使处于同一温度的不同物体也会因不同辐射率而有不同的辐射能量,当然物体本身的温度直接影响着辐射能量,处于热平衡状态的物体其辐射率为

$$x = \alpha_s = 1 - \rho_s \tag{8-12}$$

其中,α_s 代表物体的吸收率;ρ_s 代表物体的反射率。

导电率大的物质如金属、水、人体等对毫米波的反射率大,因而辐射率小;导电率小的物质如土壤、沥青等对毫米波的反射率小,因而辐射率大。根据不同物质的不同辐射率就可对物质做出鉴别。钢在 3 mm 波段的辐射率为零,与其他物质在该波段下的辐射有明显的差异;而在 10 μm 和 4 μm 的红外波段上,钢和其他物质的辐射率差别不大。因此,从利用辐射率的不同来鉴别金属目标和其他物质的能力上来看,毫米波比红外要好,从毫米波辐射计可以明显地看出,如果是金属目标,其亮度温度显然比非金属目标的亮度温度低得多,即使在物质绝对温度相同的情况下,辐射计也可以明确地区分出金属目标和非金属目标。

毫米波制导的主要缺点是,探测目标的距离短,即使在晴朗的大气,导引头所能达到的探测距离也很有限。

8.6 视觉制导系统

众所周知,视觉是人类观察世界和认知世界的重要手段。当视觉器官受到外界光线的刺激,感受细胞便会变得兴奋,信息经视觉神经加工后便产生了视觉。通过视觉,人们

可以获取外界事物的大小、明暗、颜色、状态等信息,还可以直接与周围环境进行智能交互。随着信息技术的发展,人们将人类视觉赋予计算机等各种智能设备。

视觉制导系统是一种利用视觉技术获得制导信息的制导系统[63]。在制导过程中,通过使用光学系统、工业数字相机和图像处理工具等,模拟人的视觉能力,使用相应算法把包含在图像中的景物特征信息提取出来,从而对视场内的各种特征体进行辨识和判断,同时不断测定导弹与选定目标的相对位姿关系,形成制导信息,再传递给控制系统,以引导导弹飞行。

视觉系统的硬件部分包括相机镜头、电荷耦合器件图像传感器、图像采集或其他相应传输设备,还有亮显特征和背景的照明光源等。视觉系统的软件部分则包括图像采集及前期的图像处理过程。其中,图像采集有两种数据形式:一是采集视频流,主要用于对动态目标进行图像处理,图像中特征体的深度信息(景深)可以通过视频流的比对获取,但视频采集装置成本较高、精度较低;二是捕捉静态图像,对相对视场静止的物体进行分析处理,采集装置成本较低、精度较高,此时特征体的深度信息需要两幅以上、从不同角度采集的图像中获取。

视觉制导中有不同的距离估计方法,以视觉制导系统中立体图像距离估计算法为例,如图8-20所示。该算法的输入是摄像头拍摄到的图像,经过图像校正与简单的预处理,系统提取到合适的立体匹配与决定其深度和成像平面距离的特征,然后将这些特征与后续处理对象相结合,进而估测出目标的距离,实行精准打击。

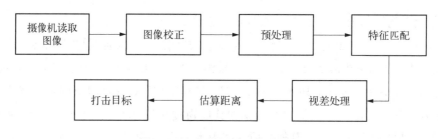

图8-20 视觉制导系统流程图

视觉制导系统主要依赖分析图像特征来估计目标的位置及姿态。一方面,随着电荷耦合器件分辨率的提高和计算设备处理性能的提升,目标信息提取精度越来越高;另一方面,目标检测精度受环境影响较大,特别是在能见度较差的环境下,精度和速度下降明显。因此,视觉制导技术有以下缺点:

(1)对图像质量要求高。图像的质量在整个系统中十分关键,是系统辨识物体和判断的根据,若系统需要在视觉制导下完成相应的任务,则必须建立在能够满足任务要求的图像质量基础上。并且,系统中各个硬件的质量都会对图像的质量产生影响,如果硬件选择不得当,既可能无法满足性能要求,也可能导致使用昂贵的零配件却实现要求很低的性能。

（2）测量结果易受多方面的影响。一方面是光源影响,例如要完成对某目标尺寸的视觉测量,如果采取特殊的照明方式和合适的观察角度,得到的图像很容易提取出目标的边缘,反之则难以获得;另一方面,图像传输的连接线和系统调试人员的经验,都会导致测量结果的差异。

8.7　景象匹配制导系统

景象匹配制导系统[64]原理示意如图 8 - 21 所示。该类制导系统是以区域地貌为目标特征,利用弹上成像传感器获得目标周围景物特征图像或导弹飞向目标沿途景象图像(实时图),与弹上预存基准图进行匹配,得到导弹相对于目标或预定弹道的纵向和横向偏差,从而将导弹引向目标的一种制导技术。在平飞弹道,导引头采用前侧视或正侧视聚焦方式工作,其侧视带落在基准图区域之中,基准图区域应覆盖侧视带的可能范围。基准区长度与平飞弹道的长度相当,基准区宽度由实际弹道相对于理论弹道的最大偏移决定。

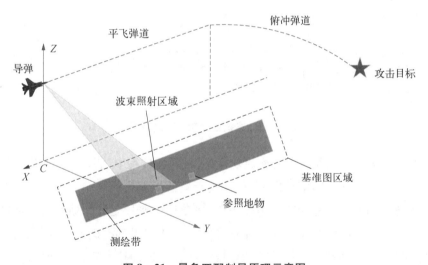

图 8 - 21　景象匹配制导原理示意图

景象匹配所使用的基准数字景象,通常是通过航空侦察获取的。在匹配制导过程中,当导弹进入预先规划的景象匹配区域时,由安装在导弹上的光学摄像机或雷达等成像设备实时获取地面景观的数字景象并进行预处理,使其在空间分辨率和方位上与基准数字景象基本一致,达到较高的景象匹配运算速度和匹配结果的可靠性。匹配成功之后,即确定了实时数字景象在基准数字景象上的位置,根据摄影测量原理,在辅助数据(包括惯性导航数据、卫星导航数据、摄影机的内方位元素、镜头畸变参数、遥感器与飞行器的相对位置关系等)的支持下,可以精确、可靠地确定导弹的空间位置和姿态等定位信息。

目前景象匹配制导技术一般并不单独使用,而是与经典的惯性制导技术相融合,一套较为具体的景象匹配制导信息处理流程如图 8-22 所示。根据图像匹配辅助惯导系统输出的位置和航向信息,计算出导引头的当前视区和定位参数,然后信号处理机利用这些参数进行成像和运动补偿处理,得到初始实时图。接着利用当前视区信息在数据库中找到与实时图对应的数据,对实时图进行预处理,得到几何校正的实时图。再在基准图数据库中利用当前视区信息找到与实时图对应的基准图,并进行匹配处理。从而根据匹配结果,反推导弹的位置,并与当前惯导信息相融合,计算出图像匹配辅助惯导系统的位置、航向误差。最后,将此制导信息反馈给惯导系统,进行制导误差校正,同时输出制导信息给控制系统。

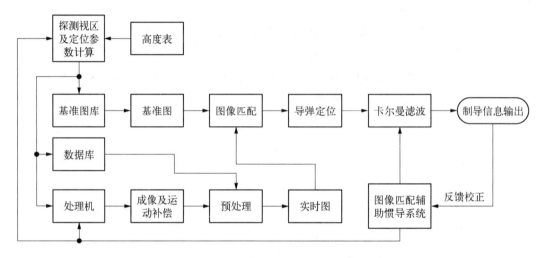

图 8-22 景象匹配制导功能框图

为了提高景象匹配的精度和匹配成功概率,在匹配过程中,要在同一匹配区域内进行多次景象匹配。如果多次匹配结果一致,则用景象匹配获得的高精度定位信息修正导弹导航部件的导航诸元。与地形匹配制导相比,景象匹配制导是利用地面可辨认的景物特征(如道路、河流、海岸线等)而不是利用地形的起伏状态提供精确定位,因而在平地上空定位精度仍然较高。当利用卫星导航制导技术和目标识别技术后,采用景象匹配制导的导弹命中精度圆概率偏差不受射程的影响,飞行上千公里后仍可达 10 m 以内。例如,美国 BGM-109C/D 常规对地攻击型"战斧"巡航导弹,采用惯性-地形匹配-景象匹配制导时,圆概率偏差约 9 m。只用前两种制导方式时,圆概率偏差约为 30 m。

总体上,景象匹配制导具有自主性强、测量精度高、被动测量、自成体系、不易受干扰、无时间累计误差、体积小、成本低和功耗小等优点,但同时景象匹配制导受季节、气象和地形等环境因素的影响较大。随着光电成像探测技术和弹载计算机技术的发展,景象匹配制导将通过采用辅助照明的光学匹配、红外成像末制导等手段,改进实时图成像效果,减少环境因素的影响,进一步提高景象匹配制导的精度,扩大使用场合;通过改进现有的景象匹配算法,减小算法对实时图误差的敏感度,提高匹配的成功率和精确度。

思考题

(1) 光学跟踪有线指令制导系统的工作过程如何? 有何特点?

(2) 红外制导的基本原理是什么? 红外制导系统常见有哪些类型?

(3) 红外自寻的制导系统的结构组成? 每个环节有什么作用?

(4) 激光制导常见有哪些类型? 激光制导有什么优缺点?

(5) 电视指令制导与自寻的制导系统的主要共同点和差异点是什么?

(6) 雷达制导系统主要分为哪几类? 分别有什么特征?

(7) 雷达指令制导的分类有哪些? 各个类型有什么特点?

(8) 雷达波束制导与激光波束制导有什么差别?

(9) 雷达自寻的制导有哪些形式? 它们的系统结构差异是什么?

(10) 视觉制导系统的定义是什么? 视觉制导系统怎么实现制导?

(11) 景象匹配制导系统的组成有哪些? 各个组成部分的功能是什么?

参考文献

［1］马慧敏,章惠君.导弹制导控制系统快速原型设计技术［J］.电光与控制,2012,19(5)：78-81.

［2］刘桐林.二战期间的导弹技术发展［J］.飞航导弹,2006(4)：62-63.

［3］魏政,杜勇,刘辉,等.多模复合制导技术的发展现状与分析［J］.航空兵器,2022,29(6)：26-33.

［4］白本,周洁,王泽和.光纤制导导弹综述［J］.航空兵器,2003(3)：40-43.

［5］范晋祥,刘嘉.精确制导自动目标识别智能化的挑战与思考［J］.航空兵器,2019,26(1)：30-38.

［6］刘隆和.多模复合寻的制导技术［M］.北京：国防工业出版社,1998.

［7］李辉,许葆华,李永军,等.光纤制导技术的发展与应用研究［J］.导航定位与授时,2015,2(5)：5-8.

［8］李士勇,章钱.智能制导：寻的导弹智能自适应导引律［M］.哈尔滨：哈尔滨工业大学出版社,2011.

［9］田蕊.反坦克导弹系统发展近况［J］.国外坦克,2012,406(10)：31-34.

［10］张颖,杨志文.反坦克导弹飞行仿真关键技术探讨［J］.弹箭技术,1995(4)：15-20.

［11］宗红,李铁寿,王大轶.月球卫星 GNC 系统方案设想［J］.航天控制,2005(1)：2-6.

［12］陈琪锋,李连军,孟云鹤,等.灵活、开放的卫星制导、导航与控制仿真软件环境［J］.系统仿真学报,2007(9)：1959-1962.

［13］中国空间技术研究院.神舟号载人飞船系统简介［J］.国际太空,2003(11)：8-19.

［14］陈祖贵,刘良栋,孙承启,等."神舟"载人飞船制导、导航和控制系统［J］.载人航天,2005,10(1)：9-15.

［15］徐瑞,徐兴华,赵凡宇.火星进入、下降与着陆 GNC 技术的现状与发展［C］.中国宇航学会深空探测技术专业委员会第九届学术年会论文集,2012：310-316.

［16］葛丹桐,龙嘉腾,崔平远.火星着陆自主导航与制导控制研究进展及趋势［J］.中国航天,2021(6)：49-55.

［17］赵宇,王晓磊,黄翔宇,等.天问一号火星软着陆制导、导航与控制系统［J］.空间控制技术与应用,2021,47(5)：48-57.

［18］杨一栋.无人直升机着舰制导与控制［M］.北京：国防工业出版社,2013.

[19] 杨卫平.舰载机着舰下沉速度分析[M].北京：航空工业出版社,2019.

[20] 杨一栋,江驹,张洪涛,等.着舰安全与复飞技术[M].北京：国防工业出版社,2013.

[21] 杨一栋,张宏军,姜义庆.舰载机着舰引导技术译文集[M].北京：国防工业出版社,2003.

[22] 孟秀云.导弹制导与控制系统原理[M].北京：北京理工大学出版社,2003.

[23] 王军.自导飞行器自动驾驶仪系统的抗小扰动鲁棒控制技术[J].舰船电子工程,2017,37(8)：53－56.

[24] 雷虎民.导弹制导与控制原理[M].北京：国防工业出版社,2006.

[25] 李新国,方群.有翼导弹飞行动力学[M].西安：西北工业大学出版社,2005.

[26] 史震,赵世军.导弹制导与控制原理[M].哈尔滨：哈尔滨工业大学出版社,2002.

[27] 黄德庆.防空导弹控制与制导[M].西安：陕西人民教育出版社,1989.

[28] 钱杏芳,林端雄,赵亚男.导弹飞行力学[M].北京：北京理工大学出版社,2000.

[29] 陈佳实.导弹制导和控制系统的分析与设计[M].北京：宇航出版社,1989.

[30] 杨军,杨晨,段朝阳,等.现代导弹制导控制系统设计[M].北京：航空工业出版社,2005.

[31] 卢晓东,周军,刘光辉,等.导弹制导系统原理[M].北京：国防工业出版社,2015.

[32] 付国庆,赵玉芹,唐纪涛.LQG最优制导规律在地空导弹中的应用[J].战术导弹技术,2009(1)：50－54.

[33] 周锐.基于进化策略的导弹模糊制导律设计[J].宇航学报,2004,25(4)：449－452.

[34] 熊俊辉,唐胜景,郭杰,等.基于模糊变系数策略的迎击拦截变结构制导律设计[J].兵工学报,2014,35(1)：134－139.

[35] 潘永平,黄道平,孙宗海.Ⅱ型模糊控制综述[J].控制理论与应用,2011,28(1)：13－23.

[36] 隋文涛,张丹.传感器静态特性的评定[J].传感器与微系统,2007,26(3)：80－81.

[37] 许江涛,吕洋,张涛,等.基于跟踪方式看陀螺仪的发展[J].测绘与空间地理信息,2022,45(11)：178－180.

[38] 汤永涛,林鸿生,陈春.现代导弹导引头发展综述[J].制导与引信,2014,35(1)：12－17.

[39] 赵善彪,张天孝,李晓钟.红外导引头综述[J].飞航导弹,2006(8)：42－45.

[40] 刘杰,王博,万纯,等.红外导引头工作原理及抗干扰措施分析[J].航天电子对抗,2022,38(2)：34－37.

[41] 闫舟,杨望东.红外成像导引头抗干扰性能评价指标体系[J].计算机测量与控制,2021,29(9)：268－273.

[42] 陈成,赵良玉,马晓平.激光导引头关键技术发展现状综述[J].激光与红外,2019,49(2)：131－136.

[43] 邱雄,刘志国,王仕成.激光导引头角跟踪误差对激光精确制导的影响[J].西安交通大学学报,2020,54(5):124-132.

[44] 宿天桥,张合新,刘志国,等.激光导引头对目标测角精度的研究[J].电光与控制,2021,28(10):21-25.

[45] 董传昌,刘仁水.电视导引头特性分析[J].电光与控制,2003(4):58-60.

[46] 刘晓利,李红渊.电视导引头性能分析[J].弹箭与制导学报,2004,24(4):435-437.

[47] 刘子阳,丁达理,田宏理.电视导引头作用距离影响因素研究[J].弹箭与制导学报,2004,24(4):300-301.

[48] 蒋兵兵,盛卫星,张仁李,等.相控阵主动雷达导引头波形策略[J].航空学报,2017,38(4):182-194.

[49] 魏伟波,芮筱亭,陈娅莎.毫米波雷达导引头技术研究[J].战术导弹技术,2008(2):83-87.

[50] 刘光灿,白廷柱,周中定.红外测角仪抗红外干扰的信息处理方法[J].光电工程,2006,33(4):6-9.

[51] 王森,高梅国,刘国满,等.三通道干涉仪雷达测角方法[J].北京理工大学学报,2008,162(8):732-736.

[52] 蒋铁珍.MIMO雷达波束综合研究[J].中国电子科学研究院学报,2008,3(3):317-320.

[53] 朱杰,郭涛.复合量程加速度计在炮射导弹中的研究及应用[J].科学技术与工程,2013,13(2):476-479.

[54] 黄璐,文军,姜杰.电动舵机系统建模与仿真研究[J].自动化与仪器仪表,2020(12):237-239.

[55] 闫霞.气动舵机系统建模与控制系统设计[D].哈尔滨:哈尔滨工业大学,2019.

[56] 刘方,刘滨涛.光纤制导导弹的现状与发展[J].战术导弹控制技术,2005(1):87-90.

[57] 杨宜禾,岳敏,周维真.红外系统[M].北京:国防工业出版社,1995.

[58] 丁鹭飞,耿富录,陈建春.雷达原理:第5版[M].北京,电子工业出版社,2014.

[59] 王雪松,李顿,王伟,等.雷达技术与系统[M].北京:电子工业出版社,2014.

[60] 张明友,汪学刚.雷达系统:第3版[M].北京:电子工业出版社,2011.

[61] 王小谟,张光义.雷达与探测:现代战争的火眼金睛[M].北京:国防工业出版社,2000.

[62] 唐国富.飞航导弹雷达导引头[M].北京:宇航出版社,1991.

[63] 高强,杨秀芹,张磊.基于OpenCV解决视觉制导系统中立体图像距离快速估计[J].电子技术,2017(11):38-40.

[64] 薛鹏,陆晓飞,董文锋,等.一种新的基于SIFT算法的景象匹配制导方法[J].弹箭与制导学报,2018,38(3):55-57.

附　录

附录 A　MATLAB 简介

A.1　软件介绍

◆　MATLAB 的功能。

（1）MATLAB 是美国 Math Works 公司推出的软件产品之一，是一种高级的数值分析、处理与工程计算语言，集工程计算、可视化与编程于一身，采用易于使用的一体化集成开发环境，表达方式更接近人们熟悉的自然语言和数学表达式。

（2）MATLAB 应用范围非常广泛，包括数学计算、算法开发、数据采集、数据分析与可视化、建模与仿真、图形用户界面开发等。

◆　MATLAB 的发展。

起初，MATLAB 是为矩阵计算软件 LINPACK 和 EISPACK 提供一种方便的应用程序接口；随后，MATLAB 发展为一种交互系统和编程语言，用于科学与工程计算及可视化；如今，MATLAB 合并了 LAPACK 和 BLAS 程序库，跟踪科技动态，随时内嵌当前流行的计算技术，用于矩阵计算。

（1）20 世纪 70 年代中期，Cleve Moler 博士和他的同事在美国国家科学基金的资助下开发了 LINPACK 和 EISPACK 的 FORTRAN 子程序集，分别用于求解线性方程和特征值问题，代表了当时矩阵计算的最高水平。

（2）20 世纪 70 年代后期，Cleve Moler 博士在新墨西哥大学任计算机科学系系主任，并开设"线性代数"课程，他想让学生应用 LINPACK 与 EISPACK 程序库处理线性代数问题，但又不希望学生们在编程上花太多的时间，因为毕竟编程不是该课程的学习目的，因此，作为一种兴趣，他为学生编写了 LINPACK 和 EISPACK 的接口程序，并取名为 MATLAB，意即 MATrix LABoratory 的缩写。

（3）此后几年中，Cleve Moler 博士先后到多所大学讲学，每次对 MATLAB 进行介绍宣传，于是很快 MATLAB 被人们接受并成为应用数学界的术语。

（4）20 世纪 80 年代初期，Cleve Moler 博士访问 Standford University，使得工程师 John Little 见到了 MATLAB，他立即意识到 MATLAB 对工程应用的潜在应用前景，因此他与

Cleve Moler、Steve Bangert 等人一起采用 C 语言改写原程序,并集成图形处理功能,开发出第二代 MATLAB——MATLAB 专业版,并于 1984 年共同创立了 Math Works 公司,将 MATLAB 正式推向市场,继续致力于 MATLAB 的开发。

◆ MATLAB 的特点。

(1) MATLAB 把矩阵作为基本运算单元,将标量和向量看作特殊矩阵处理,并且不必预先定义矩阵维数,数学公式表达更简洁,语言表达更接近自然语言。

(2) MATLAB 内置算法精良,不需要用户过多考虑数值计算问题,而专心于任务的解决,因此开发效率高。

(3) MATLAB 具有高度适应性、开放性和可扩充性,易于推广,吸引了众多的科技人士在 MATLAB 上开发自己的"工具箱(Toolbox)",从而使 MATLAB 的功能越来越强大,应用范围越来越广泛。

(4) MATLAB 目前已有多种操作平台的版本,而且源程序采用 ACSII 码文件存储,因此具有良好的可移植性。

(5) MATLAB 集成了 SIMULINK 图形化仿真环境,提供面向框图的仿真功能。

A.2 应用基础

MATLAB 既是一种语言,也是一个软件系统,正如 C/C++是一种语言,而 BC、TC、VC 等是相应的开发环境一样,只不过在 MATLAB 中语言与开发环境二者合一而已,这一点很有些像 BASIC,因为它们都是解释型的语言。MATLAB 软件系统组成如下:

◇ 开发环境;
◇ 语言;
◇ 函数库;
◇ 绘图;
◇ 应用程序接口。

A.2.1 开发环境

◆ **桌面**:运行 MATLAB 会在计算机屏幕上出现一个或者多个窗口,构成 MATLAB 的基本操作界面,即桌面(Desktop)和桌面工具(Destop Tools)。

◆ **命令窗口**:Command Window,是用户与 MATLAB 进行交互的主要场所。

　　◇ **提示符**:在 MATLAB 命令窗口中有一个提示符">>",指示用户可以输入命令的位置,如果命令窗口为当前活动窗口,则在提示符右侧有个闪烁的光标,提示用户 MATLAB 正在等待其输入命令或表达式。

　　◇ **命令行**:在提示符后面输入的一行命令,回车后 MATLAB 立即对其解释、执行;命令行中可以包含多条命令或表达式,相互间用逗号或者分号隔开,逗号表示需要显示结果,分号表示不显示结果;如果无法在一行内写下一条完整的命令,可以在行尾加续行符"…",然后回车换行,余下部分在下一行输入。

◇　**注释行**：以百分号"%"开头的一行文字(通常呈绿色)不会被 MATLAB 解释执行，只用于注释说明，称为注释行。

◇　在命令窗口中可以使用光标键↑↓来调用前面使用过的命令。

◇　常用命令：在 MATLAB 命令窗口中可以输入许多命令：

  ✓　即时帮助：help，如 help help，或 help CommandName；

  ✓　命令窗口清屏：clc；

  ✓　显示当前工作目录：pwd；

  ✓　更换当前工作目录：cd，如 cd d:\wangbiao；

  ✓　工作目录文件列表：dir；

  ✓　工作区变量名列表：who，或 whos；

  ✓　清除工作区变量：clear，如 clear，或 clear VariableName；

  ✓　打开编辑器：edit，如 edit，或 edit M-fileName；

  ✓　退出 MATLAB：quit。

◆　**编辑器**：Editor，用于编写、调试脚本文件，适于复杂运算的处理。

◇　打开编辑器：有两种方法。

  ✓　在 MATLAB 桌面单击"新建"按钮。

  ✓　在命令窗口中键入 edit 命令并回车。

◇　保存文件：菜单 File→Save(或快捷键 CTRL+S)。

◇　关键字：如 for、end、if、else、while 等，一般呈蓝色。

◇　注释行：以%开头的行不会被执行，文字颜色通常为绿色。

◇　续行：如果命令行太长，可以使用续行符"…"换行。

◇　运行程序：有两种方法。

  ✓　在编辑器中：菜单 Debug→Run(F5)，此种方法适于调试程序。

  ✓　在命令窗口中：键入 m 文件的主文件名即可解释执行其中的所有命令。

◇　调试程序：断点设置/清除等。

◆　其他窗口。

◇　**工作区浏览器**：存储着命令窗口创建过的所有变量名及变量值，需要时可调用。

◇　**当前目录查看器**：查看当前工作目录内的文件/文件夹列表，功能类似资源管理器。

◇　**命令历史查看器**：记录命令窗口曾输入命令，可直接用鼠标拖动到命令窗口执行。

◇　**帮助浏览器**：单击菜单 Help→MATLAB Help 可启动帮助浏览器窗口，浏览 MATLAB 参考手册。

A.2.2　基本语法

◆　变量与数据类型。

◇　变量名必须以字母开头，允许包含字母、数字和下划线；区分大小写；不能与关键字重名;几个特殊变量名：缺省变量名 ans(answer)、圆周率 pi、计算机的最小数 eps、无穷大 inf、不定量 NaN(Not a Number)、复变量 i、j。

◇ MATLAB 中又定义了多种变量类型,如双精度型(double)、浮点型(float)、整型(int8、int16、int32、uint8、uint16、uint32 等)、逻辑型(logical)、字符型(char)等等,但一般只用于存储,计算时全部按双精度型处理,以保证计算精度。

◇ MATLAB 中定义了多种数据结构,如矩阵(matrix)、数组(array)、结构(structure)、元组(cell)等。

◇ MATLAB 以矩阵为基本运算单元,标量和向量分别看作是 $1×1$ 和 $1×n$(或者 $n×1$)的特殊矩阵,因此一个变量代表一个矩阵,既可以进行整体处理(矩阵运算),也可以按元素处理(数组运算);既可以处理实数矩阵,也可以处理复数矩阵。

◆ **运算符与表达式**。

　　◇ 代数运算符。

　　　　矩阵运算：矩阵整体运算(matrix operation)。

　　　　✓ 四则运算：+ － * / \。

　　　　✓ 乘方运算：^。

　　　　✓ 转置运算：'。

　　　　数组运算：矩阵中对应元素的运算(element-wise operation)。

　　　　✓ 四则运算：+ － .* ./ .\。

　　　　✓ 乘方运算：.^。

　　　　✓ 转置运算：.'。

　　◇ 逻辑运算：~、&、|。

　　◇ 关系运算：= = < > <= >= ~ =。

　　◇ 表达式：由运算符与操作数、函数等组成的数学运算公式,MATLAB 中操作数一般为矩阵;通常不考虑表达式中的空格。

　　◇ 运算优先规则：表达式从左向右执行,幂运算优先级最高,乘除法次之,加减法最低;转置运算高于乘除;括号( )可以改变运算优先级。

◆ **语句**。

　　◇ **赋值语句**：赋值变量=表达式。

　　　　✓ 赋值运算符：=。

　　　　✓ 若在语句左端不给出赋值变量,则系统自动将表达式的值赋给 ans。

　　◇ **函数调用语句**：[返回变量列表]=函数名(输入变量列表)。

　　　　✓ 这里的函数可以是 MATLAB 内建函数,也可以是用户自编函数。

　　　　✓ MATLAB 与其他语言不同,有时可以有多个输出变量,中间用逗号分隔。

◇　**条件语句**：

　　✓　if expression

　　　　　statements

　　　　elseif expression

　　　　　statements

　　　　else

　　　　　statements

　　　　end

　　✓　elseif 与 else 部分可选

　　✓　条件语句允许嵌套

◇　**循环语句**：

　　✓　for variable = expression

　　　　　statements

　　　　end

◇　**开关语句**：

　　✓　switch switch_expression

　　　　　case case_expression1,

　　　　　　　statements

　　　　　……

　　　　　case case_expression*n*,

　　　　　　　statements

　　　　　otherwise

　　　　　　　statements

　　　　end

　　✓　while expression

　　　　　statements

　　　　end

　　✓　for 循环与 while 循环的区别在于前者需要预先知道循环次数,而后者的循环次数取决于条件表达式,只要满足条件就会继续循环。

　　✓　两者都允许嵌套,但必须注意循环的退出条件,防止出现死循环。

◇　**控制语句**：控制 for 和 while 循环,以及子程序的运行。

　　✓　continue：略过其后的所有语句直接进入下一次循环。

　　✓　break：中断循环。

　　✓　return：退出子程序,返回主程序。

◆　**M 文件与 M 函数**。

◇　**M 文件**：直接在命令窗口中输入大量命令和表达式比较麻烦,因此 MATLAB 提供了一个编辑器,便于编写大量命令和表达式(即程序),并以 m 为扩展名、采用 ASCII 码形式保存为脚本文件,相当于批处理文件;在命令窗口中键入 M 文件名(不需要键入扩展名),回车,即可运行该 M 文件中的所有可执行语句;M 文件只能对 MATLAB 工作空间中的数据进行处理,处理结束后的结果也返回工作空间,适用于规模较小的运算程序。

◇　**M 函数**：MATLAB 允许用户自编函数,与 M 文件存储形式相同,但文件名必须与函数名相同,且 M 函数文件由 function 语句引导,其基本结构如下：

```
function [返回变量列表] = 函数名(输入变量列表)
注释语句段(由%引导)
输入、返回变量格式检测
函数体语句
```

※返回变量可以多于一个。

※函数内部的所有变量均为局部变量,在主调函数内不可见。

A.2.3 常用数学函数

◆ 基本数学函数:使用方法见 help FunctionName 帮助。

  ◇ 元素函数(elementary function)。

    ✓ 绝对值函数:abs(X)。

    ✓ 下舍函数:floor(X)。

    ✓ 上入函数:ceil(X)。

    ✓ 圆整函数:round(X)。

    ✓ 平方根函数:sqrt(X)。

    ✓ 正弦函数:sin(X)。

    ✓ 余弦函数:cos(X)。

    ✓ 指数函数:exp(X)。

  ◇ 矩阵函数(matrix function)。

    ✓ 矩阵求逆:inv(A)。

    ✓ 矩阵行列式:det(A)。

    ✓ 矩阵特征根:eig(A)。

    ✓ 矩阵的秩:rank(A)。

    ✓ 矩阵指数函数:expm(A)。

◆ M 函数:以语句 function FunctionName 开头的 M 文件,一般 M 文件的主文件名应与创建的函数名相同。

A.2.4 常用绘图函数

MATLAB 提供了十分丰富的绘图功能,使用 help graph2d 可得到所有二维绘图相关函数,使用 help graph3d 可给出所有三维绘图相关函数。这里只介绍 2D 绘图常用函数:

函数名	功　能	应用举例
plot	Linear plot	x=0:0.01:3*pi; y=sin(x); plot(x, y, 'bx-');
title	Graph title	title('Output');
xlabel	X-axis label	xlabel('Time (s)');
ylabel	Y-axis label	ylabel('Value (v)');
text	Text annotation	text(1.3, 0.8,'sinx'); %(x,y) is the location
legend	Graph legend	legend('sinx');
axis	Axis scaling and appearance	axis([0, 6, -1.2, 1.2]);
grid	Grid lines	grid on;

hold	Hold current graph	Hold on;

※ 在 Figure 窗口中,用鼠标单击黑色箭头按钮【Edit Plot】后,可以利用鼠标直接对图形中的各对象(如标注文字)进行编辑、修改,如拖放移动位置、双击修改内容、右击进行各种设置等。

※ 在 text 字符串中可以使用 TEX 字符,如'sin\omegat',则显示为 $\sin\omega t$。

假设已经获得了一组仿真实验数据,如:

各个时刻点:$t = t_0, t_1, t_2, \cdots, t_f$,对应函数值:$y = y_0, y_1, y_2, \cdots, y_f$

则可以在命令窗口或编辑器窗口中进行以下操作,绘出仿真曲线图:

(1) 构建向量 $t = [t_0, t_1, t_2, \cdots, t_f]$ 和 $y = [y_0, y_1, y_2, \cdots, y_f]$;

(2) 绘图 plot(t, y);

(3) 修饰:利用函数,或利用图形窗口中的工具按钮。

A.2.5　基本操作与工作流程

◆ **构建矩阵**。

　　◇ 矩阵输入:用方括号包围矩阵所有元素首尾,每行内各元素间用逗号或空格分隔,行与行之间用分号或换行符分隔,如以下四种方式:

$$[1\ 2\ 3; 4\ 5\ 6] \quad [1, 2, 3; 4, 5, 6] \quad \begin{bmatrix} 1 & 2 & 3 \\ 4 & 5 & 6 \end{bmatrix} \quad \begin{bmatrix} 1, 2, 3 \\ 4, 5, 6 \end{bmatrix}$$

　　◇ 向量生成:from:step:to,如 1:2:10,表示行向量 [1 3 5 7 9]。

　　◇ 特殊矩阵:一些特殊的矩阵可以用 MATLAB 内置函数生成,如:

　　　　✓ 单位矩阵:eye(m,n),m×n 维矩阵,主对角线元素为零;

　　　　✓ 零矩阵:zeros(m, n),m×n 维矩阵,所有元素为零;

　　　　✓ 1 矩阵:ones(m,n),m×n 维矩阵,所有元素为 1;

　　　　✓ 随机矩阵:rand(m,n),m×n 维矩阵,各元素为 0~1 的随机数。

◆ **矩阵操作**。

　　◇ 矩阵元素索引:MATLAB 可以对矩阵整体操作,也可以索引部分元素处理:

　　　　✓ 单个元素:A(m,n),表示矩阵 A 中第 m 行第 n 列的元素;

　　　　✓ 一行元素:A(m,:),表示矩阵 A 中第 m 行的所有元素;

　　　　✓ 一列元素:A(:,n),表示矩阵 A 中第 n 列的所有元素;

　　　　✓ 子矩阵:A(m1:m2,n1:n2),表示从矩阵 A 中提取第 m1 行到第 m2 行与第 n1 列到第 n2 列交叉处的元素构成的矩阵子块。

　　◇ 矩阵大小:一般来讲,在 MATLAB 中处理矩阵时可以不必预先确定矩阵尺寸,但有时需要获得矩阵的尺寸,可以使用如下两个函数:

　　　　✓ [m,n]=size(**A**):即可得到矩阵的行数 m 和列数 n,参见 help size 帮助;

　　　　✓ length(**v**):可得到向量的长度,参见 help length 帮助。

◆ 工作流程

　　1. 启动 MATLAB 程序

　　2. 更改当前文件夹

　　3. 打开编辑器

　　4. 编辑源程序

　　5. 保存源程序

　　6. 运行、调试

　　7. 保存结果

　　8. 退出编辑器

　　9. 退出 MATLAB

A. 3　SIMULINK

　　SIMULINK 是基于模型化图形组态的动态系统仿真软件，是 MATLAB 的一个工具箱。SIMULINK 不需要仿真用户过多了解"数值问题"，而是侧重于系统的建模、仿真、分析与设计问题，并且具有流行的图形化操作风格，因此非常易于使用。

　　1. 启动 Simulink，打开 Simulink Library Browser

　　2. 创建 Model

　　（1）打开 Model Window：单击工具栏上【新建】按钮。

　　（2）从 Simulink Library Browser 复制 Block 到 Model Window：鼠标左键拖放。

　　（3）设置 Block 代表的环节的参数：鼠标左键双击 Block，或者右键单击，在弹出菜单中选择相应项。

　　（4）连接 Blocks：按信号流程，用鼠标左键拖动画线，连接各 Block 的输入/输出口。

　　3. 启动仿真、运行 Model

　　4. 查看结果

　　通过 Scope 查看：双击 Scope 模块。

　　通过 Command Window 查看。

　　5. 分析结果

附录 B　仿真案例

B. 1　轴对称导弹六自由度制导与控制系统高精度仿真实验

该仿真案例采用 SIMULINK 实现,便于学生使用,并且采用了 level‐2 的 s-function 技术实现,便于封装与模块化,并且已经结合课堂教学内容实现了一个初步的制导与控制系统案例。目前还缺少一个良好的可视化图形界面,以便学生直观观察导弹制导的动态过程,尚需进一步完善。

该仿真案例程序仅有两个文件,一个是以 slx 为扩展名的 2013 版 SIMULINK 文件,为主程序文件,一个是以 p 为扩展名的编译过的 level‐2 的 s-function 文件,存储着高精度的轴对称导弹六自由度动态数学模型,仿真中由主程序文件自动调用。对该模型文件进行编译,主要是为了防止学生不小心改过其中的代码从而导致模型程序无法正常运行,如若学生想了解其中的理论模型,从而理解导弹的相关特性,可以参见后文给出的数学模型描述。

该仿真案例使用简单,学生不需要明白案例的实现技术与过程,只要在 SIMULINK 主程序文件中更换自己设计的制导与控制器即可,或者不更换制导与控制器样例,仅要整定相应的制导与控制参数即可,适用于不同层次的学生。

该仿真案例采用的数学模型与课堂教学内容基本一致,假设为轴对称导弹,各惯性积为零,只是有些方面更加精准一些。为便于学生参考,具体描述如下。

（1）质心运动（即弹道轨迹）微分方程组:

$$
\begin{cases}
\dot{x} = V\cos\chi\cos\theta \\
\dot{y} = V\sin\theta \\
\dot{z} = -V\sin\chi\cos\theta
\end{cases}
$$

$$
\begin{cases}
m\dot{V} = P\cos\beta\cos\alpha - X - mg\sin\theta + m_s V \\
mV\dot{\theta} = P(\cos\mu\sin\alpha + \sin\mu\sin\beta\cos\alpha) + Y\cos\mu - Z\sin\mu - mg\cos\theta + m_s V\theta \\
-mV\cos\theta\dot{\chi} = P(\sin\mu\sin\alpha - \cos\mu\sin\beta\cos\alpha) + Y\sin\mu + Z\cos\mu + m_s V\chi\cos\theta
\end{cases}
$$

（2）绕心运动（即姿态运动）微分方程组:

$$
\begin{cases}
\dot{\vartheta} = \omega_y\sin\gamma + \omega_z\cos\gamma \\
\dot{\psi} = \omega_y\cos\gamma\sec\vartheta - \omega_z\sin\gamma\sec\vartheta \\
\dot{\gamma} = \omega_x - \omega_y\cos\gamma\tan\vartheta + \omega_z\sin\gamma\tan\vartheta
\end{cases}
$$

$$
\begin{cases}
J_x\dot{\omega}_x = L - (J_z - J_y)\omega_y\omega_z \\
J_y\dot{\omega}_y = M - (J_x - J_z)\omega_z\omega_x \\
J_z\dot{\omega}_z = N - (J_y - J_x)\omega_x\omega_y
\end{cases}
$$

（3）质量变化微分方程：

$$\dot{m} = -m_s$$

（4）角度约束方程：

$$\sin\beta = \cos(\theta-\phi)\cos\sigma\sin\psi\cos\gamma + \sin(\phi-\theta)\cos\sigma\sin\gamma - \sin\sigma\cos\psi\cos\gamma$$
$$-\sin\alpha\cos\beta = \cos(\theta-\phi)\cos\sigma\sin\psi\sin\gamma$$
$$+\sin(\theta-\phi)\cos\sigma\cos\gamma - \sin\sigma\cos\psi\sin\gamma$$

$$\sin v = \frac{1}{\cos\sigma}(\cos\alpha\cos\psi\sin\gamma - \sin\psi\sin\alpha)$$

（5）发动机推力：

$$P = \begin{cases} 设定的值, & m > m^0 \\ 0, & m = m^0 \end{cases}$$

（6）气动力与力矩：

$$\begin{cases} X = \dfrac{1}{2}\rho V_a^2 S C_x \\[2mm] Y = \dfrac{1}{2}\rho V^2 S C_y^\alpha \alpha \\[2mm] Z = \dfrac{1}{2}\rho V^2 S C_z^\beta \beta \end{cases}$$

$$\begin{bmatrix} L \\ M \\ N \end{bmatrix} = \begin{bmatrix} 0 \\ m_{y1}^\beta qsl\beta \\ m_{z1}^\alpha qsl\alpha \end{bmatrix} + \begin{bmatrix} m_{x1}^{\omega_{x1}} qsl\omega_{x1} \\ m_{y1}^{\omega_{y1}} qsl\omega_{y1} \\ m_{z1}^{\omega_{z1}} qsl\omega_{z1} \end{bmatrix} + \begin{bmatrix} m_{x\delta} qsl\delta_x \\ m_{y\delta} qsl\delta_y \\ m_{z\delta} qsl\delta_z \end{bmatrix}$$

（7）重力加速度修正：

$$g = \frac{3.985\,894 \times 10^{14}}{(R_e + y)^2}$$

$$R_e = 6\,371\,000 \text{ m}$$

式中，

(x,y,z)——导弹位置在地面坐标系中的直角坐标描述；

(V,χ,θ)——导弹速度在地面坐标系中的球面坐标描述，其中 V 为速度大小，χ 为弹道偏角，θ 为弹道倾角；

(ϑ,ψ,γ)——导弹姿态的欧拉角描述，依次为俯仰角、航向角和滚转角；

(α,β,μ)——导弹空速攻角、侧滑角和倾转角；

地球质量：$(5.972\,2\pm0.000\,6)\times10^{24}$ kg；

地球半径平均 6 371 km,地球表面上的点到地心的距离变化范围从 6 353 km 到 6 384 km,按椭球模型,北极点半径为 6 357 km,赤道半径为 6 378 km;

重力常数:6. 674 08×10^{-11} N · m/kg^2;

初始参数:

$$R = 6\ 378\ 000; \mu = 3.986 \times 10^{14}; \rho = 1.225;$$

$$m = 280; s = 0.12; L = 1.958\ 3; I_x = 6;$$

$$I_y = I_z = 66;$$

马赫数 =   0. 6   0. 8   0. 9   1   1. 1

攻角 =   −4   −2   0   2   4   6   8   10   12   14

轴向力系数 C_{x1} =

$$
\begin{bmatrix}
0.224\ 15 & 0.260\ 85 & 0.364\ 73 & 0.551\ 17 & 0.851\ 11 & 0.226\ 07 \\
0.260\ 69 & 0.362\ 76 & 0.545\ 61 & 0.840\ 93 & 0.226\ 36 & 0.259\ 72 \\
0.366\ 77 & 0.540\ 45 & 0.832\ 51 & 0.224\ 49 & 0.257\ 83 & 0.363\ 42 \\
0.542\ 68 & 0.826\ 25 & 0.221\ 17 & 0.258\ 33 & 0.364\ 23 & 0.540\ 59 \\
0.823\ 52 & & & & & \\
0.216\ 66 & 0.257\ 18 & 0.365\ 4 & 0.553\ 47 & 0.842\ 64 & 0.218\ 31 \\
0.255\ 1 & 0.363\ 01 & 0.571\ 23 & 0.855\ 22 & 0.223\ 01 & 0.261\ 68 \\
0.375\ 61 & 0.580\ 23 & 0.861\ 11 & 0.227\ 94 & 0.271\ 13 & 0.369\ 66 \\
0.596\ 14 & 0.870\ 85 & 0.230\ 56 & 0.274\ 4 & 0.379\ 23 & 0.602\ 53 \\
0.870\ 34 & & & & &
\end{bmatrix}
$$

横向力系数导数 C_{z1}^{β} =

$$
\begin{bmatrix}
-0.132\ 33 & -0.140\ 2 & -0.150\ 88 & -0.166\ 78 & -0.164\ 77 \\
-0.127\ 88 & -0.134\ 66 & -0.144\ 01 & -0.159\ 72 & -0.161\ 96 \\
-0.126\ 55 & -0.132\ 69 & -0.142\ 1 & -0.157\ 56 & -0.161\ 51 \\
-0.129\ 86 & -0.135\ 91 & -0.146\ 86 & -0.161\ 37 & -0.162\ 88 \\
-0.137\ 24 & -0.144\ 53 & -0.156\ 29 & -0.171\ 31 & -0.166\ 79 \\
-0.147\ 08 & -0.155\ 3 & -0.164\ 46 & -0.184\ 63 & -0.172\ 27 \\
-0.162\ 54 & -0.170\ 4 & -0.176\ 77 & -0.198\ 24 & -0.179\ 3 \\
-0.179\ 12 & -0.183\ 56 & -0.187\ 78 & -0.206\ 34 & -0.185\ 54 \\
-0.191\ 78 & -0.189\ 3 & -0.193\ 82 & -0.213\ 14 & -0.191\ 87 \\
-0.196\ 63 & -0.188\ 63 & -0.190\ 03 & -0.221\ 06 & -0.196\ 5
\end{bmatrix}
$$

阻尼力矩系数导数:

$$m_{z1}^{\omega_{z1}} =$$

$$
\begin{bmatrix}
-0.017\,319 & -0.018\,32 & -0.019\,091 & -0.024\,244 & -0.014\,736 & -0.017\,319 \\
-0.018\,32 & -0.019\,091 & -0.024\,244 & -0.014\,736 & -0.017\,319 & -0.018\,32 \\
-0.019\,091 & -0.024\,244 & -0.014\,736 & -0.017\,319 & -0.018\,32 & -0.019\,091 \\
-0.024\,244 & -0.014\,736 & -0.017\,319 & -0.018\,32 & -0.019\,091 & -0.024\,244 \\
-0.014\,736 & -0.017\,353 & -0.018\,354 & -0.019\,132 & -0.024\,298 & -0.014\,77 \\
-0.017\,414 & -0.018\,428 & -0.019\,213 & -0.024\,4 & -0.014\,831 & -0.017\,475 \\
-0.018\,503 & -0.019\,294 & -0.024\,508 & -0.014\,898 & -0.017\,536 & -0.018\,577 \\
-0.019\,382 & -0.024\,609 & -0.014\,959 & & & \\
-0.017\,596 & -0.018\,651 & -0.019\,463 & -0.024\,719\,8 & -0.015\,027 &
\end{bmatrix}
$$

稳定力矩系数导数：

$$m_{y1}^{\beta} =$$

$$
\begin{bmatrix}
-0.009\,244\,3 & -0.010\,581 & -0.012\,707 & -0.015\,879 & -0.015\,097 & -0.008\,028\,3 \\
-0.009\,009\,7 & -0.010\,83 & -0.014\,044 & -0.014\,286 & -0.007\,615\,9 & -0.008\,476\,3 \\
-0.010\,261 & -0.013\,354 & -0.014\,023 & -0.008\,376\,8 & -0.009\,315\,4 & -0.011\,435 \\
-0.014\,322 & -0.014\,25 & -0.010\,055 & -0.011\,591 & -0.013\,753 & -0.016\,924 \\
-0.015\,282 & -0.012\,387 & -0.014\,905 & -0.016\,704 & -0.020\,082 & -0.016\,654 \\
-0.016\,697 & -0.019\,406 & -0.020\,515 & -0.023\,381 & -0.018\,204 & -0.021\,241 \\
-0.023\,274 & -0.024\,768 & -0.025\,436 & -0.019\,399 & -0.024\,625 & -0.024\,917 \\
-0.027\,591 & -0.026\,823 & -0.020\,515 & -0.025\,55 & -0.024\,526 & -0.027\,569 \\
-0.027\,897 & -0.020\,821 & & & &
\end{bmatrix}
$$

控制力矩系数导数：

$$m_{x\delta} =$$

$$
\begin{bmatrix}
0.001\,256\,9 & 0.001\,160\,2 & 0.001\,111\,8 & 0.001\,276\,2 & 0.001\,247\,2 \\
0.001\,237\,5 & 0.001\,140\,8 & 0.001\,102\,2 & 0.001\,276\,2 & 0.001\,256\,9 \\
0.001\,218\,2 & 0.001\,131\,2 & 0.001\,082\,8 & 0.001\,256\,9 & 0.001\,256\,9 \\
0.001\,227\,9 & 0.001\,131\,2 & 0.001\,102\,2 & 0.001\,256\,9 & 0.001\,247\,2 \\
0.001\,256\,9 & 0.001\,140\,8 & 0.001\,111\,8 & 0.001\,266\,5 & 0.001\,237\,5 \\
0.001\,276\,2 & 0.001\,160\,2 & 0.001\,111\,8 & 0.001\,285\,9 & 0.001\,237\,5 \\
0.001\,256\,9 & 0.001\,189\,2 & 0.001\,131\,2 & 0.001\,305\,2 & 0.001\,247\,2 \\
0.001\,237\,5 & 0.001\,160\,2 & 0.001\,179\,5 & 0.001\,334\,2 & 0.001\,247\,2 \\
0.001\,198\,9 & 0.001\,111\,8 & 0.001\,111\,8 & 0.001\,334\,2 & 0.001\,237\,5 \\
0.001\,160\,2 & 0.001\,111\,8 & 0.001\,140\,8 & 0.001\,314\,9 & 0.001\,208\,5
\end{bmatrix}
$$

$m_{y\delta} =$

$$
\begin{bmatrix}
0.004\ 330\ 5 & 0.004\ 212\ 9 & 0.004\ 245 & 0.004\ 694 & 0.004\ 084\ 6 \\
0.004\ 287\ 7 & 0.004\ 180\ 8 & 0.004\ 180\ 8 & 0.004\ 736\ 8 & 0.004\ 127\ 3 \\
0.004\ 255\ 7 & 0.004\ 159\ 4 & 0.004\ 159\ 4 & 0.004\ 747\ 5 & 0.004\ 138 \\
0.004\ 287\ 7 & 0.004\ 180\ 8 & 0.004\ 191\ 5 & 0.004\ 715\ 4 & 0.004\ 095\ 3 \\
0.004\ 373\ 3 & 0.004\ 245 & 0.004\ 266\ 3 & 0.004\ 683\ 4 & 0.004\ 073\ 9 \\
0.004\ 426\ 7 & 0.004\ 330\ 5 & 0.004\ 330\ 5 & 0.004\ 662 & 0.004\ 073\ 9 \\
0.004\ 373\ 3 & 0.004\ 330\ 5 & 0.004\ 437\ 4 & 0.004\ 662 & 0.004\ 116\ 6 \\
0.004\ 351\ 9 & 0.004\ 298\ 4 & 0.004\ 512\ 3 & 0.004\ 683\ 4 & 0.004\ 127\ 3 \\
0.004\ 277 & 0.004\ 180\ 8 & 0.004\ 416 & 0.004\ 651\ 3 & 0.004\ 095\ 3 \\
0.004\ 148\ 7 & 0.004\ 234\ 3 & 0.004\ 373\ 3 & 0.004\ 555 & 0.004\ 009\ 7
\end{bmatrix}
$$

$m_{z\delta} =$

$$
\begin{bmatrix}
0.004\ 759\ 4 & 0.004\ 630\ 1 & 0.004\ 665\ 4 & 0.005\ 159 & 0.004\ 489\ 1 \\
0.004\ 712\ 4 & 0.004\ 594\ 9 & 0.004\ 594\ 9 & 0.005\ 206 & 0.004\ 536\ 1 \\
0.004\ 677\ 1 & 0.004\ 571\ 4 & 0.004\ 571\ 4 & 0.005\ 217\ 7 & 0.004\ 547\ 9 \\
0.004\ 712\ 4 & 0.004\ 594\ 9 & 0.004\ 606\ 6 & 0.005\ 182\ 5 & 0.004\ 500\ 9 \\
0.004\ 806\ 4 & 0.004\ 665\ 4 & 0.004\ 688\ 9 & 0.005\ 147\ 2 & 0.004\ 477\ 4 \\
0.004\ 865\ 2 & 0.004\ 759\ 4 & 0.004\ 759\ 4 & 0.005\ 123\ 7 & 0.004\ 477\ 4 \\
0.004\ 806\ 4 & 0.004\ 759\ 4 & 0.004\ 876\ 9 & 0.005\ 123\ 7 & 0.004\ 524\ 4 \\
0.004\ 782\ 9 & 0.004\ 724\ 2 & 0.004\ 959\ 2 & 0.005\ 147\ 2 & 0.004\ 536\ 1 \\
0.004\ 700\ 6 & 0.004\ 594\ 9 & 0.004\ 853\ 4 & 0.005\ 112 & 0.004\ 500\ 9 \\
0.004\ 559\ 6 & 0.004\ 653\ 6 & 0.004\ 806\ 4 & 0.005\ 006\ 2 & 0.004\ 406\ 9
\end{bmatrix}
$$

B. 2　导弹自寻的制导方法的 MATLAB 实现

相对运动方程是指描述导弹、目标、制导站之间相对运动关系的方程、建立相对运动方程是导引弹道运动学分析方法的基础。相对运动方程习惯上建立在极坐标系中,其形式最简单(图 B - 1)。下面分别建立自动瞄准制导的相对运动方程。

自动瞄准制导的相对运动方程实际上是描述导弹与目标之间相对运动关系的方程。其中 r 为导弹相对目标的距离。导弹命中目标时 $r = 0$;q 为目标线与基准线之间的夹角,称目标线方位角(简称目标线角)。若从基准线逆时针转到目标线上时,则 q 为

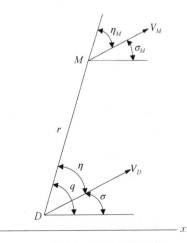

图 B - 1　导弹与目标之间相对关系

正。σ、σ_M 分别为导弹、目标速度矢量与基准线之间的夹角,称为导弹弹道角和目标航向角。分别以导弹、目标所在位置为原点,若由基准线逆时针旋转到各自的速度矢量上时,则 σ、σ_M 为正,当攻击平面为铅垂面时,σ 就是弹道倾角 θ;当攻击平面为水平面时,θ 就是弹道偏角 ψ_v。η、η_M 分别为导弹、目标速度矢量与目标线之间的夹角,相应称为导弹速度矢量前置角和目标速度矢量前置角(简称为前置角)。分别以导弹、目标为原点,若从各自的速度矢量逆时针旋转到目标线上时,则 η、η_M 为正。

B.2.1　追踪法的 MATLAB 实现

```
%初始距离 r=2500m;V_M=1.2M;V_D=3.5M(其中 M 为马赫数);q_0=90°;σ_m=60°
%********************初始条件设置********************
M=340;
V_D=3.5*M;%导弹速度
V_M=1.2*M;%目标速度
q_0=(90/180)*pi;
σ_m=(60/180)*pi;
r=2500;
time=3.5;%仿真时间为 3.5s
%********************解算微分方程组********************
fun_zhuizong=@(t,y)[V_M*cos(y(2)-σ_m)-V_D;
        -V_M*sin(y(2)-σ_m)/y(1);];%y(1)=r,y(2)=q
    %y 矩阵依次表示为[目标与导弹之间距离,导弹速度与水平线夹角]
    [t,y]=ode45(fun_zhuizong,[0,time],[r;q_0]);
    %[T,Y]=ode45(odefun,tspan,y_0) t 是 time 的点集 y_0 是初始条件
%********************图形绘制********************
%距离 R 曲线,R=y(1)
plot(t,y(:,1));
xlabel('时间 T(s)');
ylabel('距离 R(m)');
%目标视角 q 曲线 q=y(2)
y(:,2)=y(:,2)*180/pi;
plot(t,y(:,2));
xlabel('时间 T(s)');
ylabel('目标视角 q(°)');
%目标视角变化率曲线
n=length(t);
Dq=zeros(1,n);
```

```
for k = 1:n-1
    Dq(k) = (y(k+1,2)-y(k,2))/(t(k+1)-t(k));%单位为 rad
    Dq(k) = Dq(k) * 180/pi;%单位为°
end
plot(t,Dq)
xlabel('时间 T(s)')
ylabel('目标视角变化率(°/s)')
```

B.2.2　平行接近法的 MATLAB 实现

```
%初始距离 r=4000m;VM=2M;VD=4M(其中 M 为马赫数);σm=45°;ηm=0
%制导律 q=q0=常数=45/180*pi,ε=dq/dt=0
%*******************初始条件设置*********************
M = 340;
VD = 4*M;%导弹速度
VM = 2*M;%目标速度
q0 = 45/180*pi;
σm = 45/180*pi;
ηm = 0;
ηd = 45/180*pi;
r0 = 4000;
time = 12;%仿真时间为 12s
%*******************解算微分方程组*********************
fun_pingxing = @(t,y)[VM*cos(y(2)-σm)-VD*cos(ηd);
                      0;
                      VD*cos(q0-ηd);
                      VD*sin(q0-ηd);
                      VM*cos(σm);
                      VD*sin(σm);
                      ];%y(1)=r,y(2)=q,y(3)=η
        %y 矩阵依次表示为[目标与导弹之间距离,导弹速度与水平线夹角]
[t,y] = ode45(fun_pingxing,[0,time],[r0;q0;0;0;0;r0]) %[T,Y]=ode45(odefun,
tspan,y0) t 是 time 的点集 y0 是初始条件
%*******************图形绘制*********************
%距离 R 曲线,R=y(1)
plot(t,y(:,1));
xlabel('时间 T(s)');
```

```
ylabel('距离 R(m)');
ylim([0,4000]);
% 目标视角 q 曲线 q=y(2)
y(:,2)=y(:,2)*180/pi;
plot(t,y(:,2));
xlabel('时间 T(s)');
ylabel('目标视角 q(°)');
%目标视角变化率曲线
n=length(t);
Dq=zeros(1,n);
for k=1:n-1
    Dq(k)=(y(k+1,2)-y(k,2))/(t(k+1)-t(k));%单位为 rad
    Dq(k)=Dq(k)*180/pi;%单位为°
end
plot(t,Dq)
xlabel('时间 T(s)')
ylabel('目标视角变化率(°/s)')
```

B.2.3　比例导引法的 MATLAB 实现

```
%初始距离 r=5000m;V_M=2.4M;V_D=5M(其中 M 为马赫数);σ_m=45°;η_m=90
%制导律 dσ/dt-Kdq/dt=0
% * * * * * * * * * * * * * * * * *初始条件设置 * * * * * * * * * * * * * * * * *
M=340;
V_D=5*M;%导弹速度
V_M=2.4*M;%目标速度
q_0=90/180*pi;
η_m=90/180*pi;
r=5000;
K=4;
time=4;%仿真时间为 4s
% * * * * * * * * * * * * * * *解算微分方程组 * * * * * * * * * * * * * * * * * *
fun_bili=@(t,y)[V_M*cos(y_{η_m})-V_D*cos(y(2)-y(3));
                (V_D*sin(y(2)-y(3))-V_M*sin(η_m))/y(1);
                K*(V_D*sin(y(2)-y(3))-V_M*sin(η_m))/y(1);
                    ];%y(1)=r,y(2)=q,y(3)=σ
%       V_D*cos(q0-η_d);
```

```
%        V_D * sin(q0-η_d);
%        V_M * cos(σ_m);
%        V_D * sin(σ_m);
%y 矩阵依次表示为[目标与导弹之间距离,导弹速度与水平线夹角]
      [t,y]=ode45(fun_bili,[0,time],[r;q_0;σ_0]);
%[T,Y]=ode45(odefun,tspan,y0) t 是 time 的点集 y0 是初始条件
% * * * * * * * * * * * * * * * * * *图形绘制 * * * * * * * * * * * * * * * * * *
%距离 R 曲线,R=y(1)
plot(t,y(:,1));
xlabel('时间 T(s)');
ylabel('距离 R(m)');
ylim([0,5000]);
% 目标视角 q 曲线 q=y(2)
y(:,2)=y(:,2)*180/pi;
plot(t,y(:,2));
xlabel('时间 T(s)');
ylabel('目标视角 q(°)');
%目标视角变化率曲线
n=length(t);
Dq=zeros(1,n);
for k=1:n-1
    Dq(k)=(y(k+1,2)-y(k,2))/(t(k+1)-t(k));%单位为 rad
    Dq(k)=Dq(k)*180/pi;%单位为°
end
plot(t,Dq)
xlim([0,3.1]);
xlabel('时间 T(s)')
ylabel('目标视角变化率(°/s)')
```